中国轻工业“十四五”规划立项教材
普通高等教育家具设计与工程专业“家居智能制造”系列教材

家居智能装备与机器人技术

李荣荣　熊先青　主　编
朱兆龙　副主编
吴智慧　主　审

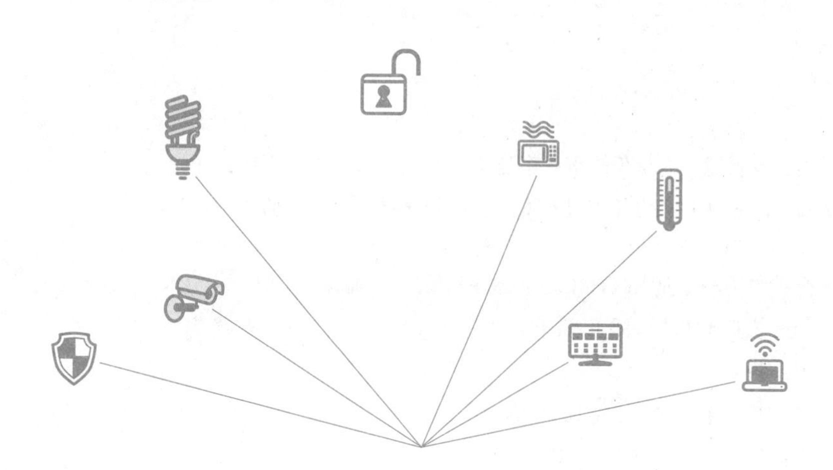

中国轻工业出版社

图书在版编目（CIP）数据

家居智能装备与机器人技术 / 李荣荣，熊先青主编. 北京：中国轻工业出版社，2024.8. --ISBN 978-7-5184-5044-2

Ⅰ. TU241-39

中国国家版本馆 CIP 数据核字第 2024N5B245 号

责任编辑：赵雅慧　　责任终审：李建华　　设计制作：锋尚设计
策划编辑：陈　萍　　责任校对：朱　慧　朱燕春　　责任监印：张京华

出版发行：中国轻工业出版社（北京鲁谷东街5号，邮编：100040）
印　　刷：艺堂印刷（天津）有限公司
经　　销：各地新华书店
版　　次：2024年8月第1版第1次印刷
开　　本：787×1092　1/16　印张：16
字　　数：400千字
书　　号：ISBN 978-7-5184-5044-2　定价：59.00元
邮购电话：010-85119873
发行电话：010-85119832　010-85119912
网　　址：http://www.chlip.com.cn
Email：club@chlip.com.cn

230623J1X101ZBW

序

21世纪以来，互联网、云计算、大数据等新一代信息技术飞速发展，新一代人工智能已成为新一轮科技革命的核心技术。党的二十大报告明确指出，构建新一代信息技术、人工智能等一批新的增长引擎，通过新一代信息技术对传统产业进行深度赋能，促进和加快我国制造行业智能制造的转型步伐、由制造大国向制造强国的转变，从而推动我国经济高质量发展。作为国民经济重要组成部分的家居产业应抓住历史新机遇，促进新一代信息技术为家居产业智能制造转型升级赋能，从而引领行业全面发展，加快家居产业高质量发展目标的实现，这不仅关系到家居制造业能否实现由大到强的跨越，更关系到家居产业能否为中国经济高质量发展提供动能的问题。

多年来，我国家居行业通过不断推行工业化和信息化的深度融合，使得信息技术广泛应用于家居制造业的各个环节，在发展家居智能制造方面取得了长足的进步和技术优势。同时，随着大数据、人工智能、工业互联网和工业4.0的推广，家居产业也将开始重塑新的设计与制造技术体系、生产模式、产业形态，突出的体现是智能制造技术在家居企业的应用日益广泛。随着家居智能制造的快速发展，家居智能制造的人才缺口却越来越大，家居智能制造技术缺陷也越来越明显，急需家居行业特色的智能制造技术指导行业发展和专业人才培养，但至今为止，国内还没有适合于专业教学、自学与培训的系统性介绍家居智能制造技术的正式教材和教学参考书。因此，有必要编写能反映新一代信息技术环境下的家居智能制造系列教材，这不仅是家具设计与工程专业建设和人才培养的需要，更是家居企业智能制造转型升级过程技术指导的需要。

基于此背景，南京林业大学家居智能制造研究团队从2018年开始筹划，结合家具设计与工程专业学科的交叉特色，组织编写了本套较为系统的家居智能制造系列教材，目前主要包括《家居智能制造概论》《家居数字化设计技术》《家居数字化制造技术》《家居智能装备与机器人技术》《家居3D打印技术》5本教材，后期将依据家具设计与工程专业学科人才培养和家居行业发展的需要，不断进行补充和完善。该系列教材集专业性、知识性、技术性、实用性、科学性和系统性于一体，注重理论和实践相结合。希望借此既能构建具有中国家居智能制造特色的理论体系，又能真正为中国家居产业智能制造转型和家具设计与工程专业高质量发展提供切实有效的技术支撑。

国际木材科学院（IAWS）院士
家具设计与工程学科带头人
南京林业大学教授
吴智慧

前 言

随着智能制造、数控加工以及机器人等技术的不断发展，家居制造已经由以传统的手工制造和以机器为主的自动化生产逐渐向数字化、智能化制造转型和升级。智能制造是当今制造业的热门话题，也是推动制造业发展的重要驱动力之一。它以人工智能、大数据、云计算等先进技术为支撑，通过整合现代信息技术和制造工艺，为制造业带来了巨大的变革和机遇。在智能制造的背景下，制造业对智能化装备的需求也呈现出了新的特点：智能化装备正朝着自动化程度提升、数据化服务增加、柔性化能力提升等趋势蓬勃发展。这不仅将极大提升制造业的生产效率、降低生产成本、优化资源配置，还将加速产品的创新与研发。

《家居智能装备与机器人技术》是南京林业大学家居智能制造研究团队组织编写的家居智能制造系列教材之一。本教材可供林业或农林等高等院校、职业院校的家具设计与工程、工业设计（家具设计）、木材科学与工程等相关专业或专业方向的专科生、本科生和研究生专业课程教学使用；同时，也可供家居制造企业或相关家居装备制造企业专业工程技术与管理人员培训使用或学习参考。

本教材涉及范围广泛、技术要点紧跟我国家居智能制造发展趋势。教材既包括家居制造装备类型、结构、工作原理、用途等基础内容，还包括数控加工技术、工业机器人等智能装备相关知识、典型家居产品生产线装备配置、家居智能工厂及智能装备发展新趋势等内容。本教材集专业性、知识性、技术性、实用性、科学性和系统性于一体，注重理论和实践相结合，内容丰富，切合实际，通俗易懂。全书共十章，分别为：绪论、家居制造典型装备、数控技术与数控装备、工业机器人技术、家居车间物流系统与智能包装装备、实木家具典型生产线装备配置、板式定制家具典型生产线装备配置、木门窗典型生产线装备配置、木质地板典型生产线装备配置、家居智能工厂及智能装备发展新趋势。

本教材由南京林业大学李荣荣、熊先青担任主编；南京林业大学朱兆龙担任副主编；南京林业大学孟媛、周小敏、徐泽宇、刘佳豪、孙淋淋等参与资料收集与整理；全书由南京林业大学吴智慧教授审定。在本教材的编写过程中，得到了伦教木工机械商会、新马（马氏）木工机械、南兴装备股份有限公司、广州弘亚数控机械股份有限公司、南通跃通数控设备股份有限公司、青岛威特动力木业机械有限公司、佛山市万利德众机械有限公司、佛山市顺德区伦教永强木工机械厂、苏州时开纽数控装备有限公司、江苏力维智能装备有限公司、南京帝鼎数控科技有限公司、广州赛志系统科技有限公司的大力支持，这些公司为本教材提供了翔实的图片资料与相关技术参数，在此对相关人员及单位表示衷心的感谢。

李荣荣
2024年4月

目 录

第一章 绪 论

第二章 家居制造典型装备

第三章

数控技术与数控装备

第四章

工业机器人技术

第六章

实木家具典型生产线装备配置

第七章

板式定制家具典型生产线装备配置

第八章

木门窗典型生产线装备配置

第九章

木质地板典型生产线装备配置

第十章 家居智能工厂及智能装备发展新趋势

第一章　绪 论

学习目标

了解并掌握世界家居产业规模和中国家居产业规模与现状、家居制造装备发展现状；掌握家居制造装备的特点及其技术经济评定的指标。

第一节 家居产业现状

一、世界家居产业规模

家具是家居产业中的重要组成部分。自2004年起，全球消费水平的提升带动了家具产值规模的持续扩大，但之后受金融危机的影响，2010年全球家具产值有所下降；随后在金融危机过后的2011—2014年间，受全球货币宽松政策影响，全球家具产值有所复苏，全球家居产业市场规模上升空间扩大，各品牌纷纷创新性推出新产品，抢占市场份额。2010—2023年，全球家居市场规模呈现波动上升的趋势。2023年，全球家居市场规模为5660亿美元，同比增长率为4.4%。根据相关咨询机构数据，预计在未来四年中全球家居的市场规模将继续增长，其增长幅度维持在3.5%左右，如图1-1所示。

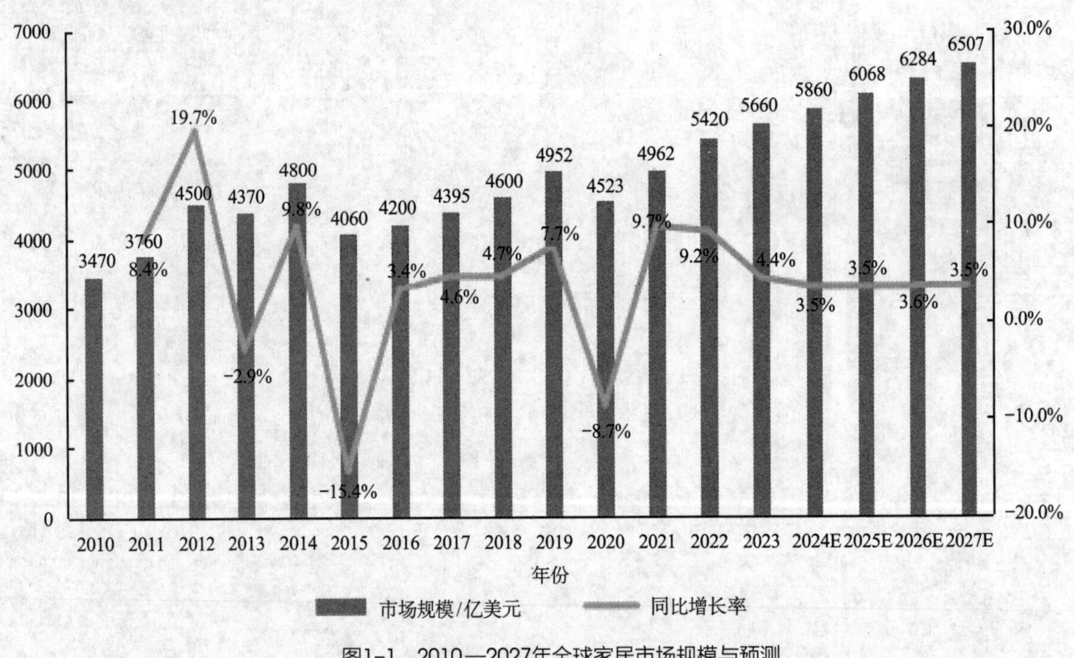

图1-1 2010—2027年全球家居市场规模与预测

二、中国家居产业规模

改革开放以来，经过40多年的发展壮大，我国已成为世界家居制造第一大国，家居产业已成为国民经济支柱性产业之一。当前，以家具、家装、家饰等为代表的“大家居”产业规模已达4万亿元人民币。2018—2023年，中国家具行业营业收入、家具行业利润总额、家具产量分别如图1-2至图1-4所示。2023年，我国规模以上企业累计完成营业收入6555.7亿元；累计利润总额364.6亿元；累计产量8.61亿件。随着社会经济发展、消费观念转变，家居产业正逐渐展现出高端化、定制化、个性化、智能化等趋势，定制家居产业仍在持续扩容。

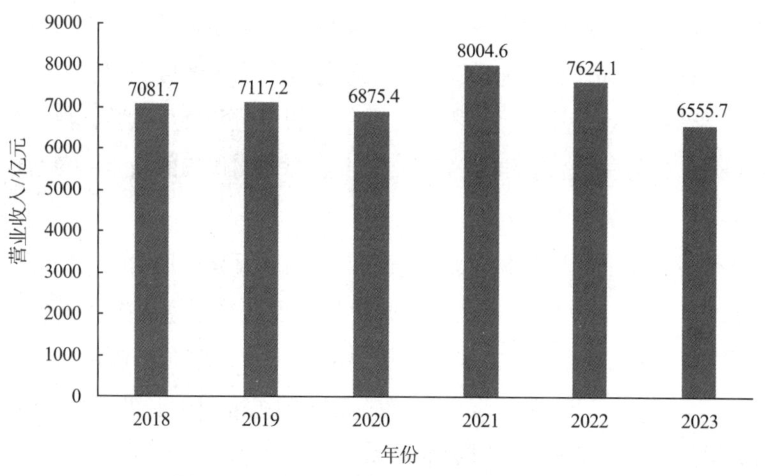

图1-2 2018—2023年中国家具行业营业收入统计

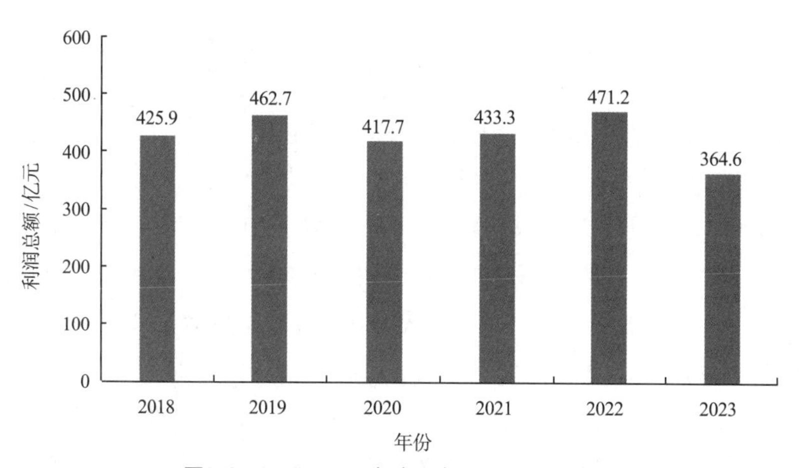

图1-3 2018—2023年中国家具行业利润总额统计

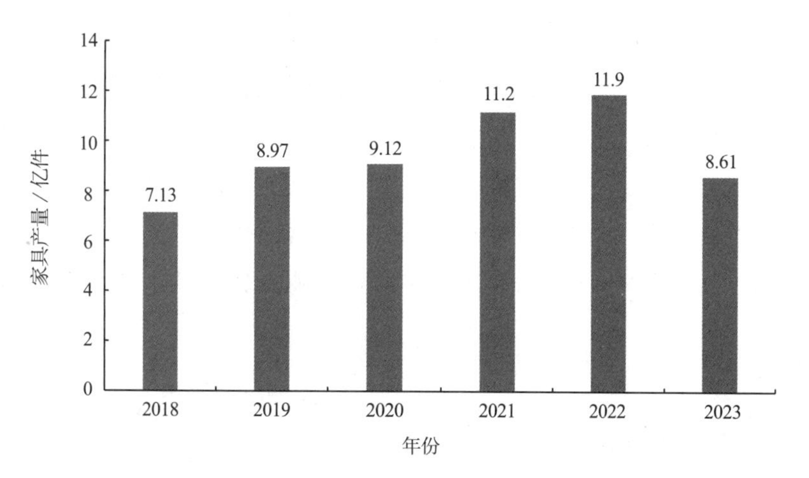

图1-4 2018—2023年中国家具产量统计

随着我国经济的持续发展，居民收入和生活水平不断提升，消费者对家居产品的需求不再是满足于基本的功能，而是更加注重产品的品牌与使用体验。为了适应消费者需求，家居制造商对产品设计、品牌塑造的投入持续提高，不断提升产品的美感和使用体验，提高品牌在消费者心中的认知度。同时，年轻一代消费群体逐渐成为主流，他们代表的新生消费力量正向家居市场涌来。

随着消费者的迭代、消费痛点的变化、获取信息渠道的多元化、消费时间的碎片化，消费形态逐渐形成了新规律，这将进一步促进产品品牌化的发展。未来家居企业须更加看重品牌建设与产品设计，适应并满足消费者对家居产品提出的新需求，家居产业将向新零售、新营销、新服务方向发展。全球家居产业的主要生产与消费国家中，中国自产自销的比例最高，达98%。而同样作为家居消费大国的美国，其家居消费中有39%来源于进口，自产自销比例仅占61%。可见，总体而言，作为家居制造中心的亚太地区，其市场开放程度低于北美洲、欧洲等地区。未来，随着新兴家居生产地区的发展和稳定，全球家居产业或将出现新的参与者。

三、中国家居产业现状

2016年，《政府工作报告》中指出“鼓励企业开展个性化定制、柔性化生产，培育精益求精的工匠精神”，为我国制造业指明了新的前进道路，促进了制造业的智能制造转型升级。2020年9月，习近平同志在第七十五届联合国大会一般性辩论上的讲话中指出“中国将提高国家自主贡献力度，采取更加有力的政策和措施，二氧化碳排放力争于2030年前达到峰值，努力争取2060年前实现碳中和”，这是国家一项重大战略导向和政策行动。2022年8月，中华人民共和国工业和信息化部等四部门联合发布了《推进家居产业高质量发展行动方案》，明确指出“在消费升级和技术进步推动下，家居产业发展质量效益稳步提升，呈现融合化、智能化、健康化、绿色化发展趋势”。随着全球生态环境问题日益加剧以及消费者环保意识不断提升，家居产品健康环保已经成为评判其品牌经营质量的重要指标之一。家居企业需要从产品设计、材料制备、产品制造等各个环节贯彻环保理念。

随着人工智能、5G时代的到来，嵌入式技术及物联网技术快速发展，家居产品与服务也不断体现出智能化趋势。对于作为社会消费中坚力量的新生代而言，他们对家居产品智能化体验有着强烈的诉求，必将引领智能家居市场显著增长。

定制家居因其能够更好满足个性化需求而兴起。定制家居结合信息技术与数字技术，可缩短产品制造周期，降低生产成本，现已成为家具制造模式转型升级的主流。如今，定制家居产业呈现如下显著特点：向“全屋定制”快速升级；“跨界定制”已成常态；“板式定制”向“实木定制”拓展。

第二节　家居制造装备发展现状

家居行业尤其是木家具行业，作为木材加工业的重要组成部分，在国民经济中占有非常重要的地位。目前，中国的木家具行业已经形成独立的工业体系。行业上游主要为原材料供应商，经过筛选和加工，为中游的木家具制造提供了坚实的基础。中游木家具制造企业凭借先进的生产装备和技术，将上游的原材料转化为各种功能齐全、设计精美的产品，其核心竞争力在于注重产品的实用性和舒适性，以及不断创新，追求个性化和品牌化的策略，以满足不同消费者的需求。下游销售渠道，包括家具城、大型商超店、电商平台等，其终端用于房地产和装修装饰等。家居制造装备作为木工机械的重要分支，直接影响了家居产业制造效率、精度和经济效益。

木工机械是指在木材加工工艺中将木材加工的半成品加工成为木制品的一类机床，木家具制造装备是木工机械的重要分支。木工机械可以应用于木材加工的各个环节，锯、刨、铣、磨、钻、胶合、表面处理、涂装、木材处理等工序都有相应的木工机械，如锯机、刨床、铣床、钻床、车床、砂光机、开榫机等。

然而，在40多年的发展中，我国木材加工产业还存在着企业数量多、规模小，行业利润普遍偏低，产品质量总体水平不高，信息化技术应用程度不高，生产装备先进化程度不高，同质化产品严重，个性化、创新性产品少，低端产品占比较大、高端产品占比较小等问题。改革开放以后，我国的木工机械行业经历了从小到大的发展历程。经过几代人的艰苦奋斗，逐渐形成了科研、生产、销售、信息和人才培养的完整体系，形成了以“珠三角”“长三角”“胶东半岛”为核心的三大产业集群，出现了一批如“南兴”“极东”“力维”“马氏”“普瑞特”“威特动力”等骨干企业。

2023年，我国木工机械（含配件和部分硬质塑料等非金属材料锯、刨、铣等加工设备，下同）进出口总额22.18亿美元，同比下降16.13%。其中，进口额2.11亿美元，同比增长2.44%；出口额20.07亿美元，同比下降17.69%。如图1-5所示，出口排名前三的地区分别是亚洲、欧洲和北美洲，分别占出口总额的40.08%、29.55%和16.03%。其中，向美国、欧盟、东盟三大贸易伙伴地区出口额分别占出口总额的13.90%、15.07%和22.83%。

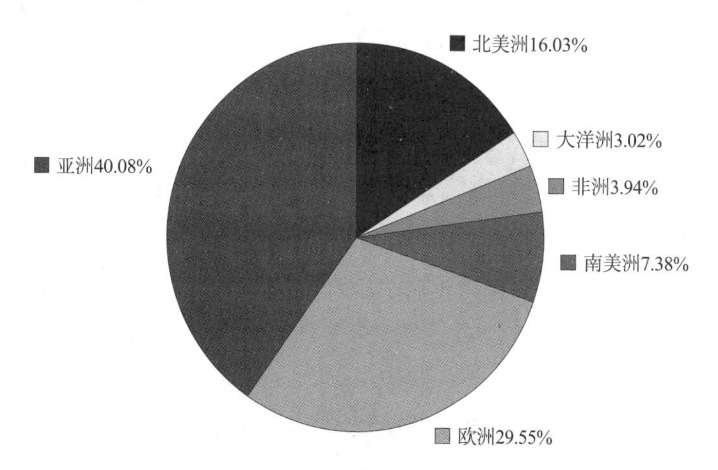

图1-5 2023年我国木工机械分地区出口情况

2008年，我国木工机械行业的GDP超过了意大利，2012年超过了德国，成为世界上第一大木工机械产能国，在产值、产品数量、企业数量、从业人员数量、工程技术人员数量等方面均已成为世界第一，也成为名副其实的木工机械生产大国，木工机械整体水平和国际影响力逐步提升。但是，在高端数控设备制造精度、稳定性等方面还有待进一步提升。国内家居制造装备生产企业与国外相比，在产品线规模、成熟度和丰富度等方面还存在一定的差距。就板式定制家具开料、封边、钻孔等核心装备而言，国内核心装备性能已比较接近国际巨头的水准。从全厂解决方案的层面来看，国外巨头已能涵盖板式家具、实木家具、建筑构件、地板、包装等多产品全流程解决方案，但是目前国内企业仅在定制家居、橱柜卫浴等相关产品线实现智能生产解决方案。总体而言，我国家居智能装备市场规模极大，未来有很大的发展潜力。

第三节　家居制造装备的特点

家居制造装备与普通机床虽有相同之处，但也存在较大的区别。原因在于家居制造装备，尤其是切削加工类设备，其加工对象主要是木质材料。木材的不均匀性和各向异性，使木材在不同的方向上具有不同的性质和强度，切削时作用于木材纤维方向的夹角不同，木材的应力和破坏载荷也不同，促使木材在切削过程中发生许多复杂的物理化学变化，如弹性变形、弯曲、压缩、开裂以及起毛等。此外，由于木材的硬度不高，其机械强度极限较低，具有良好的分离性。然而，木材的耐热能力较差，加工时不能超过其焦化温度。

1．高速切削

家居零部件切削加工类机床的切削线速度一般为40～70m/s，最高可达120m/s；一般切削刀轴的转速为3000～12000r/min，最高可达20000r/min，甚至更高。这是因为高速切削使切屑来不及沿纤维方向劈裂就被刀具切掉，从而获得较高的几何精度和较低的表面粗糙度；同时，高速切削也可保证木材的表面温度不会超过木材的焦化温度。

高速切削对机床的各方面提出了更高的要求，如主轴部件的强度和刚度要求较高，高速回转部件的静、动平衡要求较高，要用高速轴承，机床的抗震性能要好，以及刀具的结构和材料要适应高速切削等。

2．某些零部件的制造精度相对较低

除一些高速旋转的零部件外，由于家居产品的加工精度一般比金属制品的加工精度低，家居制造装备的工作台、导轨等零部件的平行度、直线度，以及主轴的径向圆跳动等参数要求相较于金属切削机床要低。然而，这些指标仅是相对而言的。对于高速旋转的刀轴和微薄木旋切机的制造精度要求同样很高，并且随着家居产品的加工精度和互换性要求的提高，家居制造装备的制造精度正在逐步提高。

3．机床工作噪声水平较高

受高速切削和被切削材料性能的影响，家居切削类机床的噪声水平一般较高。其主要噪声来源有两种，一是高速回转的刀轴扰动空气产生的空气动力性噪声；二是刀具切削非均质的木材工件产生的振动和摩擦噪声，以及机床运转产生的机械性噪声。一般在木材制材和家居制造车间产生的噪声可达90dB（A）以上，裁板锯的噪声可高达110dB（A），对环境造成了严重的污染，同时极大地影响了工人的身心健康。因此，操作工人在进行操作时，应做好噪声防护工作。

工业噪声污染日益受到人们的重视。国际卫生组织规定，对木质材料的锯、铣类机床的空转噪声要低于90dB（A），其他类机床的空转噪声水平不高于85dB（A）。任何超出这一标准的产品，都将被视为不合格产品，不准出厂。

4. 机床一般无须冷却装置，而需要排屑除尘装置

由于木质材料的硬度不高，在加工过程中，刀具与工件之间产生的摩擦热小，即使高速切削，也不致使刀具过热而产生变形或退火现象。另外，家居产品零件的特点决定了其不能在加工过程中被污染，所以家居制造装备一般不需要冷却装置。但其在加工过程中产生大量易燃的锯末、刨花，需要及时排除，所以机床一般都需要配有专用的排屑除尘装置。

5. 多采用贯通式进给方式，工位方式较少

由于家居产品零部件质量轻、尺寸较大、一次性加工多，为了减少机床结构尺寸和占地面积，装备一般多采用贯通式进给方式，如锯、铣、刨、砂光类机床等。

第四节 评定家居制造装备的技术经济指标

家居制造装备优劣的评定，主要是依据装备具有的技术经济指标进行的。这些技术经济指标就是机床设计时要达到的具体要求。各技术经济指标之间相互联系，又相互制约。对于某一台具体的机床而言，应该有所侧重，只有正确处理好各指标之间的关系，才能符合“多、快、好、省”的原则。

1. 工艺可能性

家居制造装备的工艺可能性是指装备适应不同生产要求的能力。大致可分为以下内容：

❶ 可以完成工序的种类。

❷ 加工材料的类型、材质和尺寸范围。

❸ 适用的生产规模。

❹ 加工零件的成本。

工艺可能性的大小主要取决于生产的批量，即根据工序集中还是工序分散而定。在大批量生产中，为了提高生产效率，往往采用工序分散的原则，一台机床只担负一道或几道工序的加工。因此用于大批量生产的专门化机床，必须适当地缩小机床的工艺可能性，以提高效率、降低成本、简化机床的结构。在小批量或单件生产中，由于产品品类多变，工序应适当地集中，使一台机床尽可能多地完成多道工序。因此，通用机床要适应不同的部门需要和各种加工工作，工艺可能性应适当地放宽。

对于家居制造装备，特别是平刨床、压刨床、铣床等通用机械，应广泛地了解使用部门的

要求，根据主要的、共同的要求确定它们的工艺可能性。在条件许可的范围内，应适当地放宽机床的工艺可能性，以满足各方面的使用要求。

计算机数字控制加工中心是一种典型的工序集中的机床，其工艺可能性应根据主要的、共同的使用要求确定。如果机床的工艺可能性过小，就会使其使用范围受到一定的限制，并且一定程度上会对加工工艺起阻碍作用。但若盲目地扩大机床的工艺可能性，必将使机床的结构复杂，不仅不能发挥各部件的性能，有时还会影响机床主要性能的发挥。

2．加工精度和表面粗糙度

机床的加工精度是指被加工工件在尺寸、形状和相互位置方面所能达到的准确程度。影响机床加工精度的因素有很多，主要包括机床的几何精度、传动精度、运动精度和刚度。几何精度取决于机床主要部件的几何形状和位置精度；传动精度取决于机床传动系统中机件的制造精度、装配精度和传动系统设计的合理性；运动精度是指机床在无外载荷的情况下，以工作速度运转时的精度；刚度是指机床及部件抵抗变形的能力，以保证机床受力以后，各零部件相互位置的正确性。影响机床加工精度的因素还有残余应力引起的变形、振动和热变形以及操作工人的技术水平等。

被加工工件的表面粗糙度也是衡量家居制造装备性能的主要指标之一。它与被加工材料的性质，刀具的材料、几何形状，进给量以及机床切削加工时的振动有关。

加工精度和表面粗糙度必须符合被加工工件的要求，应考虑实际情况，避免盲目地提高机床加工精度，因为不必要的精度提升会提高机床的制造成本。

3．生产率和自动化程度

生产率通常是指单位时间内机床加工工件的数量。要提高生产率，就必须缩短机床加工每个工件所需的平均总时间，包括切削加工时间、辅助工作时间和平均到每个工件上的准备和结束工作的时间。生产率可按式（1-1）计算。

$$Q=\frac{1}{T_z}=\frac{1}{T_g+T_f+\frac{T_{zh}}{n}} \tag{1-1}$$

式中 Q——单位时间内机床加工工件的数量（生产率）；

T_z——加工一个工件所需的平均总时间；

T_g——每个工件的有效加工时间（切削加工时间）；

T_f——加工每个工件时的辅助工作时间；

T_{zh}——加工每批工件的准备和结束工作的平均时间；

n——每批工件数量。

为了提高生产率，一般采用先进的刀具、高稳定性和高刚度的机床结构，提高机床的切削速度，采用大切削量、快速进给和多刀多刃切削。值得注意的是，这些措施应视具体的情况而确定、选用，不能一味地提高主轴转速而不顾机床其他机构的生产能力，以免造成相反的效果。

为了提高生产率，减轻工人劳动强度，更好地保证加工精度和精度的稳定性，应该尽量提高机床自动化程度。家居制造装备的自动化程度可以用机床自动工作时间和机床全部工作时间的比值表示。按自动化程度的高低，木工机床分为自动木工机床、半自动木工机床和普通木工机床三类。

自动木工机床具有完整的自动工作循环，包括自动装卸工件、自动连续加工工件。半自动木工机床也有完整的自动工作循环，但装卸工件需要人工完成，因此不能自动连续加工工件。普通木工机床虽然也不同程度地采用了自动循环系统，但没有完整的自动工作循环。

机床设计时，应根据实际情况确定机床的自动化程度和实现自动化所采用的手段，通常应尽量提高自动化程度。考虑到某些通用机床用途较广，工件的变化范围大，较难实现全部自动化，应采用局部的自动工作循环。实现自动化所采用的手段和生产批量有很大的关系，大批量生产时，应用自动木工机床或半自动木工机床；小批量生产时，由于要求机床具有调整快速和通用性好的特性，应用普通木工机床或柔性装备。

4. 装备结构、制造和维修便捷性

在满足使用要求的前提下，机床的结构应尽可能地简单，并达到较好的工艺性能，以使装备结构、制造和维修简单方便。家居制造装备的系列化以及零部件的通用化和标准化对机床的制造、维修有直接的影响。系列化的装备可以用很少的类型满足各种使用要求，使同类型机床结构典型化，减少设计工作量。零部件的通用化和标准化既可以缩短机床的设计周期和制造周期，实现专业化生产，又能提高产品的质量，降低生产成本。同时，通用化和标准化的零部件，能够确保使用厂家轻松获取易损件，使得维修更为方便。

5. 安全性和工作可靠性

安全性是指机床操作方便、省力、容易掌握，不易发生故障和操作错误，减少工人的疲劳，保证工人和机床的安全。

工作可靠性是指机床无故障工作时间占总时间的比例，也可称为机床的故障率。随着自动化水平的提高，一条生产线需要多台机床和仪表控制系统，如自动生产线由多台机床和运输线连接而成。它们对机床的工作可靠性要求较高，倘若一台机床发生故障，往往会影响全线或某个部分的正常生产。因此，机床的可靠性要适当地提高。

6. 效率、使用期限和生产成本

机床的效率是指使用的有效功率与输入功率的比值，两者的差值就是摩擦损失。摩擦转化为热量，引起机床的热变形，这种热变形能够给机床带来不良的后果，对于大功率、高精度的机床而言，这种影响更为突出，在应用时应更加注意。

机床的使用期限是指机床保持其应有加工精度的工作时间。这个期限越长，机床的精度保持性越好。家居制造装备机床的使用期限一般是指一个大修期。确保和提高机床使用期限的措施主要是提高一些关键零部件性能和质量，如主轴和导轨的耐磨性，并使主要传动件的疲劳寿命与之相适应。

机床生产成本的高低，表示它在经济上的合理性，同时也反映设计和生产企业管理水平的高低，必须加以重视。在市场竞争日益激烈的情况下，只有提高管理水平，努力降低生产成本，才能在市场竞争中获得更大的优势。

设计机床时，机床的体积应尽可能小、重量尽可能轻、占地面积尽可能小，外形美观并应防止污染等。目前，家居制造装备设计中强调环境保护的呼声越来越高，能耗水平、噪声污染水平，漏油、漏气、污水排放等方面的要求也越来越严格。

对于机床的技术经济指标，在设计机床时应综合考虑。不能为了追求结构简单而降低机床的使用性能，也不能因为盲目扩大一些不必要的性能而使机床结构过于复杂而增加机床的生产成本。应在保证使用要求的前提下，尽可能地使制造简单方便。对于具有不同要求的机床，各项技术经济指标应有不同的侧重点，应确保重点兼顾一般。在综合各项技术经济指标的前提下，使设计的机床重量轻、体积小、结构简单、使用方便、效率高、质量好、成本低。

第二章　家居制造典型装备

学习目标

了解家居制造典型装备的类型、结构及其工作原理，掌握各类装备使用范围；为后期学习不同家居产品典型生产线联线的内容奠定基础。

家居制造装备是指在家居产品制造各工序所需的各类机加工、装饰与涂饰以及组装等设备的总称。本章以家居中的木家具制造装备为例，根据产品原材料的加工方式以及装备功能与用途，分别阐述各类装备的结构、工作原理、分类及用途等内容。

第一节 锯机

锯机是利用锯将材料分割成两部分的一类设备。根据锯切刀具类型的不同，锯机可分为带锯机、圆锯机、锯板机、框锯机等。

一、带锯机

带锯机是以环状封闭无端的带锯条张紧于旋转的两个锯轮上，使其沿一个方向连续运动而实现锯切木材的设备。

（一）带锯机类型及用途

根据工艺用途的不同，带锯机可分为原木带锯机、再剖带锯机和细木工带锯机。原木带锯机和再剖带锯机主要用于原木制材。在实木家具产品制造过程中，细木工带锯机最为常用。下面重点介绍原木带锯机和细木工带锯机。

1. 原木带锯机

原木带锯机用于原木制材，将原木锯切成板材或方材，一般需要通过跑车完成进料。根据其结构，可分为立式原木带锯机（图2-1）和卧式原木带锯机（图2-2）。其中，卧式原木带锯机锯切时，一般多为锯切单元移动，原木固定不动；而立式原木带锯机锯切时，一般通过跑车装夹原木实现进给。

图2-1 立式原木带锯机（数控跑车）

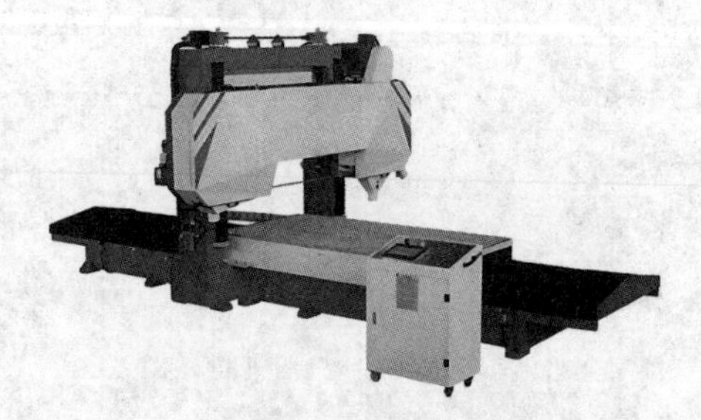

图2-2 卧式原木带锯机

立式原木带锯机的锯床位于直立的柱子上，带锯刃向下方垂直工作，锯齿朝向操作人员一侧，适合加工相对较小的工件。由于立式原木带锯机的锯条处于垂直状态，因此可以提供更高的切割精度和稳定性。

卧式原木带锯机的带锯安装在水平工作台上，其切削面平行于工作台面，带锯刃和切割物处于同一平面，锯条在切割时容易弯曲，导致切割精度较低。但卧式原木带锯机的机械结构简单，维护方便，可以有效地降低使用成本。并且卧式原木带锯机的切割速度比立式原木带锯机快，适合加工大型工件。同时，卧式原木带锯机可以进行连续切割，能够提高生产效率。此外，卧式原木带锯机的噪声低，安全性高，在使用过程中不会产生过多的噪声，从而为操作人员提供更安全的工作环境。卧式原木带锯机还有节能环保的优势，在使用过程中可以有效地节约能源，减少对环境的污染，为木材加工行业的可持续发展做出贡献。

2．细木工带锯机

细木工带锯机主要适用于木工车间板材、方材的曲线或直线锯切，多为立式结构。多数机床具备可倾斜工作台，适用于一些斜面切削。同时，为了满足不同加工需求，市场上也出现了多种不同型号的细木工带锯机，如手动带锯机、半自动带锯机、全自动带锯机等，用户可以根据实际需求进行选择。

图2-3所示为普通细木工带锯机和数控细木工带锯机。

（二）带锯机结构

1．原木带锯机

原木带锯机主要由机体、锯轮、锯条张紧装置、锯条导向装置、传动装置以及进料装置等零部件组成，如图2-4所示。原木带锯机加工对象为尺寸较大的原木，加工过程需要使用专用的进料装置进行进料，以保证加工精度与效率。

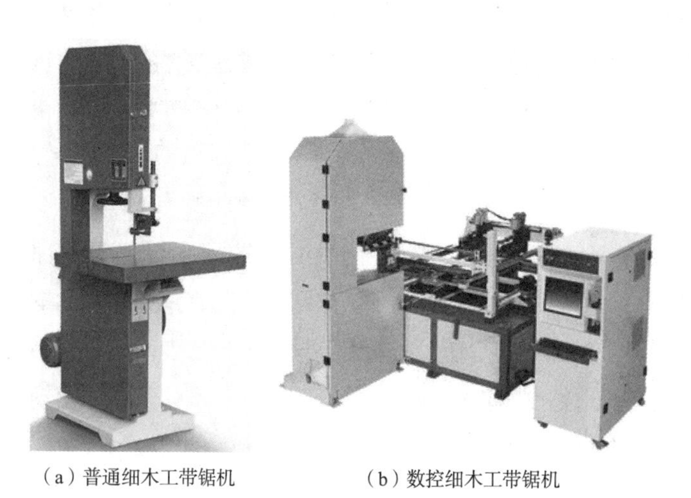

（a）普通细木工带锯机　（b）数控细木工带锯机

图2-3　细木工带锯机

图2-4　原木带锯机

（1）机体

机体主要用于支承锯轮、锯条张紧装置、锯条导向装置等其他零部件，使设备保持确定的空间位置，并能承受材料切削过程中的切削力和运动部件产生的惯性力。机体要求具有足够的重量、稳定性以及合理的结构与刚度，它是设备稳定运行的根本保障。

（2）锯轮

对于立式原木带锯机而言，锯轮分为从动轮（上锯轮）和主动轮（下锯轮），是带锯机的主要部件之一，起到张紧、驱动、制动锯条的作用，其性能优劣直接影响锯切材料的精度与质量。

锯轮的结构主要包括辐条型和辐板型，如图2-5所示。上锯轮既有辐条型，又有辐板型；但下锯轮一般都采用辐板型。上锯轮作为从动轮，要求其质量轻，可降低锯机重心，且易被驱动，动作灵敏；当锯切阻力发生变化时，便于减少运动惯性，减少因锯条伸缩剧烈而造成的断裂或打滑现象，以保证锯条平直、张紧。下锯轮作为主动轮，电机通过皮带驱动下锯轮，从而带动上锯轮和锯条运动以锯切木材。下锯轮的结构通常为铸铁或铸钢材质，辐板较厚，重量为上锯轮的2.5～3.5倍，须经过动平衡和静平衡检验以保证其运动稳定性。下锯轮采用重量较大的辐板结构，其目的是通过增加质量以增加转动惯量，起到飞轮的作用，以调节由于锯材材料特性不均匀造成的锯条速度变化，保证锯切过程稳定。

图2-5 带锯机锯轮结构

（3）锯条张紧装置

锯条张紧装置是用于保持锯条在上、下锯轮上处于张紧状态的装置，是带锯机的关键部件之一，直接影响着锯条寿命、锯切精度和锯切质量等。它由上锯轮升降机构和自动调整张紧力机构组成。上锯轮升降机构用于调整上锯轮高度以张紧或松开锯条。上锯轮升降一般通过丝杆螺母或蜗轮蜗杆等机构实现，转动升降手轮，实现上锯轮上升或下降。自动调整张紧力机构用于保证锯条在切削时保持适当的张紧度。在材料切削过程中，锯条与材料摩擦而发热伸长、切削材料种类变化或材料特性变化时造成切削阻力突变等情况，均会造成锯条失衡，引起锯条窜动，甚至断裂等问题，因此，在切削时需要使锯条保持适当的张紧度。自动调整张紧力机构主要有机械式、气压式和液压式三种形式。

（4）锯条导向装置

锯条导向装置又称锯卡，是防止锯条偏移与横向振动、限制锯条自由长度、保持锯路平直的装置。在材料锯切过程中，锯条工作边的长度大大超过了锯路高度。随着锯切过程的继续，锯条温度升高，锯条高速回转时，容易造成剧烈摆动，影响锯路精度与锯切表面质量。因此，需要增加锯条导向装置，以限制锯条自由长度，提高锯条刚性，防止锯条偏移与横向振动，保证锯路平直。现有锯条导向装置主要有机械接触式和空气静力型。其中，机械接触式主要有夹板式、单侧压力式和辊轮式。

（5）传动装置

带锯机传动装置多数通过三角皮带同电机相连，采用带传动驱动主动轮。带锯机的启动包括接通电源直到锯轮达到规定转速的过程。为保证启动过程的平稳性，不同类型的带锯机采用不同的启动方法，如笼式电机可采用直接启动和降压启动方法；绕线型电机可采用启动变阻器启动和频敏变阻器启动方法。

锯机停工时，为缩短锯轮因惯性转动的时间，须对锯机进行制动。为防止锯条折断，切忌紧急制动。锯轮直径越大，制动时间越长。原木带锯机常用的制动方法有电气制动和机械制动。

（6）进料装置

原木带锯机进料装置用于将待锯切的木料送入切削区域进行加工。进料装置的种类包括车式进料装置（跑车）、辊筒进料装置和链式进料装置等。应根据带锯机的类型、锯切材料的形状和尺寸及加工要求，选择合适的进料装置。锯切原木的带锯机多以跑车作为进料装置；再剖带锯机一般以辊筒作为进料装置；而细木工带锯机一般以人工进料为主，随着数控技术的普及，数控细木工带锯机可实现机械自动进料。图2-6所示为原木带锯机跑车。

图2-6 原木带锯机跑车

2. 细木工带锯机

细木工带锯机是一种用于切割木材的机械设备，其工作原理简单、切割精度高、效率高、操作简单、切割锯路相对灵活，在细木工行业中应用较为广泛。它的工作原理是通过带锯条进行板方材的切割。带锯条由多个连续的锯齿组成，通过电机驱动带动锯齿，将工件向前进给，从而实现对木材的切割。其基本结构与原木带锯机类似，主要由床身、工作台、锯轮（上锯轮、下锯轮）、带锯条、电机、传动系统、锯条导向装置（锯卡）等零部件组成，如图2-7所示。

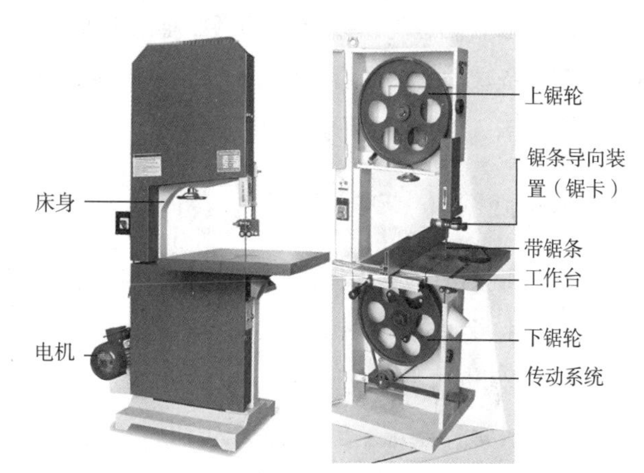

图2-7 细木工带锯机

细木工带锯机主要加工对象为规格锯材、集成板方材等，尺寸规格不大。普通细木工带锯机通过人工方式进料，仅有一些数控细木工带锯机有自动进料装置。

在细木工带锯机中，床身要求结构稳定，以保障机床稳定运行。电机是带动整个设备运转的动力源，传动系统则将电机的动力传递到下锯轮，使锯轮旋转以带动带锯条运动。带锯条是带锯机的核心部件，它通过高速旋转来切割木材。锯条导向装置则用于引导锯片的运动方向，使其能够沿着预定的轨迹进行切割。工作台用于支承待加工的木材，使其能够稳定地进行切割。

使用细木工带锯机时，首先将待加工的木材放置在工作台上，并根据需要进行调整；然后启动电机，使其带动带锯条高速旋转；接着将木材沿着导板缓慢地推进，直到完成切割。在整个加工过程中，应注意安全，避免手部接近锯条，以免发生意外伤害。

（三）带锯机发展趋势

1．数控化

传统带锯机存在锯切自动化程度低、安全性差、劳动强度大等诸多不足。随着家居制造自动化水平的不断提升，以及智能制造转型升级的迫切需求，对于锯切技术的要求也日益增高，包括个性化锯切、曲直线锯切等。在此背景下，带锯机数控化已是大势所趋。

2．高效化

出材率和锯切表面质量是评价锯切质量的重要指标。随着锯片增强技术、动力学理论分析与模拟技术、机床结构优化技术等新技术的不断创新与应用，超薄锯路锯片和高稳定性机床制造水平不断提升，进一步降低了锯路损失，提升了锯切表面质量。在国家“双碳”目标的背景下，提升材料利用率和加工质量对于降低原材料制造过程中的碳排放具有积极作用，符合绿色制造发展要求。

3．协同化

随着家居制造生产线自动化、智能化水平的提升，锯机与工业机器人等其他装备协同工作，多设备联动场景日趋丰富，促进设备与设备、设备与人以及人与人的协同，对于提高生产线生产效率、柔性化水平具有积极影响。

二、圆锯机

圆锯机是以圆盘锯片为刀具锯切木材的设备，具有结构简单、效率高、类型多、应用广等特点，是木材加工中最常见的设备之一。

（一）圆锯机类型及用途

圆锯机有多种分类方式。根据锯切加工方向的不同，可分为纵剖圆锯机、横截圆锯机和万能木工圆锯机；根据锯片数量的不同，可分为单锯片圆锯机、双锯片圆锯机和多锯片圆锯机。

1．纵剖圆锯机

根据锯片位置的不同，纵剖圆锯机可分为上轴式和下轴式；根据物料进给方式的不同，可分为手动进给和机械进给，其中机械进给方式包括履带进给和辊筒进给；根据锯片数量的不同，可分为单锯片、双锯片和多锯片，其中多锯片纵剖圆锯机又分为单轴多锯片和双轴多锯片。相较于单轴多锯片纵剖圆锯机，双轴多锯片纵剖圆锯机上、下锯片锯切高度有所降低，约为单轴多锯片纵剖圆锯机的一半。因此，双轴多锯片纵剖圆锯机的锯片厚度可做得更薄，这样能够降低锯路损失，进一步提高材料利用率。图2-8所示为上轴式和下轴式自动进料单锯片纵剖圆锯机，图中圆圈处为锯片位置。图2-9所示为单轴式和双轴式多锯片纵剖圆锯机锯片。

在木材纵切优选时，多片锯是不可或缺的设备之一。多锯片纵剖圆锯机不仅能够将宽板剖分成若干窄板，还能将厚板剖分成若干薄板。同时，在小径级原木制材中，也常使用多锯片纵剖圆锯机，一次进料即可将原木剖分成多片毛边板，如图2-10所示。目前，根据自动化程度的不同，纵切优选多片锯的锯片相对位置调节的方式主要分为自动调节和手动调节，以满足宽板纵剖的需求，如图2-11所示。

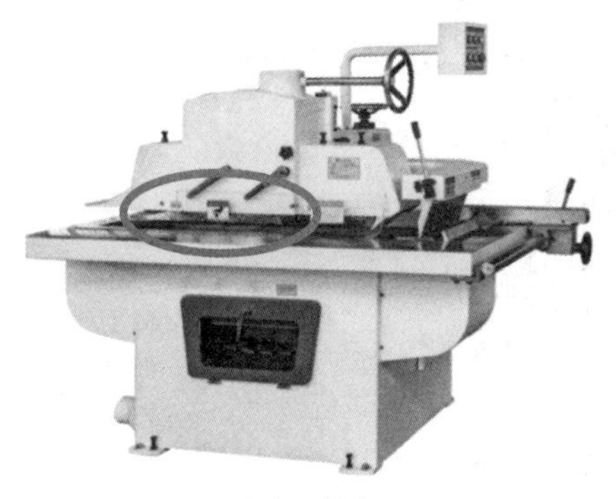

（a）上轴式

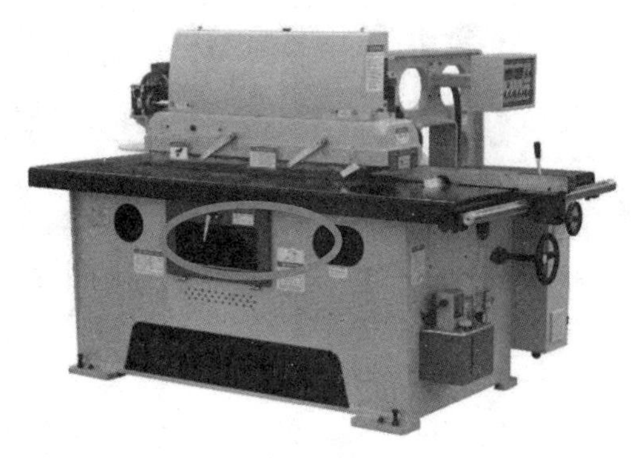

（b）下轴式

图2-8　自动进料单锯片纵剖圆锯机

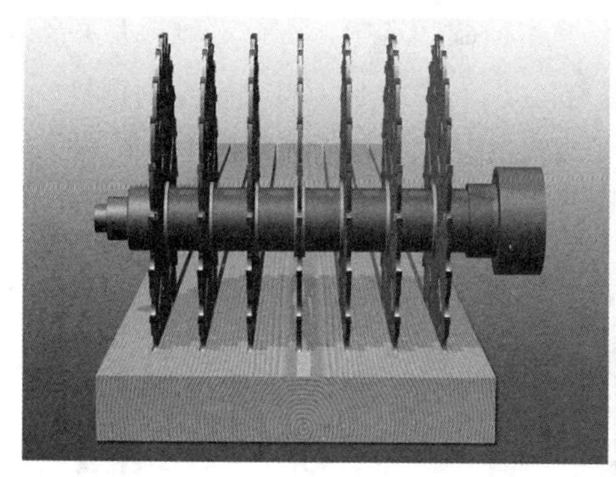

（a）单轴式

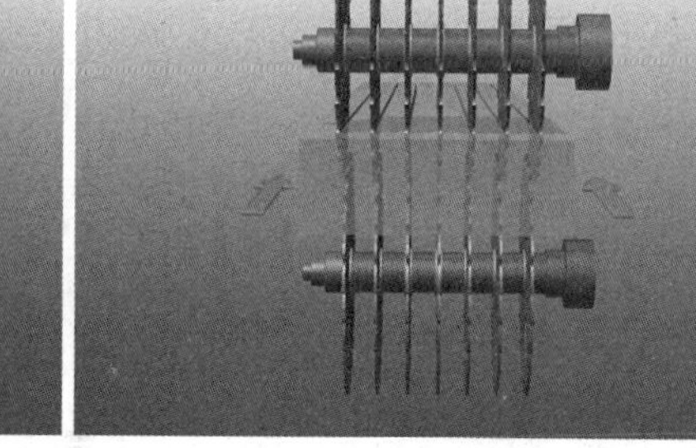

（b）双轴式

图2-9　多锯片纵剖圆锯机锯片

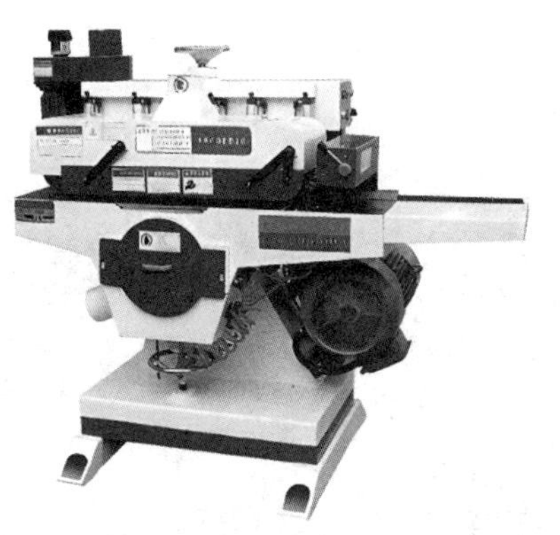

（a）宽板多片锯

（b）宽板多片锯剖分效果

（c）原木多片锯

（d）原木多片锯剖分效果

图2-10　多锯片纵剖圆锯机

（a）自动调节

（b）手动调节

图2-11　纵切优选多片锯锯片相对位置调节

2．横截圆锯机

根据结构的不同，横截圆锯机可分为刀架圆弧进给和直线进给的摇臂式横截圆锯机以及气动式横截圆锯机等，如图2-12所示。目前，在原木横截优选中，横截圆锯机是必备设备之一，用于将长料截断成一定长度和一定等级的短料。图2-13所示为自动横截圆锯机，这种设备通常配备荧光识别或者机器视觉检测装置，以实现指定位置的自动截断，其自动化程度显著提高，锯切效率也显著提升。

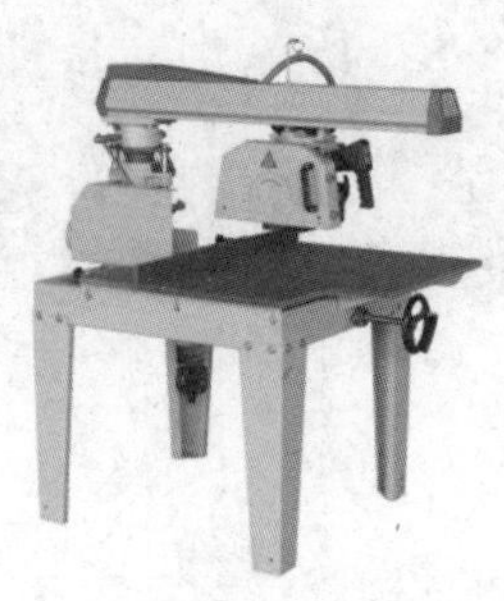

（a）摇臂式

（b）气动式

图2-12　横截圆锯机

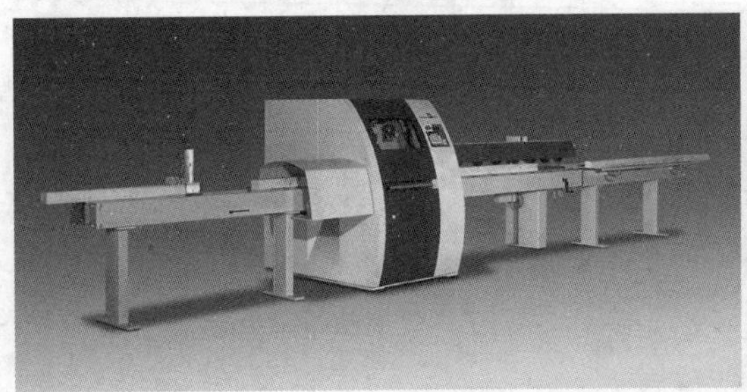

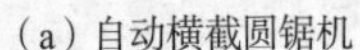

（a）自动横截圆锯机

（b）横截位置局部视图

（c）荧光标记

图2-13　自动横截圆锯机

（二）圆锯机结构

圆锯机主要由床身、锯轴、电机、传动系统、工作台、锯片垂直高度调节结构、锯片位置倾斜装置、纵向导尺等部件组成。锯片垂直高度调节结构能够满足不同尺寸工件锯切的需求；锯片位置倾斜装置能够保证锯片在一定角度内倾斜以满足斜面锯切的需求。

图2-14所示为一种机械进给的纵剖圆锯机，该纵剖圆锯机配备机械进给装置以实现自动进料，工件运行过程中通过压轮压紧，由辊筒或履带摩擦力带动工件运动完成进给。压轮保证了工件进给过程的稳定，阻止工件在加工过程中跳动。同时，为防止工件在加工过程中因异物、材料内部不均匀等因素造成切削阻力骤然增加而反向飞出，需要增加止逆器。

图2-15所示为一种摇臂式横截圆锯机，它主要包括床身、立柱、高度调节手轮、往复刀架、摇臂横梁、手柄等。

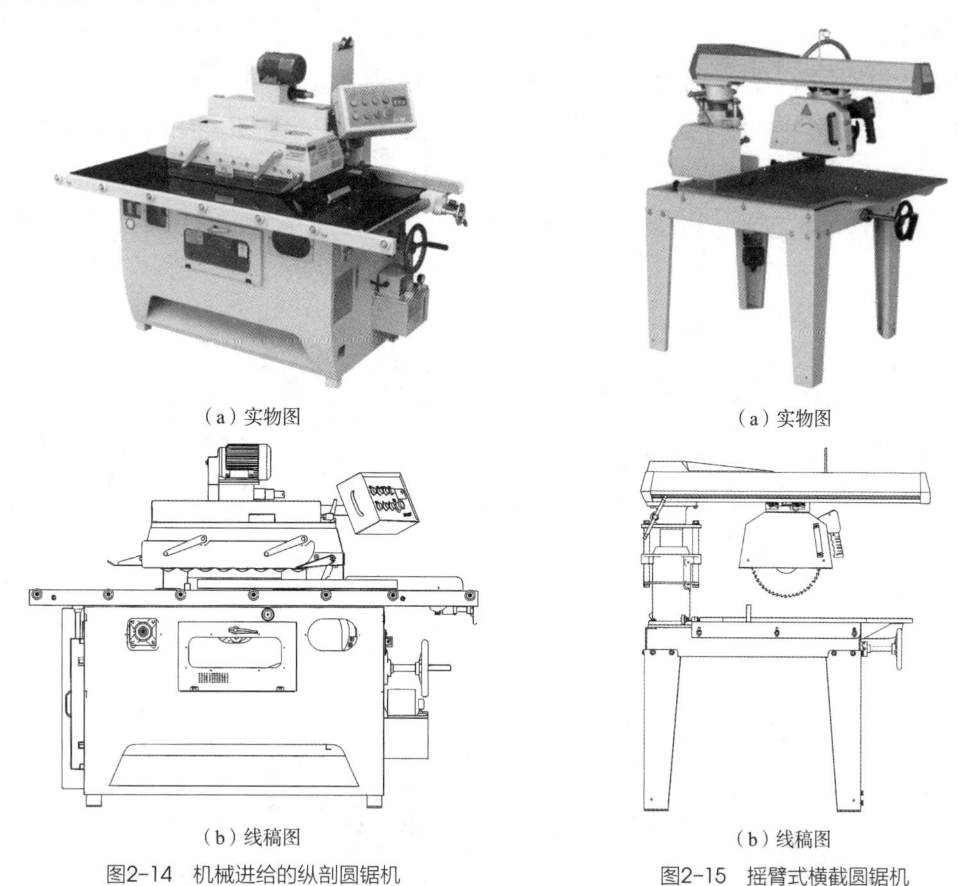

（a）实物图　（a）实物图

（b）线稿图　（b）线稿图

图2-14　机械进给的纵剖圆锯机　图2-15　摇臂式横截圆锯机

三、锯板机

（一）锯板机类型及用途

随着加工工艺与设备性能的提升，以及板式家具的快速发展，传统圆锯机的加工精度、结构、性能等已无法满足生产需求，各种用于板材开料的锯机得到了迅速发展。《木工机床　型号编制方法》（GB/T 12448—2010）规定，根据结构的不同，锯板机可分为带移动工作台木工锯板机（俗称推台锯）、锯片往复木工锯板机（俗称电子开料锯）以及立式木工锯板机。

1. 带移动工作台木工锯板机

在板式定制家具智能制造背景下，带移动工作台木工锯板机一般很难满足信息化、柔性化制造需求，多用于自动化程度较低、补单等生产环节。

2. 锯片往复木工锯板机

目前，市面上锯片往复木工锯板机多带有数控功能，因其具有生产效率高、锯切质量好等优点，被广泛应用于板式家具大规模定制领域。

根据进料方向的不同，锯片往复木工锯板机可分为前上料和后上料，如图2-16所示。前者的板材是通过气浮工作台由人工推入锯机；后者是板材在锯机后方通过自动升降辊筒和推手，实现自动上料，其自动化程度更高，物料流转更流畅。根据送料机构的不同，锯片往复木工锯板机可分为单推手和双推手，如图2-17所示。相较于单推手，双推手效率更高，可以同时实现两块板材依次裁切。采用锯片往复木工锯板机进行板式家具开料时，必须经过纵横两个方向锯切，才能将标准尺寸人造板裁切成一定尺寸规格的家具零部件。因此，大板在进行一个方向裁切后，由人工或者机械手将板件旋转90°后再次送入锯机，完成另一方向锯切，进而实现开料过程。目前，部分设备集成了两个切削单元，二者呈90°布置，如图2-18所示，实现了在一台设备上连续进行纵横方向锯切，其效率更高。

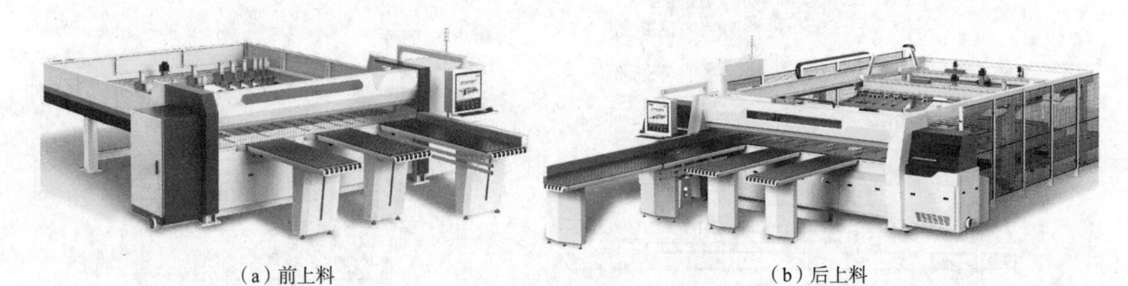

（a）前上料　　（b）后上料

图2-16　数控锯片往复木工锯板机

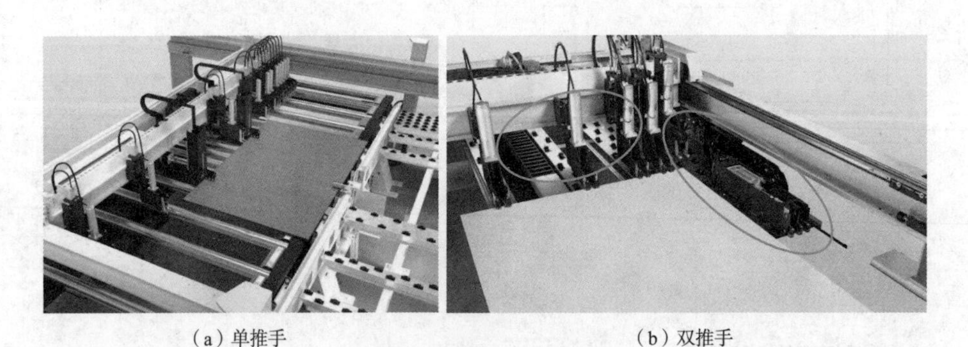

（a）单推手　　（b）双推手

图2-17　锯片往复木工锯板机推手

图2-18　纵横双向锯片往复木工锯板机

3．立式木工锯板机

目前，市面上的立式木工锯板机应用较少。其自动化程度不高，难以完成生产线联线，且锯切效率也不高，一般仅用于一些小规模制造领域。立式木工锯板机主要分为上锯式和下锯式两种，如图2-19所示。

（a）上锯式

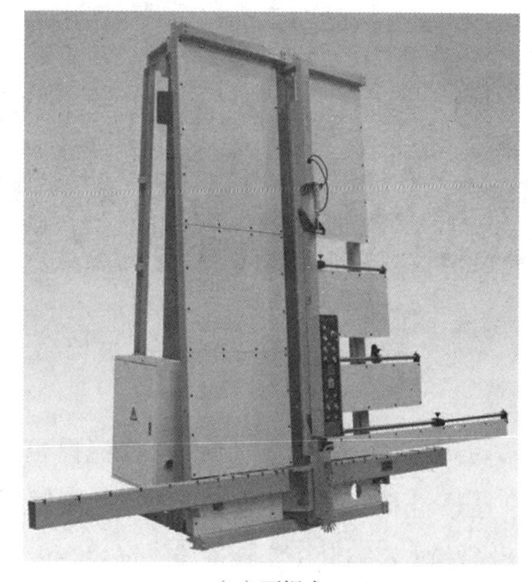

（b）下锯式

图2-19　立式木工锯板机

（二）锯板机结构

1．带移动工作台木工锯板机

带移动工作台木工锯板机主要由床身、固定工作台、纵向移动工作台、锯切机构、导向靠板、防护罩以及吸尘罩等部件组成，如图2-20所示。加工时，将工件放在移动工作台上，人工推送工作台以完成工件进给，实现锯切。

随着机床自动化程度的提升，部分设备的导向靠板可通过数控方式实现自动移动定位，自动化程度、切割效率和精度更高。锯切机构主要由锯座、倾斜调整机构、升降机构、锯片等组成。为防止饰面人造板锯切崩边，提高锯切质量，带移动工作台木工锯板机一般包含主锯片和划线锯片。相较于划线锯片，主锯片直径更大，但厚度稍薄。沿进料方向，板材依次经过划线锯片和主锯片，完成开料。主锯片和划线锯片的旋转方向相反，主锯片采用逆向锯切，划线锯片采用顺向锯切。划线锯片仅高出工作台面1～3mm，在主锯片锯切前，应先将板件底面锯开，以防主锯片高速锯切时产生向下的拉力，造成板材底面锯口不平，产生崩边缺陷。

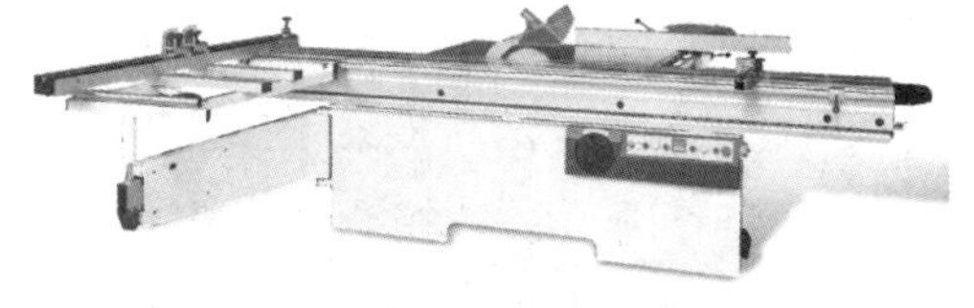

（a）带移动工作台木工锯板机

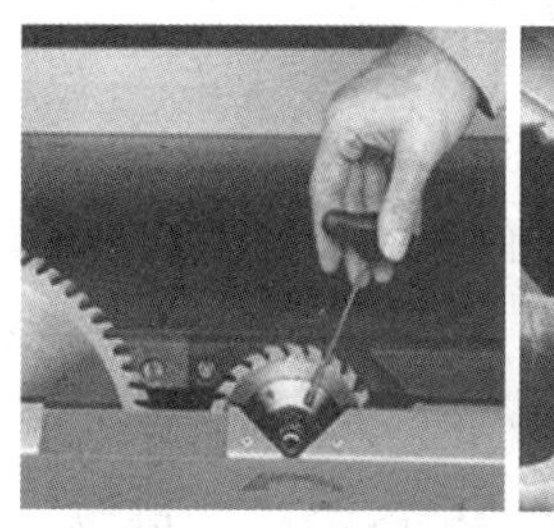

（b）圆锯片安装调节

图2-20　带移动工作台木工锯板机

2．锯片往复木工锯板机

锯片往复木工锯板机具有通用性强、生产率高、锯切质量好、精度高、易于实现自动化和计算机控制等优点。其主要由床身、工作台、切削机构、进给机构、压紧机构、定位器以及电气控制装置等组成，如图2-21所示。

此类锯板机可实现多张板材叠切，效率较高。工作台一般为气浮珠工作台面，能够减小工件与工作台面的摩擦，保护饰面人造板表面。

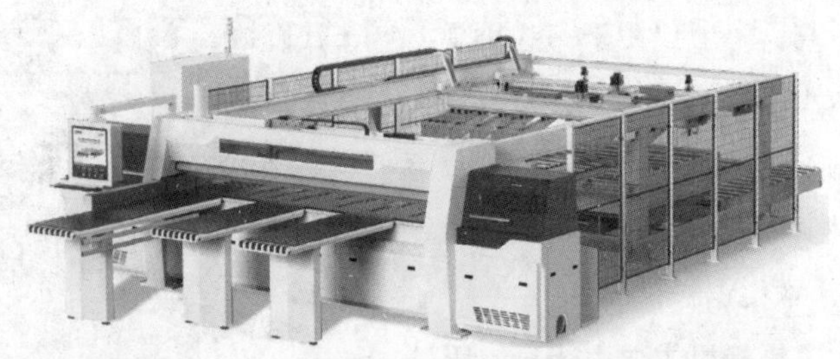

（a）锯片往复木工锯板机

（b）锯板机局部视图

（c）推手

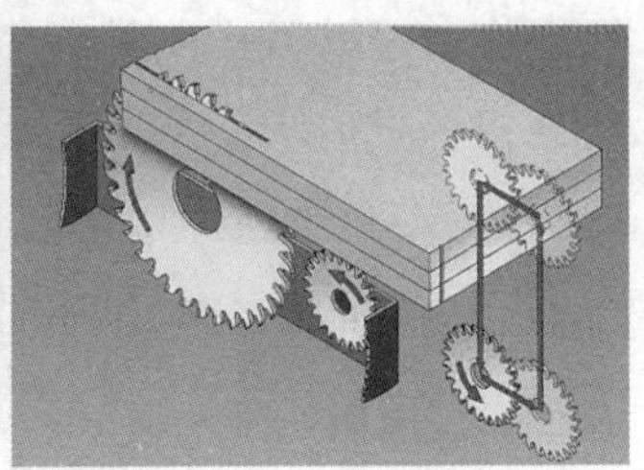

（d）锯片运动示意图

图2-21 锯片往复木工锯板机

锯片往复木工锯板机具体工作流程如下：

压梁下降，压紧工件→启动主、副锯片（划线锯片）电机并提升锯架，锯片伸出工作台之上→进给电机启动，实现进给→锯片至规定位置或末端位置时停止进给→锯架下降→进给电机反向，带动切削机构返回→压梁上升，复位。

带有数控功能的锯片往复木工锯板机在传统结构的基础上装有接料机构、送料机构、数控装置等部件。送料机构配合机械手可实现下料和转向自动化。送料机构安装于主机架后端，由送料导轨、送料横梁、夹具等部件组成，如图2-22所示。数控锯片往复木工锯板机须配合优化软件，实现板材优化开料，提升材料利用率。

图2-22 锯片往复木工锯板机送料机构

3．立式木工锯板机

立式木工锯板机工作台面垂直放置，具有占地面积小、装卸放置方便、调节操作简单等优点，尤其适合小批量生产。根据锯轴与工作台的位置关系，立式木工锯板机可分为下锯式和上锯式，前者锯轴装在工作台下方，后者锯轴装在工作台上方。

立式木工锯板机主要由床身、切削机构、进给机构（一般人工进给）、工作台、定位机构、气动压紧装置和电气控制系统等部件组成，如图2-23所示。

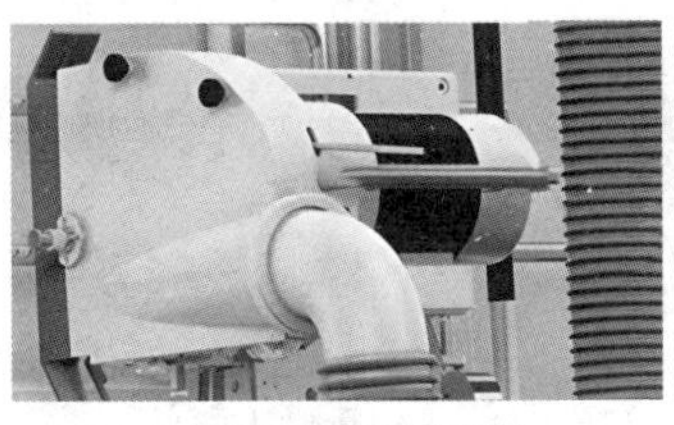

（a）立式木工锯板机　（b）锯切部件局部视图　（c）圆锯片切削局部视图

图2-23　立式木工锯板机

四、框锯机

框锯机最早出现在欧洲，因其生产工艺简单、操作方便，便于实现生产连续化、自动化，而被广泛应用。在瑞典、芬兰和挪威等国家，以框锯机为主锯机的制材占有相当大的比例；在俄罗斯、波兰和捷克等国家，框锯机也一直是制材工业的主力设备。随着优质木材资源的日益匮乏，框锯机逐渐被用于制备薄板以及应用于实木复合地板、家具等产品制造领域。

（一）框锯机类型及用途

根据锯框的运动方向不同，框锯机可分为立式和卧式两类，锯框在垂直方向运动的称为立式框锯机，在水平方向运动的称为卧式框锯机。其中，立式框锯机按结构形式可分为双层和单层；按进给方式可分为连续进给和间歇进给；按加工工艺可分为通用和专用，薄锯条小型框锯机就是一种锯割薄板的专用框锯机。

框锯机主要用于原木制材和薄板加工。其中，制材仅适合于中小径级原木锯切。

与带锯机和圆锯机相比，框锯机具有以下优点：

❶ 在锯切范围内，可按加工板厚度要求安装多根锯条，一次可以锯剖多块不同厚度的板材。

❷ 锯条张紧状态好，锯材精度高，表面质量好。

❸ 避免了多次定位、夹紧、侧向进给等操作程序，缩短了辅助时间，生产效率高。

❹ 框锯机操作劳动强度低、安全性能好，对操作人员的技术水平要求不高。

❺ 生产工艺简单、占地面积小，节省投资费用。

然而，框锯机也存在一些缺点：

❶ 不能根据木材缺陷情况合理下锯，成品板材出材率低于同等条件下带锯机的出材率，对原木的质量要求高，锯割前要对被加工木材进行分级和质量分选。

❷ 锯框的往复运动产生巨大的惯性和振动，增加了磨损，限制了切削速度的提高，因此，生产效率也受到一定的限制。

（二）框锯机结构

框锯机又称排锯机，是将多根锯条张紧在锯框上，由曲柄（或曲轴）连杆机构驱动锯框做上下或左右往复运动，使装在锯框上的多根锯条对原木或木方进行纵向锯切的机械，如图2-24

所示。框锯机主要由床身、工作台、木料进给机构、锯切机构及出料装置等部分组成。其中，主锯切机构由主电动机、传送带、曲柄连杆机构等组成。

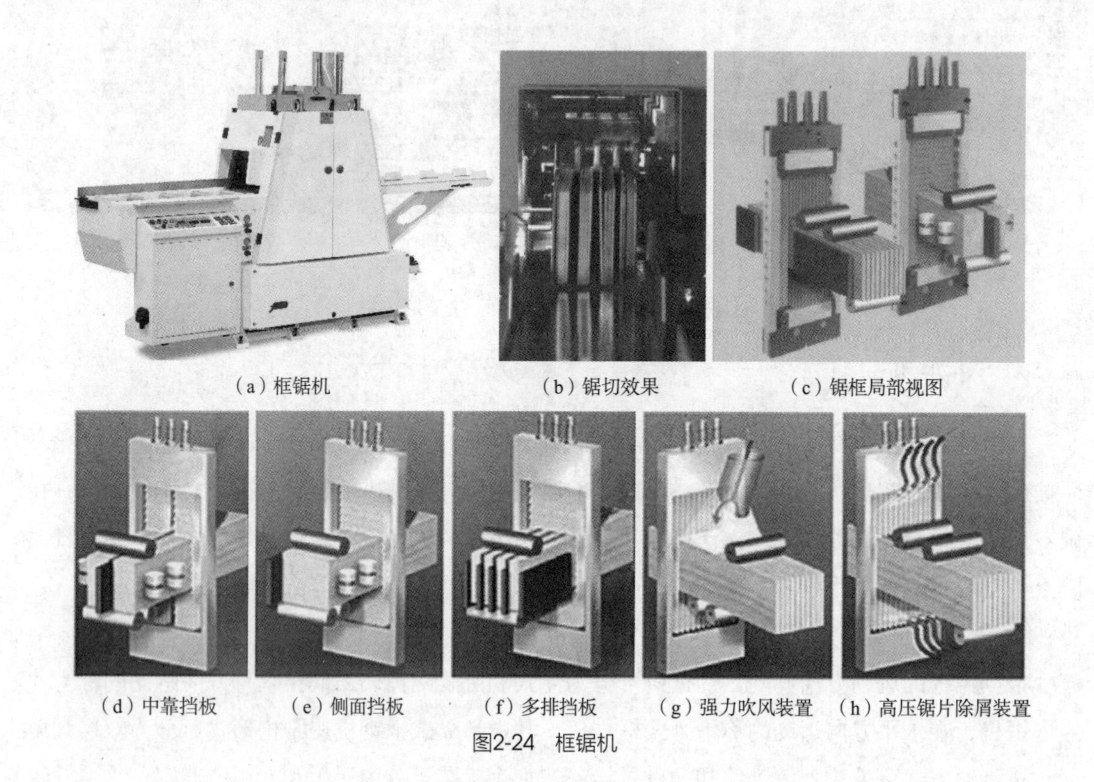

（a）框锯机（b）锯切效果（c）锯框局部视图

（d）中靠挡板（e）侧面挡板（f）多排挡板（g）强力吹风装置（h）高压锯片除屑装置

图2-24 框锯机

第二节 刨床

刨床是将毛料加工成具有精确尺寸工件的设备，能够保证工件表面质量，将粗糙度加工到合理范围。这类机床绝大部分采用纵向铣削方式进行加工。根据用途的不同，刨床可分为平刨床、压刨床、双面刨床和四面刨床等。

一、平刨床

（一）平刨床类型及用途

平刨床可将毛料的被加工表面加工成平面，使其成为后续加工或测量的基准面；也可加工与基准面相邻的一个表面，使其与基准面呈一定角度。根据进给方式的不同，平刨床可分为人工进给平刨床和机械进给平刨床。其中，机械进给平刨床一般适用于大批量加工，以防止频繁调整进给装置高度，影响生产效率。

根据刀具结构的不同，平刨床的刨刀可分为直刃刨刀和螺旋刃刨刀。直刃刨刀对木材进行切削时，刀片间歇性进入切削状态，刨削冲击力大，切削不平稳，刨削精度不高，有时需要二次打磨，使用时噪声大。螺旋刃刨刀的刀片排列在刀轴四周，刨切宽度逐渐增加，刨切状态相对更加稳定；同时，刀片四个面可以转位使用，提升了利用率，不需要人工打磨。

平刨床的核心技术参数主要包括最大铣削宽度、最大铣削量、工作台长度、刀轴转速等。其中，最大铣削宽度决定了被加工工件的宽度范围；最大铣削量是指在保证铣削表面质量的前提下的最大铣削深度；工作台长度限制了被加工工件的长度；刀轴转速决定了切削用量。

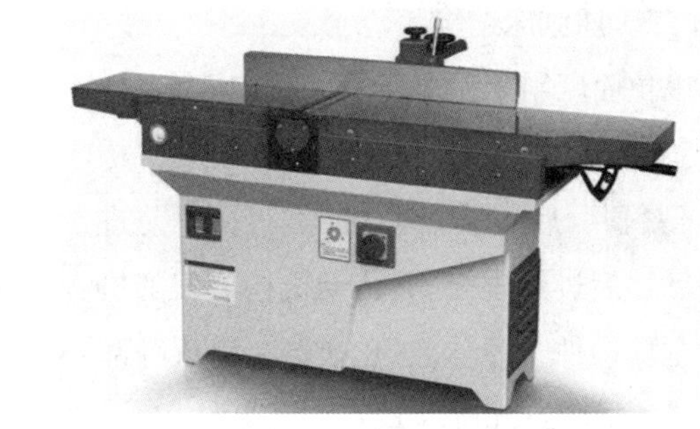

（a）实物图

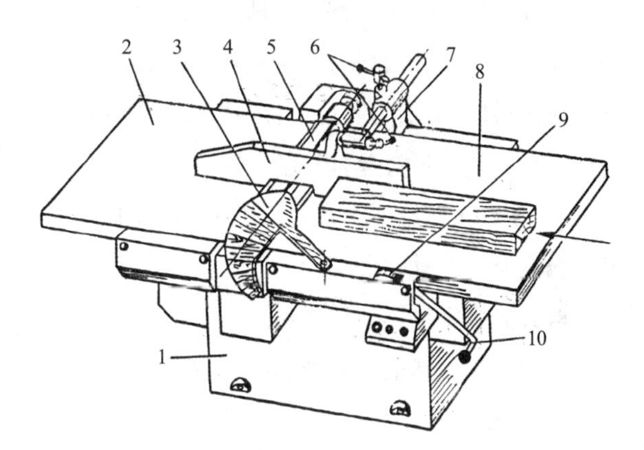

1—床身；2—后工作台；3—防护装置；4—导板；
5—刀轴及其传动机构；6，7—导板固定支架；
8—前工作台；9，10—前工作台升降机构。

（b）线稿图

图2-25 平刨床

（二）平刨床结构

平刨床主要由床身、工作台、刀轴及其传动机构、导板、导板固定支架、防护装置、前工作台升降机构等部件组成，如图2-25所示。部分自动进料的平刨床还配备进料装置。

在平刨床中，床身用于承载机床其他部件，须具备足够的刚性与强度，保证设备平稳运行。前工作台升降机构主要用于调节前工作台与刨刀回转圆切线之间的高度差，以确定单次刨切深度，其结构形式主要包括丝杆螺母调节机构和杠杆偏心轴调节机构。前工作台用于支承工件待加工表面；后工作台用于支承已加工表面。理论上，后工作台高度应与刨刀回转圆切线同高，但在实际操作时其高度应稍低于刨刀回转圆切线高度。在刨切过程中，木材受压应力而被压缩，离开刨刀后，已加工表面木材会发生弹性恢复。为保证工件能够顺利过渡到后工作台，后工作台应稍低于刨刀回转圆切线高度，约为0.04mm。然而，由于加工参数及材料特性不同，该数值并非定值，须根据实际情况进行调整。

二、压刨床

（一）压刨床类型及用途

压刨床用于将方材或板材刨切成一定厚度，加工宽度是其关键参数之一。根据加工宽度的不同，压刨床可分为窄型压刨床、中型压刨床、宽型压刨床。

压刨床的核心技术参数主要包括最大铣削宽度、最大加工厚度、可加工工件最小长度、刀轴转速、进给速度等。其中，最大铣削宽度决定了被加工工件的宽度范围；最大加工厚度受工作台上下调节范围限制，决定了被加工材料的厚度范围；可加工工件最小长度由进给机构压紧辊间的最短距离决定；刀轴转速和进给速度决定了切削用量以及加工效率。

（二）压刨床结构

以单面压刨床为例，它主要由床身、托辊、工作台与工作台升降机构、压紧机构（前压紧器、后压紧器）、进给机构（前进给辊筒、后进给辊筒）、传动机构、切削机构（主要构件为刀轴）、止逆器、挡板等部件组成，如图2-26所示。

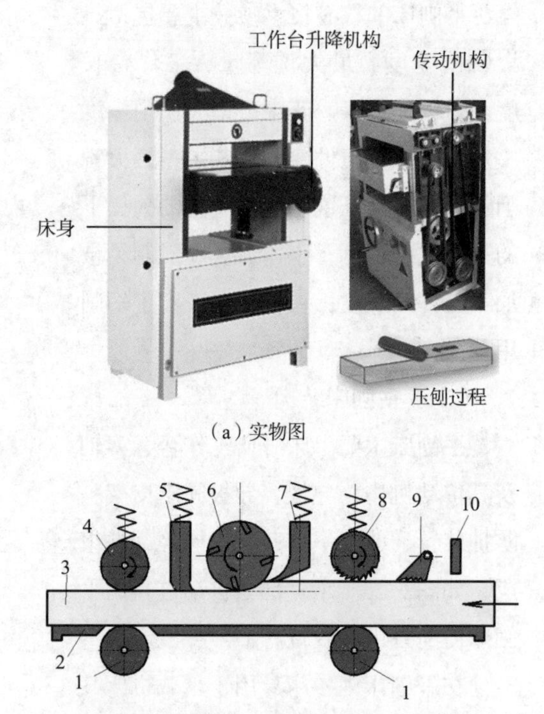

1—托辊；2—工作台；3—工件；4—后进给辊筒；5—后压紧器；6—刀轴；7—前压紧器；8—前进给辊筒；9—止逆器；10—挡板（切削深度限制器）。

（b）线稿图

图2-26 单面压刨床

工作台用于支承工件，为适应不同厚度的工件刨切，工作台设有升降机构，沿着垂直导轨做升降运动。典型的升降机构一般为丝杆螺母机构，通过丝杆转动，带动工作台上下移动，以满足不同厚度工件的压刨加工。根据调节自动化程度的不同，工作台升降机构又分为手动调节和自动调节。

压紧机构包括前压紧器和后压紧器。根据加压方式的不同，可分为重荷式和弹簧式。前压紧器用于压紧待加工表面，抵消木材切削时垂直方向上的分力，保证工件平稳进给，防止跳动；在刨刀离开木材处壅积切屑，防止刨切过程木材超前劈裂的问题。后压紧器用于压紧已加工表面，防止切屑落到已加工表面，避免这些切屑被进给辊筒压入已加工表面而擦伤加工表面。

进给机构通过摩擦力牵引工件实现进给，一般采用辊筒进给。辊筒被安装在刀轴的前后两端，从进给方向的前后看，分别为前进给辊筒和后进给辊筒。前进给辊筒与待加工表面接触，为提高进给力，其表面带有网纹或者沟槽；后进给辊筒与已加工表面接触，采用光滑表面或者表面包覆橡胶。辊筒的牵引力与辊筒表面形貌以及辊筒上方安装的弹簧压紧力有关。

传动机构一般由电机通过三角皮带将动力传递给刀轴，带动刀轴旋转以完成刨切主运动。也有部分刨床直接由电机驱动刀轴旋转。

单面压刨床在平刨床获得良好加工基准的基础上进行相对面的加工，其加工过程需要调整以下内容：

❶ 前后压紧器和前后进给辊筒相对于刨刀回转圆位置的调整。

❷ 刀轴或刀轴上的切削刃平行于工作台的调整。

❸ 工作台不同高度位置的调整。

❹ 前后压紧器和前后进给辊筒压紧力的调整。

❺ 工作台几何精度的检测与调整。

三、双面刨床

（一）双面刨床类型及用途

双面刨床主要用于对木材工件相对的两个平面进行加工。经过双面刨床加工后的工件可以获得等厚的几何尺寸和两个相对的光整表面。

双面刨床具有上、下两个顺序排列的刀轴，根据上、下排列的顺序不同，双面刨床可分为先平后压（先下后上）和先压后平（先上后下）两种形式。由于机床的结构和功能的限制，无论使用哪种形式的排列方式，双面刨床都无法代替平刨床进行基准面加工，只能完成等厚度尺寸和两个相对表面的加工。

双面刨床的核心技术参数主要包括最大铣削宽度、最大加工厚度、可加工工件最小长度、刀轴转速、进给速度等，与压刨床的核心技术参数类型基本一致。

（二）双面刨床结构

双面刨床主要由床身、工作台、上下水平刀轴、进给机构、传动机构、工作台升降机构等部件组成。

在双面刨床中，床身须具备足够的刚性和强度，保证设备平稳运行。为适应不同厚度工件的双面刨削，上压刨单元须配备升降机构，以实现上下调整；为保证工件的加工精度，后工作台装有锁紧手柄，切削加工时，应将手柄锁紧。进给机构分为辊筒进给和履带进给，用于完成工件进给。图2-27所示为履带进给双面刨床。

（a）双面刨床

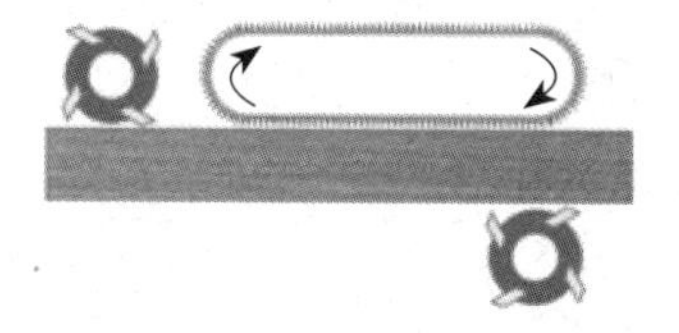

（b）双面刨床示意图

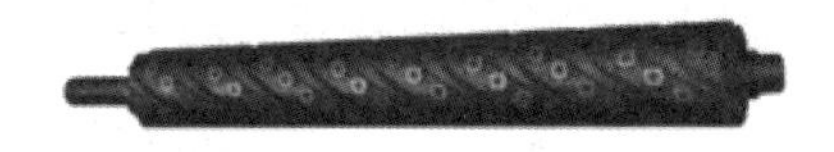

（c）螺旋刨刀

图2-27　履带进给双面刨床

四、四面刨床

（一）四面刨床类型及用途

四面刨床一次进料即可完成工件四个面的加工，通过增加刀轴数量可实现特定方向成型加工，其可加工工件的典型造型如图2-28所示。按其生产能力、刀轴数量、进给速度以及机床的切削加工功率不同，可以进行如下分类：

❶ 轻型四面刨床，一般配备四个刀轴，加工工件的宽度为20～180mm。

图2-28　四面刨床可加工工件的典型造型

❷ 中型四面刨床，一般配备五个或六个刀轴，加工工件宽度为20～230mm。

❸ 重型四面刨床，一般配备七个或八个刀轴，加工工件宽度可达200mm以上。

四面刨床也可以直接依据刀轴数量和刀轴功能进行分类，分为四轴四面刨床、五轴四面刨床、六轴四面刨床、七轴四面刨床等。五轴、六轴、七轴四面刨床的刀轴布置形式如图2-29所示。

四面刨床的核心技术参数包括最大加工宽度、最大加工厚度、可加工工件最小长度、刀轴转速、电机功率等。其中，最大加工宽度决定了可加工工件的宽度范围，是四面刨床的主参数，体现了设备的加工生产能力，决定了左右立刀轴间距调节范围；最大加工厚度体现了上水平刀轴相对于工作台的高度调节范围和左右立刀轴垂直调节范围；可加工工件最小长度由进给机构压紧辊间的最短距离决定；刀轴转速和电机功率决定了加工时切削用量的大小和最可靠的加工能力。

（二）四面刨床结构

四面刨床主要由床身、工作台、侧面导板、切削机构（主要构件为刀轴）、压紧机构、进给机构等部件组成，如图2-30所示。

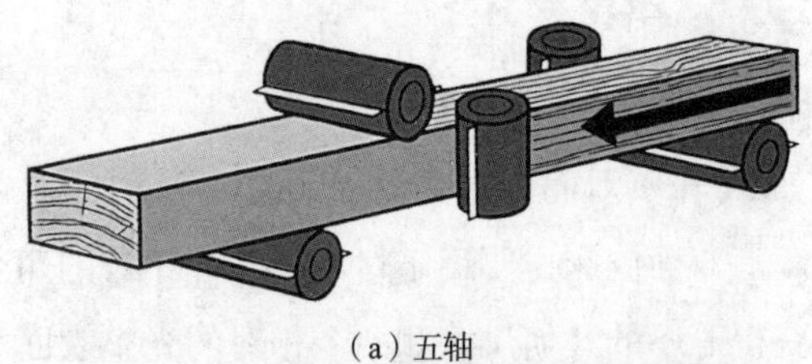

（a）五轴

（b）六轴

（c）六轴（带万能刀轴）

（d）七轴

图2-29 四面刨床不同刀轴布置形式

（a）实物图

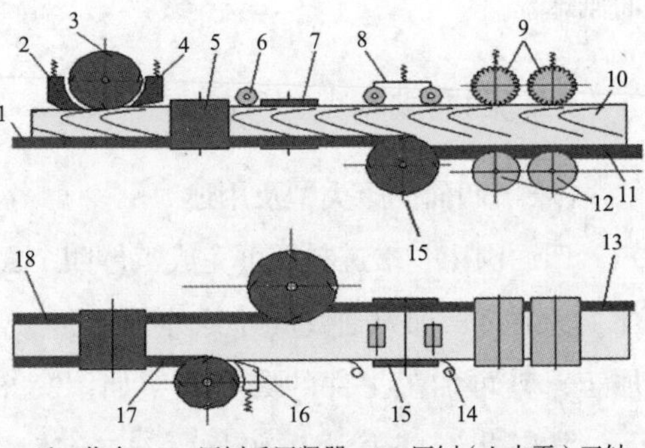

1—后工作台；2—压刨后压紧器；3—压刨（上水平）刀轴；4—压刨前压紧器；5—左立刀轴；6，8，16—压紧辊；7—右立刀轴；9—上进给辊筒；10—工件；11—前工作台；12—下进给辊筒；13，17，18—侧面导板；14—侧向压紧器；15—平刨（下水平）刀轴。

（b）线稿图

图2-30 四面刨床（四轴）

切削机构至少由4个刀轴组成，从进料方向看，依次为下水平刀轴、右立刀轴、左立刀轴和上水平刀轴。根据四面刨床的性能不同，切削机构可配备4 ~ 10个刀轴，最普遍的是6 ~ 7个刀轴。下水平刀轴用于水平基准面加工；右立刀轴用于右侧基准面加工；左立刀轴用于左侧基准面加工，为适应不同工件的加工，可通过丝杠做垂直和侧向位置调整；上水平刀轴起到压刨刀轴的作用，通过此刀轴加工，保证工件的厚度。随着数控技术的普及，四面刨床刀轴位置可以实现自动调整。同时，还有些设备配备了万能刀轴，可实现360°旋转，也可装配铣刀、锯片等刀具实现多种切削加工。

根据进给方式的不同，进给机构可分为机械进给和液压推送进给；根据进给元件的不同，可分为上进给辊筒进给，上、下进给辊筒进给，上进给辊筒、下履带进给三种组合形式。进给机构既可以通过机械传动，即由电机通过变速箱（变速器）传至辊筒轴，实现一定速度的进给（一般四面刨床的进给速度可达20 ~ 30m/min，一些高性能设备进给速度甚至高达300m/min）；也可以通过液压传动，即通过液压马达、齿轮装置、传动轴、万向节驱动进给辊筒，实现无级变速。

压紧机构给予工件一定压力，保证工件进给平稳，主要由弹簧压紧的进给辊筒、气压压紧的进给辊筒、压紧辊轮、侧向压紧辊轮、压板装置和压紧器等组成。

第三节　铣床

铣床是用于对零部件进行曲线外形、直线外形或者平面铣削加工的一类设备，也可通过专门模具对零部件进行外轮廓曲线、内封闭曲线轮廓的仿形加工，其工作原理及工件简图如图2-31所示。根据进给方式的不同，铣床可分为手动进给和机械进给；根据主轴数量的不同，可分为单轴、双轴和多轴；根据主轴布置的不同，可分为立式和卧式；根据功能的不同，可分为普通铣床、仿形铣床和数控铣床等。下面重点介绍几种常见木工铣床类型。

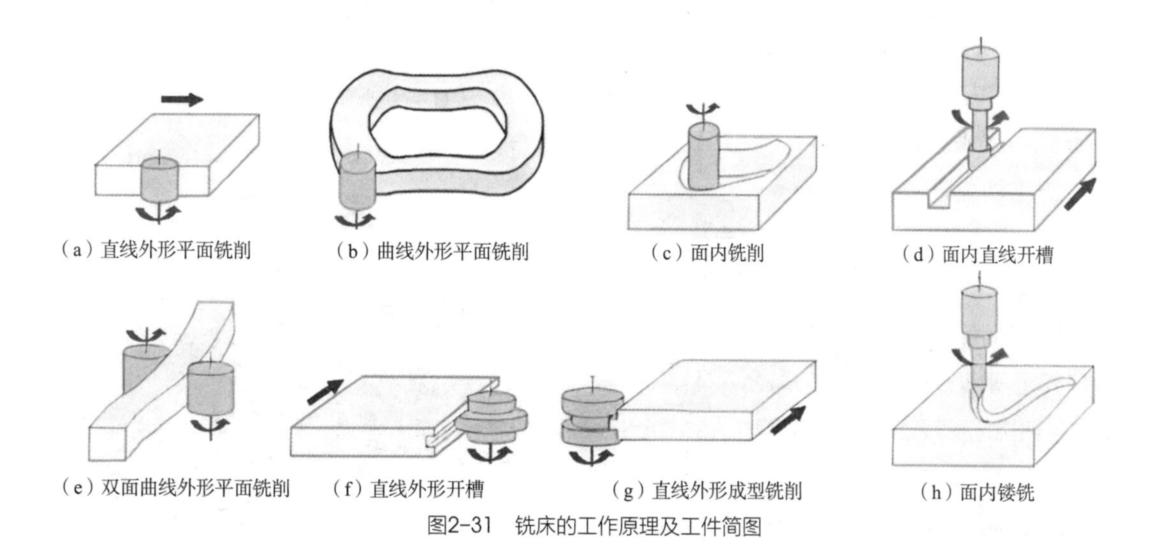

图2-31　铣床的工作原理及工件简图

一、立式铣床

（一）立式铣床类型及用途

根据主轴空间布置的不同，立式铣床可分为上轴式铣床和下轴式铣床。

1．上轴式铣床

上轴式铣床（又称镂铣机）可用于零部件面内铣削，内、外形铣削等加工，满足零部件表面雕刻，开槽以及内、外形成型等加工需求。影响其功能的主要技术参数包括X、Y、Z轴的行程，运动定位精度，重复定位精度等。

2．下轴式铣床

下轴式铣床是常见的木工铣床之一，分为单轴（图2-32）和双轴（图2-33），主要用于零部件外形铣削加工。其进给方式包括机械进给和人工进给。

图2-32 下轴式单轴铣床

相较于下轴式单轴铣床，下轴式双轴铣床可实现先粗加工、后精加工，或由两个铣刀组合加工更加复杂的轮廓形状，其功能更丰富，效率更高。下轴式双轴铣床也可由两个转动方向相反的刀轴组成，常用机床的两刀轴间距是固定不变的。在切削加工时，使工件边缘紧靠靠山进行移动从而完成铣削，这种铣床一般是人工进给。

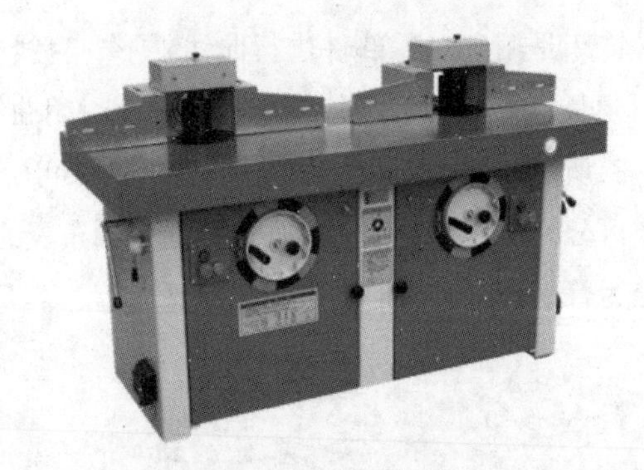

图2-33 下轴式双轴铣床

（二）立式铣床结构

1．上轴式铣床

上轴式铣床为单轴铣床，主要由床身、主轴、工作台、升降手轮、垂直进给踏板、升降电机、主轴驱动电机和电控装置等组成，如图2-34所示。上轴式单轴铣床可以通过电机直接驱动主轴；也可通过皮带传动，将电机动能传递到主轴，驱动主轴旋转。上轴式单轴

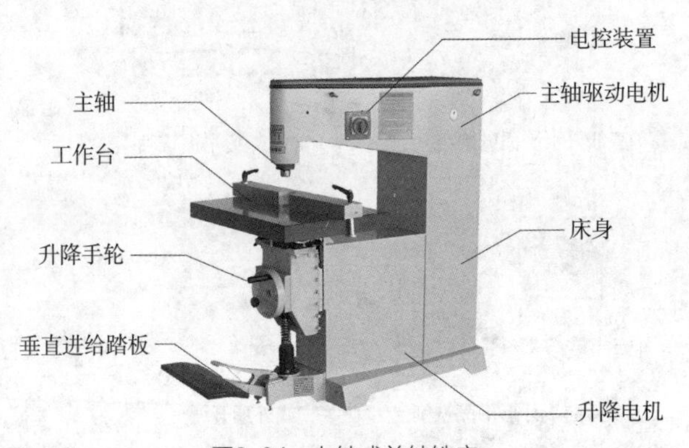

图2-34 上轴式单轴铣床

铣床一般使用小直径的柄铣刀加工工件，进给运动通常通过人工完成，自动化程度较低。其工作台升降装置用于实现工作台升降调整，以适应不同加工需求。

2. 下轴式铣床

下轴式单轴铣床主要由床身、开关、工作台、主轴、送料器、主轴调整机构（主轴上下升降调节手轮、主轴锁紧手柄）、靠模挡板、导尺等部件组成，如图2-35所示。

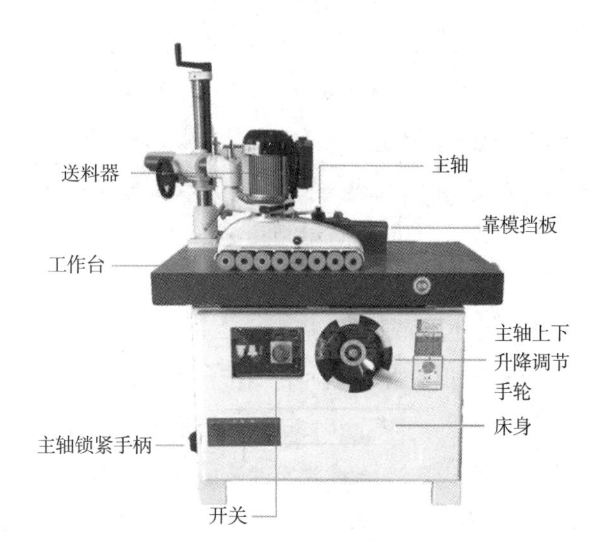

图2-35 下轴式单轴铣床（机械进给）

在下轴式单轴铣床中，工作台主要分为两种：一种是固定式工作台，安装校平后一般不再移动；另一种是活动工作台，需要在垂直和平行于导轨方向上进行调整。该机床一般采用皮带传动，电机动力通过皮带传到主轴，驱动主轴旋转。主轴调整机构用于调整主轴的高度与倾斜角度。导尺用于引导工件按指定的直线路径移动；曲线外形铣削时，不需要安装导尺，须利用靠模完成仿形加工。其进给方式包括人工进给和机械进给。其中，机械进给包括链条进给、履带进给和辊筒进给。机械进给只适用于直线外形工件的铣削加工。

下轴式双轴铣床基本结构与单轴的相似，其区别在于下轴式双轴铣床的主轴及与其相关的传动机构和调整机构有两组，而单轴的只有一组。

二、仿形铣床

（一）仿形铣床类型及用途

仿形铣床也称靠模铣床，用于零件曲线内外轮廓的加工，适用于大规模生产或专门化生产。根据仿形维数的不同，可分为二维仿形（模板仿形）铣床和三维仿形（模型仿形）铣床，如图2-36所示；根据

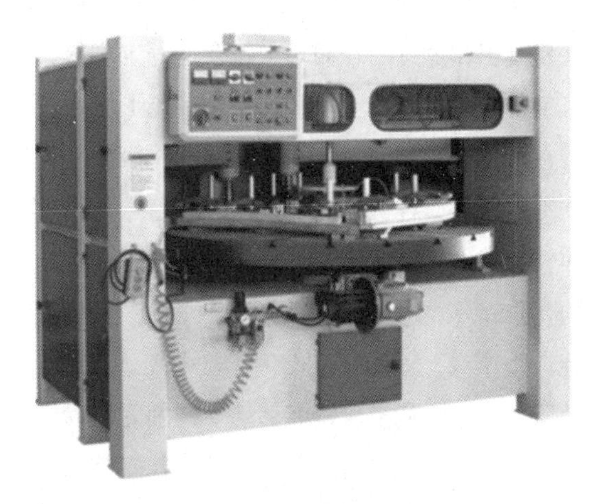
（a）二维仿形铣床

（b）三维仿形铣床

图2-36 仿形铣床

机床加工工件表面数量的不同，可分为单面仿形铣床和双面仿形铣床（图2-37）。其中，二维仿形铣床主要用于曲线形零部件侧面铣型，每次仅能加工工件的一个侧面。对于双面仿形铣床而言，工件一次进给，其左右两侧能够同时完成仿形加工。

图2-37 双面仿形铣床

（二）仿形铣床结构

仿形铣床主要包括回转工作台进给、链条进给等类型。回转工作台进给的仿形铣床是机械进给的单轴立式铣床，它能按照样板的形状加工曲线轮廓的零部件。仿形铣床主要由回转工作台、样板、铣刀主轴、仿形辊轮、滑枕等部件组成。

图2-38所示为回转工作台进给的仿形铣床及其工作原理。在回转工作台上固定样板，将工件安装在样板上，铣刀主轴和仿形辊轮安装在滑枕的前端，滑枕在压紧器的作用下，使仿形辊轮紧靠样板的曲线外缘，随着工作台的回转，工件被铣削加工。通常回转工作台进给的仿形铣床至少有4个工位，工件依次安装在旋转工作台上，用弹簧式、偏心式气动夹具自动压紧并使它们沿着铣刀移动。铣削完成后，夹具松开，从工作台上取下工件，并安装新的待加工毛料。工作台划分为加工区和非加工区，在非加工区装卸工件。为避免加工过程工件劈裂、铣削表面质量不佳等问题，工作台的转速应根据加工的实际工作情况实现变速功能，可以人工变速，也可以自动变速。此类设备的变速系统一般可采用变频电机、机械无级调速器等装置。

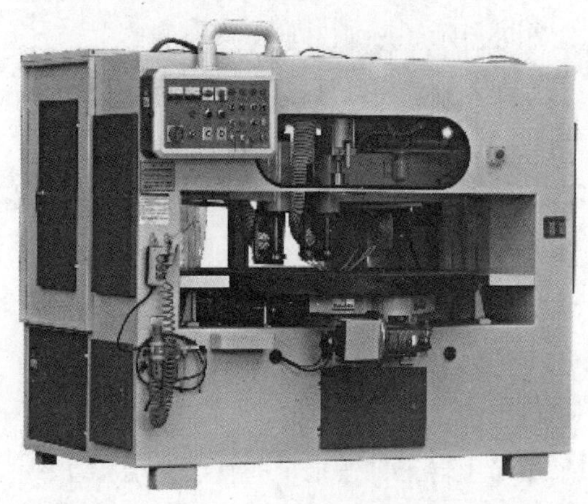

（a）实物图

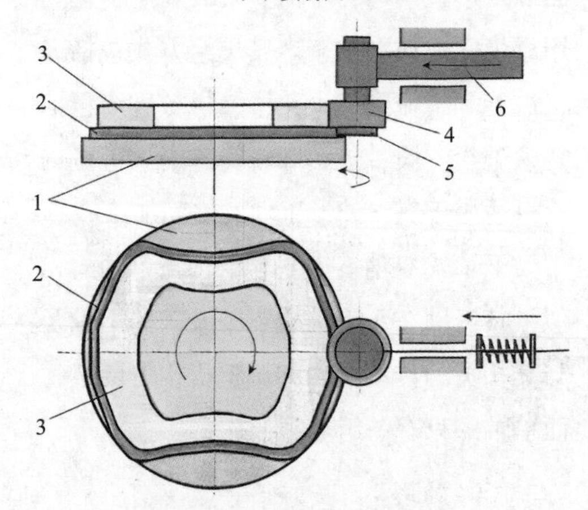

1—回转工作台；2—样板；3—工件；
4—铣刀主轴；5—仿形辊轮；6—滑枕。

（b）线稿图

图2-38 回转工作台进给的仿形铣床及其工作原理

三、数控铣床

（一）数控铣床类型及用途

数控铣床是木材加工行业应用最早、应用范围最广的一类数控设备，它通过数控技术实现自动铣削加工。数控铣床是在一般铣床的基础上发展起来的一种自动加工设备，其加工工艺与一般铣床基本相同。数控铣床分为不带刀库和带刀库两种，其中，带刀库的数控铣床又称为加工中心。根据铣床加工性能的不同，数控铣床可分为三轴数控铣床、四轴数控铣床、五轴数控铣床等，如图2-39所示。三轴数控铣床主要用于平面雕刻、铣型、开槽、钻孔等加工。相较于传统三轴数控铣床，四轴、五轴数控铣床增加了1～2个旋转轴，可以加工更加复杂的工件，如三维家具构件等。

平面雕刻

人造板开料

平面铣型

（a）三轴数控铣床

（b）四轴数控铣床

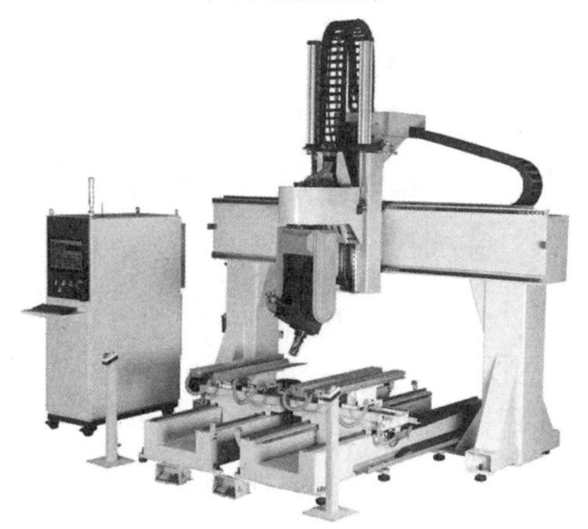
（c）五轴数控铣床

图2-39　不同类型的数控铣床

数控铣床的加工特点如下：

❶ 零件加工的适应性强、灵活性好，能加工轮廓形状特别复杂或难以控制尺寸的零件。

❷ 能加工普通铣床无法加工或很难加工的零件，如用数学模型描述的复杂曲线零件以及三维空间曲面类零件。

❸ 能加工一次装夹定位后须进行多道工序加工的零件。

❹ 加工精度高、加工质量稳定可靠。数控装置的脉冲当量一般为0.001mm，高精度的数控系统可达0.1μm。此外，数控加工还能避免人工操作的失误。

❺ 生产自动化程度高。

❻ 生产效率高。数控铣床一般不需要使用专用夹具等专用工艺设备，在更换工件时只需调用存储于数控装置中的加工程序、装夹工具和调整刀具数据即可，大大缩短了生产周期。其次，数控铣床具有铣床、钻床的功能，能够使工序高度集中，大大提高了生产效率。另外，数控铣床的主轴转速和进给速度都是无级变速的，有利于选择最佳切削用量。

（二）数控铣床结构

数控铣床形式多样，不同类型的数控铣床在组成上虽有所差别，但也有许多相似之处。以三轴数控铣床为例，它主要由床身、主轴、工作台、进给装置、伺服系统、控制系统等组成。床身内部布局合理，具有良好的刚性，底座上设有6个调节螺栓，便于进行水平调整。数控铣床的具体工作原理将在数控技术与数控装备章节中详细阐述。

第四节 钻床

钻床是用于家具零部件钻孔加工的一类设备，其类型可以根据主轴布置与数量、钻孔方式、控制方式等指标进行细分。

一、单轴木工钻床

（一）单轴木工钻床类型及用途

根据刀轴布置的不同，单轴木工钻床可分为立式和卧式两种，如图2-40所示，分别用于对工件垂直和水平方向进行钻孔加工。单轴木工钻床单次加工仅能加工一个孔，多以人工操作为主，自动化程度低。其主要性能参数包括最大钻孔直径和最大钻孔深度。

（a）立式

（b）卧式

图2-40 单轴木工钻床

（二）单轴木工钻床结构

以立式单轴木工钻床为例，它主要由床身、机头、工作台、升降机构以及主轴操纵机构等部件组成。钻孔时，将工件固定于工作台上，钻轴通过皮带由电机驱动；通过旋转操作手柄，驱动钻头上下运动，进而完成钻孔和退刀。

二、多轴木工钻床

（一）多轴木工钻床类型及用途

根据刀轴数量、位置、结构等的不同，多轴木工钻床可分为双端立卧组合木工钻床、双端卧式多轴木工钻床、卧式多轴木工钻床和立式多轴木工钻床，可实现工件多面多孔钻孔、单面多孔加工等不同加工需求。其中，双端立卧组合木工钻床适用于工件双端水平和垂直孔的同时加工需求；双端卧式多轴木工钻床适用于工件双端水平孔的加工需求；卧式多轴木工钻床适用于工件单侧水平孔的加工需求；立式多轴木工钻床适用于工件单侧垂直孔的加工需求。

（二）多轴木工钻床结构

多轴木工钻床的刀轴布置包括立式、卧式或立式与卧式兼备，其效率较单轴木工钻床更高。图2-41所示为几种多轴木工钻床的钻头布置形式，其结构、工作原理和单轴木工钻床类似，主要区别在于多轴木工钻床的多个钻轴在水平和垂直方向上按照不同加工需求进行组合，以适应不同零部件的加工需求。

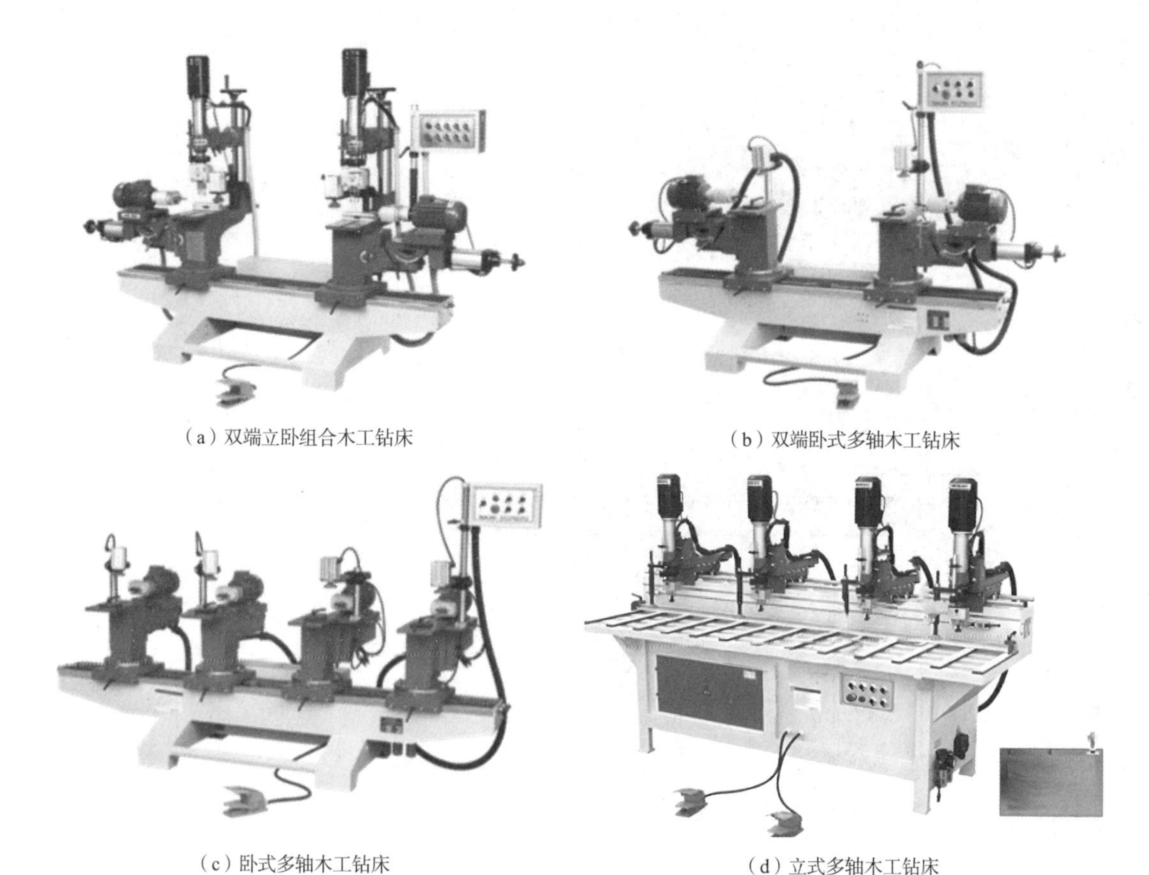

(a) 双端立卧组合木工钻床 (b) 双端卧式多轴木工钻床

(c) 卧式多轴木工钻床 (d) 立式多轴木工钻床

图2-41 几种多轴木工钻床的钻头布置形式

三、排钻床

(一)排钻床类型及用途

排钻床用于板式家具零部件钻孔加工。由于钻排上钻头数量和位置相对固定，加工过程中钻头成排加工，无法独立工作，只适合于批量化生产模式，不适合板式定制家具制造。排钻床的钻排（水平和垂直钻排）数量和位置决定了工件被加工表面的数量和孔数，是影响其性能和加工效率的关键参数。此外，排钻床的钻排位置调节方式可分为手动调节和数控自动调节，其中，数控排钻床（图2-42）的应用进一步提升了排钻床的效率与精度。部分排钻床的垂直方向钻排可90°旋转，如图2-43所示，能够实现纵横两个方向的垂直钻孔加工。

图2-42 数控排钻床

(二)排钻床结构

对于排钻床而言，工件一次固定可加工成排孔。排钻床主要由主机架、钻排机构、压板机构、送料机构、夹紧机构、定位机构等部件组成，如图2-44所示。

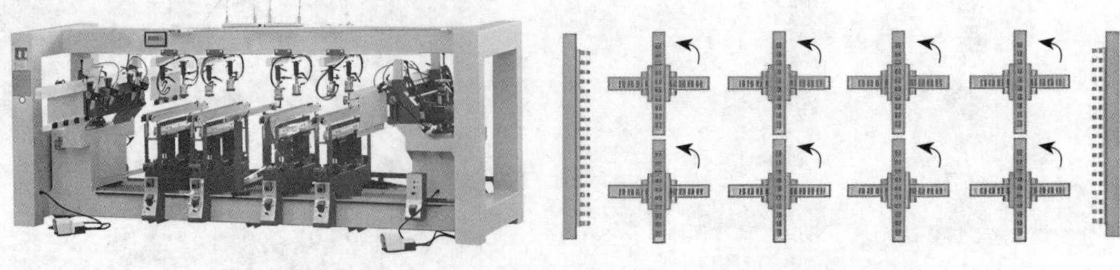

（a）多排钻床　　（b）钻排调整示意图

图2-43　多排钻床及钻排调整示意图

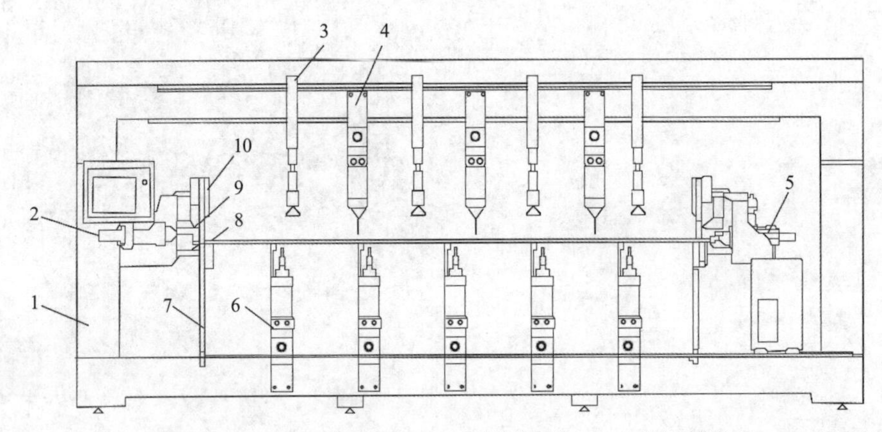

1—主机架；2—左侧水平钻排机构；3—上压板机构；4—上垂直钻排机构；5—右侧水平钻排机构；6—下垂直钻排机构；7—送料机构；8—夹紧机构；9—侧压板机构；10—定位机构。

图2-44　排钻床结构

在排钻床中，床身由底座，左、右支承座，上座，移动支承座等组成。底座和上座安装有导轨滑块，实现垂直钻排在X轴方向的移动，以满足不同位置钻孔的需求。移动支承座与底座导轨滑块相连，实现水平钻排的位置调整，以满足不同尺寸工件水平孔加工。定位机构与夹紧机构为工件提供定位基准面，用于完成工件的定位、夹紧。压板机构包括侧压板机构和上压板机构，用于将板件压紧在工作台上，防止钻孔时出现偏移和抖动，保障钻孔质量和位置精度。垂直钻排机构可根据工件钻孔位置，沿X轴方向移动；同时，Z轴方向的位置上也可以通过调节手柄调节钻孔深度。水平钻排机构中，左侧水平钻轴一般固定在主机架上，用于加工左侧水平孔；右侧水平钻孔单元可以沿着底座移动，以满足不同尺寸工件加工。每排钻头都通过一个电机主轴驱动，相邻钻头底部通过齿轮啮合传动。因此，相邻钻头的旋转方向相反，分为左旋和右旋，一般以颜色区分，更换钻头时须注意方向。排钻床钻排如图2-45所示。

图2-45　排钻床钻排

第五节　车床

木工车床是人类发明的最古老的机床之一，是利用车刀将做回转运动的木坯件加工成圆柱体、圆锥体或各种成型曲线圆柱体零件的机床。

一、车床类型及用途

车床有多种类型，主要用于回转体零件的车削加工。车削加工主要包括外圆柱面、外圆锥面、旋转曲面、内圆柱面、内圆锥面、端面、沟槽、螺纹、滚花以及中心孔、打孔等加工工艺过程，如图2-46所示。根据机床加工工艺类型的不同，木工车床可分为普通木工车床、端面木工车床、仿形木工车床；根据机床自动化程度的不同，可分为半自动木工车床、全自动木工车床、数控木工车床等；根据主轴数量的不同，可分为单轴木工车床、双轴木工车床和多轴木工车床；根据加工零件规格和机床重量的不同，可分为轻型木工车床、中型木工车床、重型木工车床。

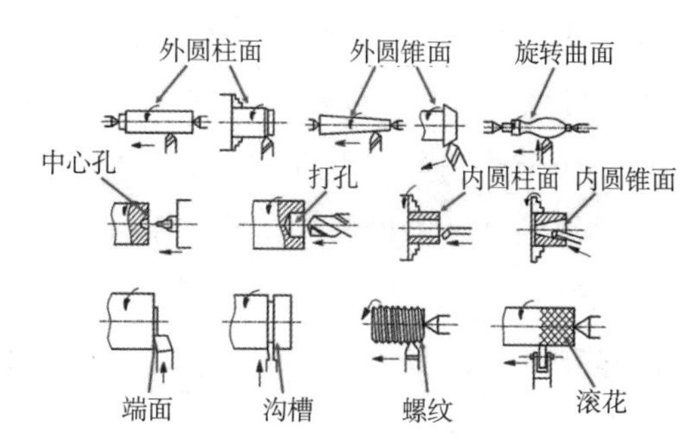

图2-46　车削加工工艺类型

图2-47至图2-49所示分别为普通木工车床、端面木工车床和仿形木工车床。

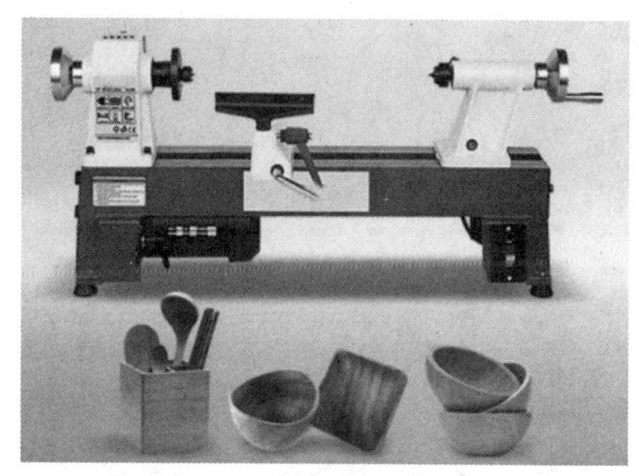
图2-47　普通木工车床

图2-48　端面木工车床

使用普通木工车床时，工件装夹在卡盘内，或支承在主轴及尾架两顶尖之间做旋转运动。车刀装在刀架上，由溜板箱带动，做纵向或横向进给运动，也可手持车刀靠在托架上进给。普通木工车床用于车外圆、螺纹、沟槽等加工。

端面木工车床开始车削前，必须把木料固定在车床上（不能妨碍设计意图）。固定木料的方法有三种：把木料或者半成品顶在前后顶尖之间；用螺丝固定到卡盘上；用卡盘卡住。进行端面车削操作时，木纹方向也要与车床轴线平行，这一点与轴车削一致。端面车削可用

图2-49　仿形木工车床

于制作球形把手、内部掏空物体，如花瓶、笔筒等木制品。

仿形木工车床靠模与工件平行安装，靠模可固定不动或与工件同向等速旋转。其刀具由靠模控制做横向进给，由刀架带动做纵向进给。这种机床有立式与卧式，单轴、双轴与多轴之分，用于加工家具的腿部、立柱等零部件的复杂外形面。图2-50所示为不同主轴数量的仿形木工车床。

除仿形木工车削外，对于复杂外形面工件的车削加工工艺还有整体成型车刀车削、组合成型车刀车削、多刀成型车削等，如图2-51所示。以多刀成型车削木工车床为例，它主要由电机、传动轴、离合器、踏板，前顶尖和后顶尖、直线刀刃车刀、曲线成型车刀、割刀、横向溜板、齿轮、齿条、挡块、手轮等组成。车削加工过程中，木坯件装夹后，由驱动系统带动旋转。首先通过直线刀刃车刀矫正坯件的外形轮廓，使其接近标准圆柱体；然后通过两把成型铣刀，分别完成工件上下部位的成型加工。图2-52所示为手动进给多刀成型车削木工车床的工作原理示意图。

（a）单轴仿形木工车床

（b）双轴仿形木工车床

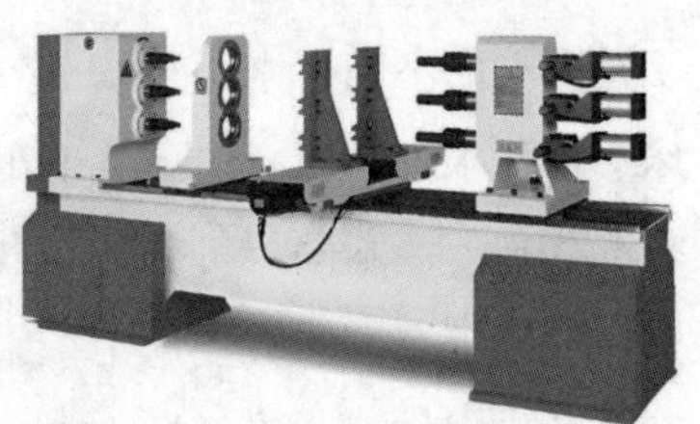

（c）三轴仿形木工车床

图2-50 不同主轴数量的仿形木工车床

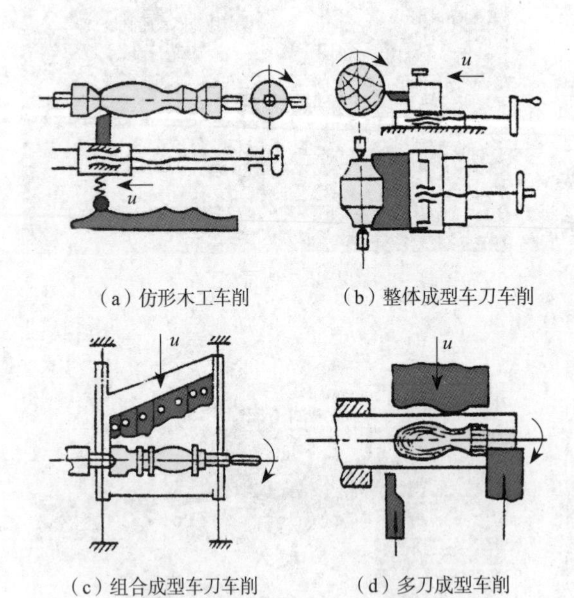

（a）仿形木工车削 （b）整体成型车刀车削

（c）组合成型车刀车削 （d）多刀成型车削

图2-51 复杂外形面工件的车削加工工艺

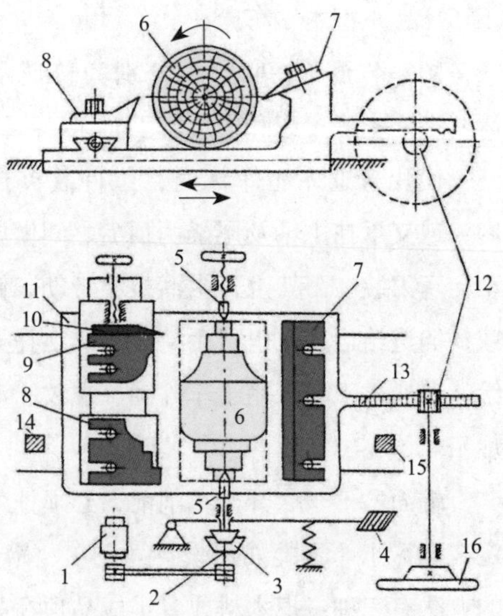

1—电机；2—传动轴；3—离合器；4—踏板；5—前、后顶尖；6—木坯件；7—直线刀刃车刀；8，9—曲线成型车刀；10—割刀；11—横向溜板；12—齿轮；13—齿条；14，15—挡块；16—手轮。

图2-52 手动进给多刀成型车削木工车床工作原理

二、车床结构

根据自动化程度的不同，车床可分为手动木工车床和数控木工车床。

手动木工车床主要由床身、尾座、刀架、导轨、卡盘（或花盘）、电机等构成，如图2-53所示。卡盘用于夹紧工件，与安装在床身的导轨尾部的底座部件上的顶针配合，完成工件装夹与支承、固定。安装在床身导轨中部的刀架用于支承车刀，纵向可沿导轨移动，满足整个长度方向对车刀的支承。导轨用于底座和刀架位置移动。电机通过皮带将动力传递到主轴，卡盘与主轴相连，主轴带动卡盘旋转，实现工件旋转进给。手动木工车床的基本工作原理是将木材固定在车床上，以工件旋转为主运动，车刀移动为进给运动，通过旋转木材，使用切削工具进行加工。

根据加工工件数量的不同，数控木工车床主要分为单轴、双轴和多轴，其结构主要由机床主体、执行机构、数控装置和辅助装置等组成。机床主体主要包括床身、工作台、主轴箱、进给机构等部分。图2-54所示为两种数控木工车床实物图。

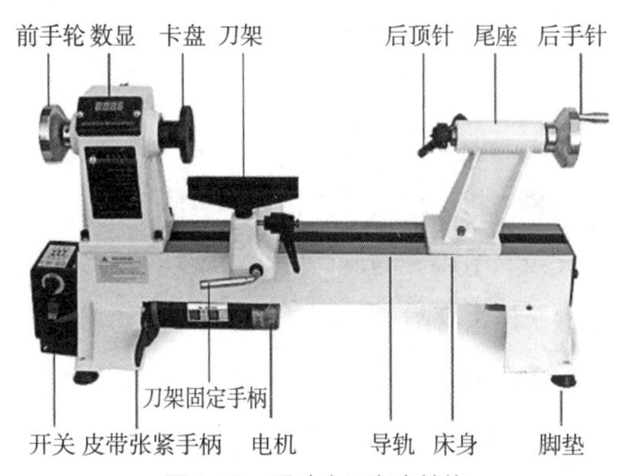

图2-53 手动木工车床结构

执行机构是数控车床实现运动的关键部分，主要包括主轴驱动装置和进给驱动装置。主轴驱动装置通过驱动主轴转速和方向，实现主轴的旋转运动。进给驱动装置通过控制进给电机的转速和方向，实现工作台和刀架的进给运动。

数控装置是数控机床的核心，主要由数控系统和操作面板组成。数控系统是控制数控车床工作的大脑，完成输入信息的存储、数据的变换、插补运算以及实现各种控制功能，如控制机床主体的运动等。操作面板用于输入加工程序、调整参数和监控加工过程。

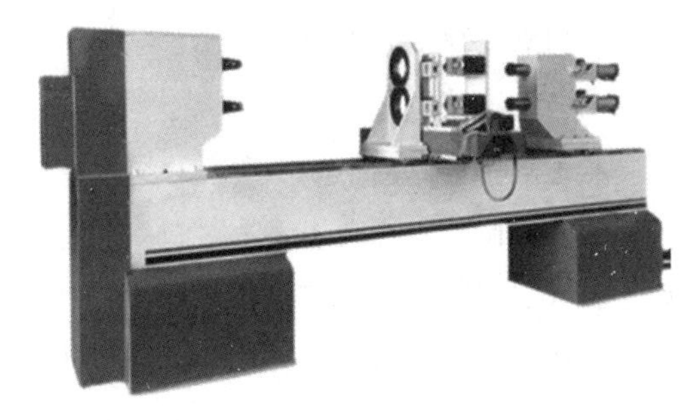
（a）双轴数控木工车床

辅助装置是为了提高数控车床的加工效率和精度而设计的附属设备。常见的辅助装置包括刀具预调装置、自动换刀装置和刀具磨损检测装置等。刀具预调装置用于精确调整刀具的位置和长度，提高加工精度。自动换刀装置能够实现自动更换不同类型的刀具，提高加工效率。刀具磨损检测装置能够检测刀具的磨损情况，及时更换刀具，保证加工质量。

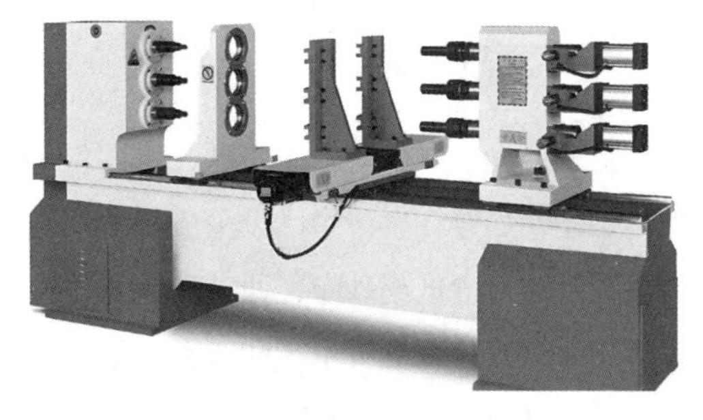
（b）三轴数控木工车床

图2-54 两种数控木工车床

数控木工车床的组成部分相互配合，共同完成加工任务，其工作原理是数控系统接收操作者输入的程序，通过控制数控装置和执行机构，驱动机床主体进行相应的运动，实现工件的加工。视零件结构的复杂程度，可以选用手动编程或计算机自动编程。程序较小时，可以直接在车床操作面板的输入区操作；程序较大时，可以在装有编程软件的计算机上运行。数控加工程序编制完毕后，将生成的加工程序输入数控木工车床的控制系统。进入数控装置的信息，经过一系列处理和运算后转变成脉冲信号。这些脉冲信号中，有的信号输送到数控车床的伺服系统，通过伺服机构处理，传到驱动装置，使刀具和工件严格执行零件加工程序所规定的运动；有的信号输送到可编程序控制器，用以控制数控木工车床的其他辅助运动，如主轴和进给运动的变速、液压或气动装夹工件等。数控木工车床具有高精度、高效率、高稳定性等优点，可以大大提高加工效率和产能。

第六节　砂光机

砂光机又称磨光机，用于去除工件、漆膜表层的一层材料，消除上一道工序在制品表面留下的波纹、毛刺、沟痕等表面的不均匀性，以获得一定的表面粗糙度，达到一定装饰效果和厚度均匀性。经过磨削加工的表面，可为后续油漆、胶合、贴面、装配和组坯等工序提供良好的基面。

磨削在实木家具产品制造过程中，具有以下功能：

❶ 工件厚度尺寸校准加工。主要用于将工件的厚度尺寸精准加工到工件加工工艺要求的范围内。

❷ 工件表面精光磨削。用于降低工件在定厚粗磨、刨铣加工中形成的较为粗糙的表面粗糙度，以获得更加光洁的表面。

❸ 表面装饰加工。

根据磨削刀具的不同，磨削的类型主要包括盘式磨削、带式磨削、刷式磨削、辊式磨削等，它们分别对应盘式砂光机、带式砂光机、刷式异形砂光机和辊式砂光机。其中，带式砂光机又分为宽带式砂光机和窄带式砂光机。本节将对各种砂光机的结构进行详细介绍，并重点介绍带式、刷式等使用频率较高的砂光机类型及用途。

一、盘式砂光机

盘式砂光机的生产效率较低，不同位置砂削速度不同，影响砂削均匀性，如今在生产中已较少应用。盘式砂光机就是在其可回转的砂盘上贴上砂纸或砂布，通过砂盘旋转完成砂削。由于砂盘的数量不同，盘式砂光机有单盘和双盘之分。双盘砂光机一般为垂直配置，一个进行粗砂加工，另一个进行细砂加工。如图2-55所示，盘式砂光机主要由床身、工作台、电机、导尺和砂盘等组成。

（a）实物图

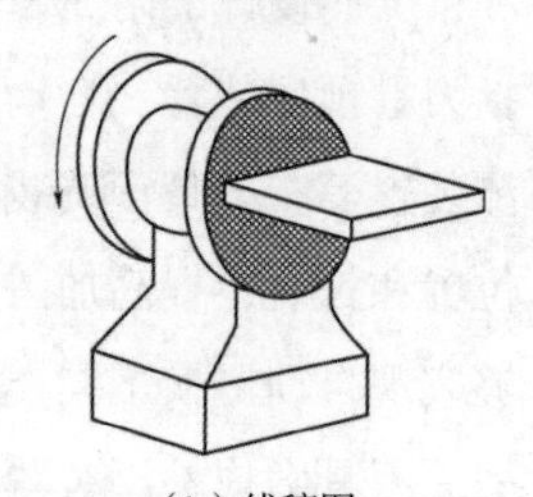

（b）线稿图

图2-55　盘式砂光机

二、带式砂光机

（一）带式砂光机类型及用途

1．宽带式砂光机

宽带式砂光机一般用于大平面砂削。宽带式砂光机砂带长、散热性能好，不仅可以用于精磨，还可用于粗磨。砂架是宽带式砂光机的核心部件，主要有接触辊式、压垫式、组合式、压带式（纵向压带式和横向压带式）等类型，如图2-56所示。接触辊式砂架理论上是线接触，故单位面积压力较大，主要用于粗磨；压垫式或压带式砂架接触面大，而且是柔性接触，表面细致均匀，适用于磨削量很小的精磨场合，一般用于表面修整；组合式砂架既能用于粗磨，又能用于精磨，在工艺上选择性更大。

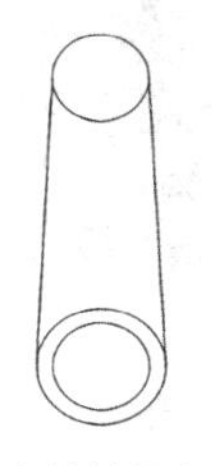
（a）接触辊式
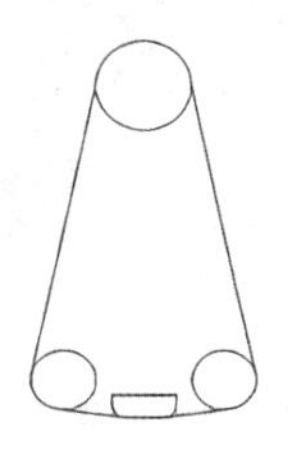
（b）压垫式
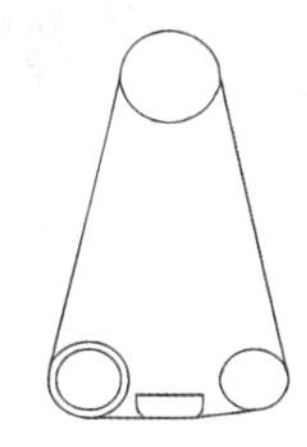
（c）组合式
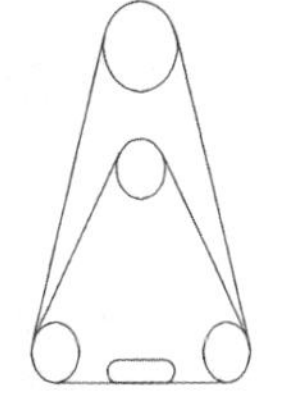
（d）纵向压带式
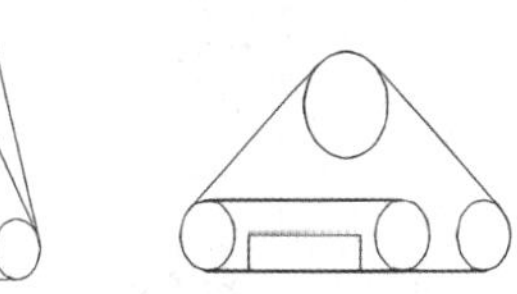
（e）横向压带式

图2-56　砂架的类型

为了得到一定的砂削效果，通常需要几种类型的砂架配合使用；部分砂光机功能简单或具有特定的用途，仅配备一个砂架。根据砂架数量的不同，宽带式砂光机可分为单砂架式砂光机、双砂架式砂光机以及多砂架式砂光机；根据砂削工件表面数量的不同，可分为单面宽带式砂光机和双面宽带式砂光机，如图2-57和图2-58所示；根据砂架布置位置的不同，可分为上置式、下置式、双面对称式宽带砂光机等。其中，上置式宽带砂光机占绝大多数，它仅对工作表面进行磨削，由于被磨表面向上，故便于对表面进行质量检查。下置式宽带砂光机仅对工件下表面进行磨削，应用情况较少。双面对称式宽带砂光机可实现双面同时磨削，有利于厚度精度的控制，实现磨削对称，同时能够大大提高工作效率。砂光机常用的进料方式分为两种，一种为履带式进给，另一种为辊筒式进给，如图2-59和图2-60所示。其中，图2-59（b）中圆圈处为履带式进给局部视图。

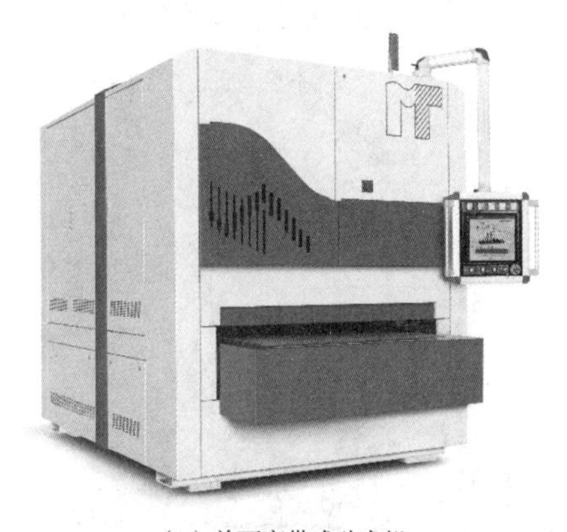
（a）单面宽带式砂光机

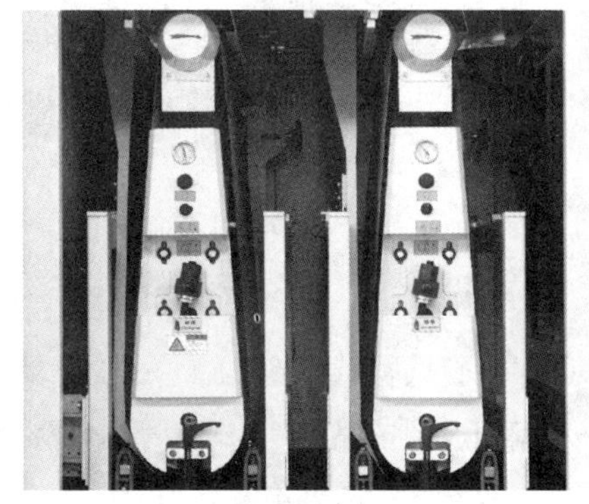
（b）单面宽带式砂光机砂架

图2-57　单面宽带式砂光机及其砂架

（a）双面宽带式砂光机

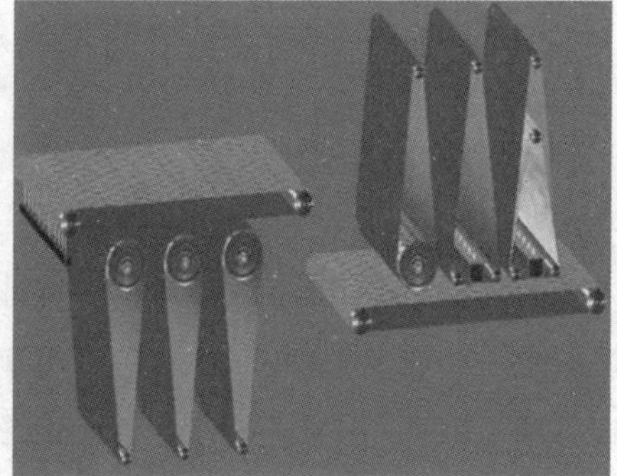

（b）双面宽带式砂光机砂架

图2-58 双面宽带式砂光机及其砂架

（a）履带式进给宽带砂光机

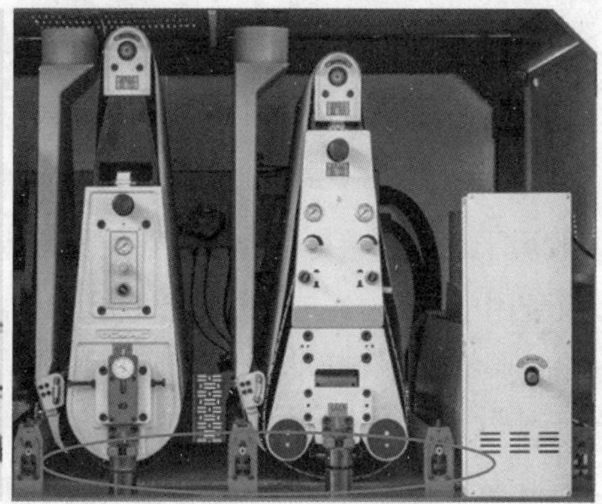

（b）履带式进给局部视图

图2-59 履带式进给宽带砂光机

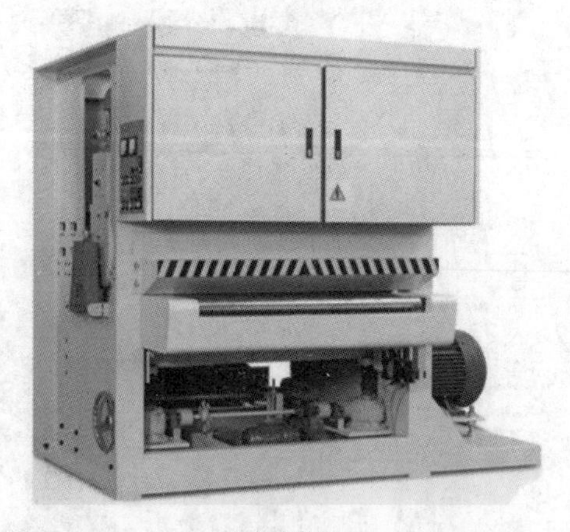

（a）实物图

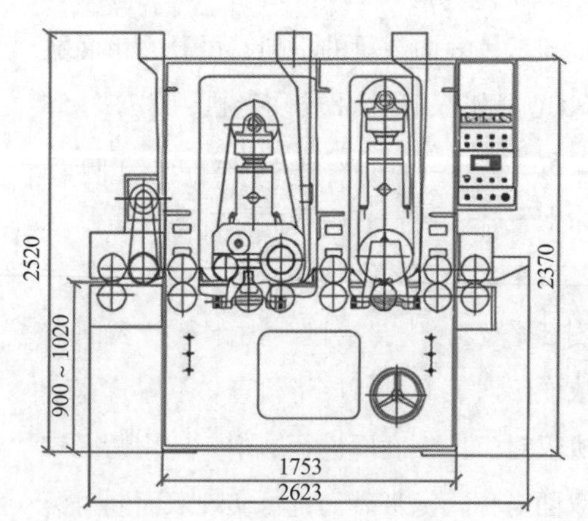

（b）线稿图

图2-60 辊筒式进给宽带砂光机

（1）上置式宽带砂光机

根据用途、工况条件的不同，上置式宽带砂光机砂架组合形式差异明显。根据砂架数量的不同，上置式宽带砂光机可分为单砂架、双砂架和多砂架上置式宽带砂光机。为保证更高的砂光效果，双砂架和三砂架更为常见。图2-61所示为不同砂架数量的上置式宽带砂光机。

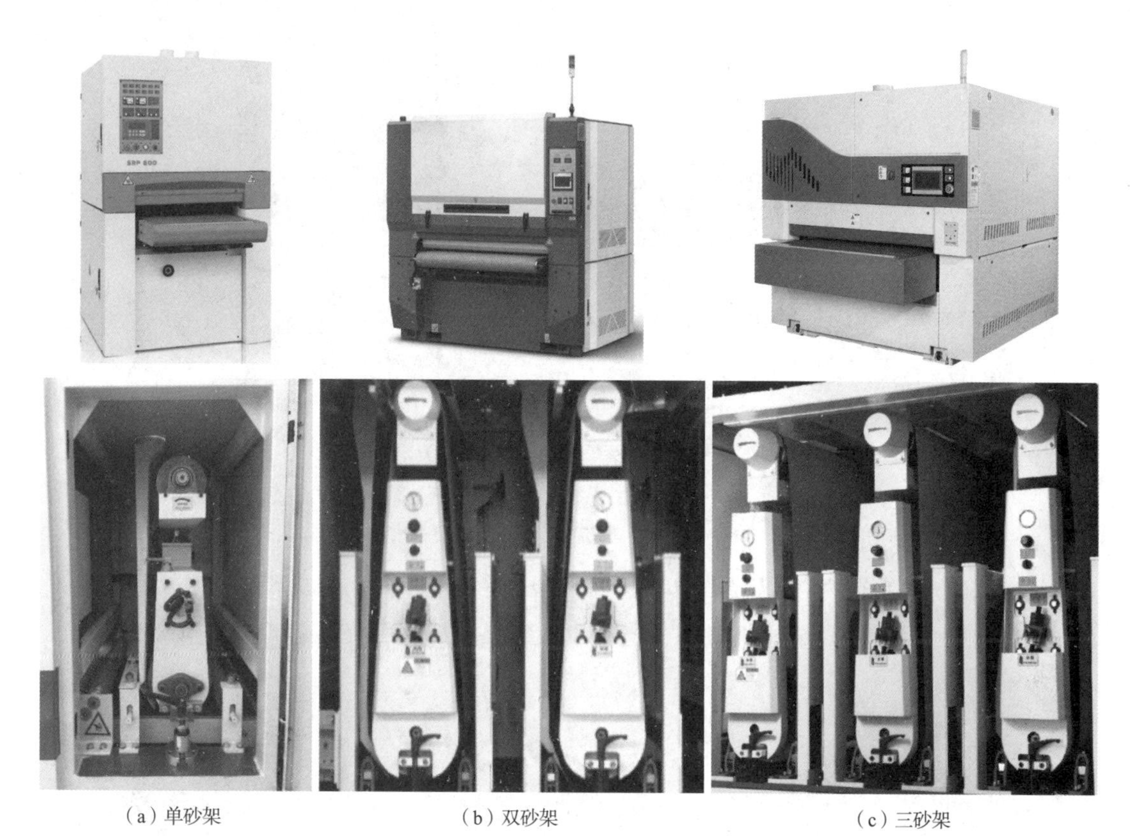
（a）单砂架　（b）双砂架　（c）三砂架

图2-61　不同砂架数量的上置式宽带砂光机

（2）下置式宽带砂光机

下置式宽带砂光机的送料系统位于砂带的上方，用于工件下表面的砂光，如图2-62所示。

（3）双面对称式宽带砂光机

双面对称式宽带砂光机一次能够完成双面砂光，多用于人造板生产过程中双面定厚砂光。根据砂架数量的不同，双面对称式宽带砂光机可分为双砂架和四砂架两种，如图2-63和图2-64所示。对于四砂架双面对称式宽带砂光机，前砂架为可调式钢辊，后砂架为组合砂架，适用于多种板材的定厚砂光和精磨。双砂架双面对称式宽带砂光机主要用于平板类零部件的定厚砂光。

图2-62　下置式宽带砂光机

图2-63　双砂架双面对称式宽带砂光机

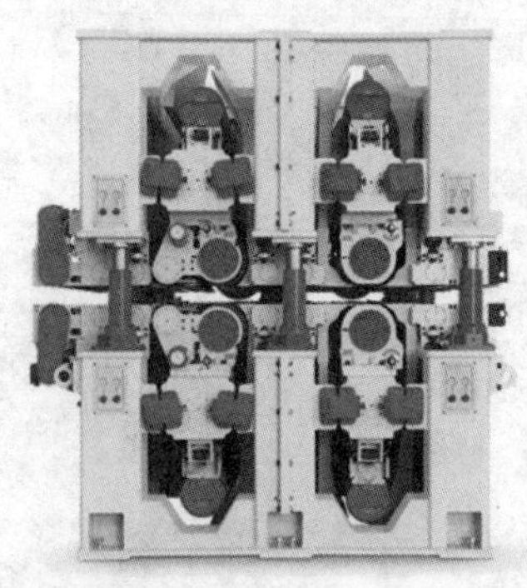

图2-64 四砂架双面对称式宽带砂光机

2. 窄带式砂光机

窄带式砂光机可分为立式、卧式以及立卧可调式等类型，如图2-65所示，主要用于较小平面的砂削。其中，悬臂式结构的窄带式砂光机，不仅可以砂削外曲面，还可以砂削内凹曲面。

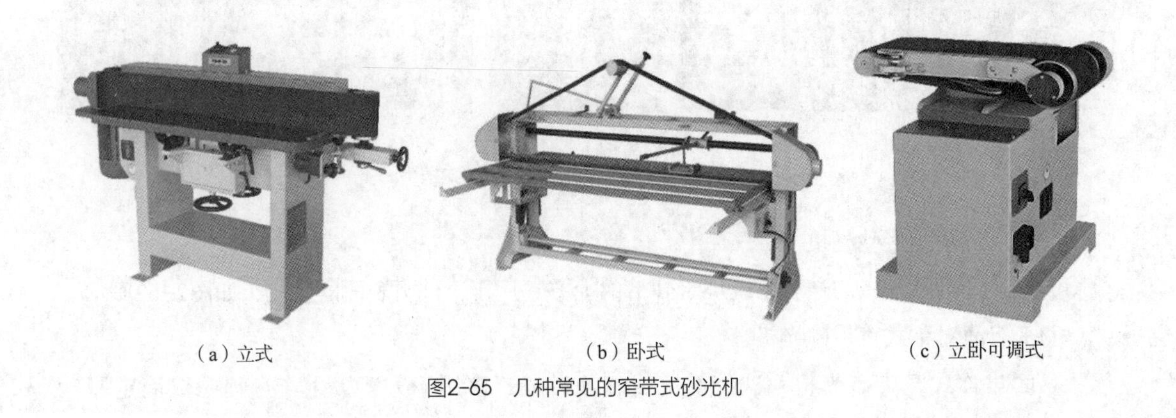

（a）立式 （b）卧式 （c）立卧可调式

图2-65 几种常见的窄带式砂光机

（二）带式砂光机结构

1. 宽带式砂光机

以单面宽带式砂光机为例，其结构由床身、砂架、电机、进给装置、规尺、除尘管、工作台及其升降机构、摆带装置等部件组成。

在宽带式砂光机中，砂带通过张紧辊张紧于动力辊和张紧辊上，电机通过皮带驱动砂架动力辊旋转，带动砂纸做回转运动。进给装置用于驱动工件向前运动，进给电机通过皮带驱动进给履带，带动工件通过砂架，完成砂削。规尺用于压紧工件。工作台升降机构用于调整砂光机厚度开档量，以满足不同厚度工件的加工需求，部分设备可以整体调整砂架的高度以实现加工厚度开档量调整。摆带装置用于实现砂带对中，其原理是通过改变张紧辊与接触辊或支承辊轴线的空间交角，形成砂带运行的左右螺旋角，使砂带的运行沿张紧辊呈左右螺旋式交替旋绕，进而实现砂带动态对中的目的。

砂架作为宽带式砂光机的核心部件，其结构直接影响砂削效果及砂削用途。

（1）接触辊式砂架

接触辊式砂架主要由托板、主梁、张紧气缸、张紧辊、张紧梁、砂带对中装置、锁紧支承、接触辊、三角皮带轮等零件组成。砂带张紧于张紧辊和接触辊之间，接触辊压紧工件进行砂削。由于接触辊式砂架压紧工件的面积较小，单位面积压力大，多用于粗磨或者定厚砂削。接触辊多为钢制，部分接触辊表面包有硬质橡胶，辊面上加工有螺旋沟槽或人字形沟槽，以利于散热和疏通砂带内表面粉尘，如图2-66所示。

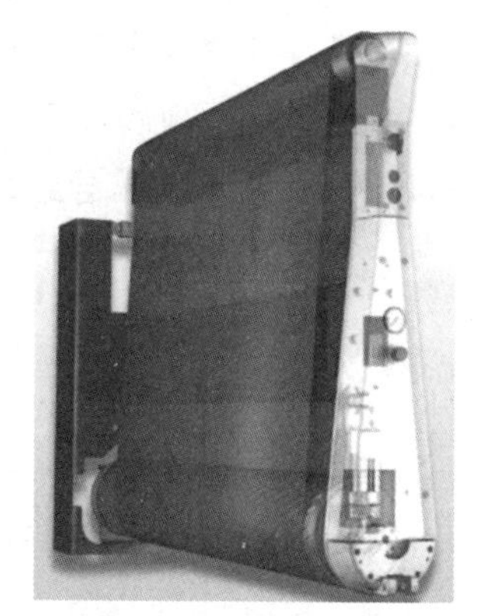

图2-66 接触辊式砂架

（2）压垫式砂架

压垫式砂架与接触辊式砂架的区别在于压垫式砂架呈等腰三角形，下部有两个支承辊，支承辊之间增加压垫装置。工作时，压垫紧贴砂纸压紧工件进行砂削。压垫式砂架具有接触面积大、单位面积压力小的特征，适用于精磨和半精磨。

根据压垫结构的不同，压垫分为普通弹性压垫、气囊式压垫和分段电子控制式压垫（俗称琴键式压垫）。普通弹性压垫结构简单，以铝合金或钢为基体，包覆一层橡胶或者毛毡，最外层包覆一层石墨布，能够提高散热效果。然而，由于实际工作中的工作荷载较大，持续工作时间较长，升温较高且不均匀，易发生变形，进而影响工件砂削精度和表面质量。在要求较高的情况下，部分压垫内部应做成可通冷却水的结构，以进一步提高散热效果，保证砂削精度与质量。图2-67所示为几种压垫式砂架的压垫类型。

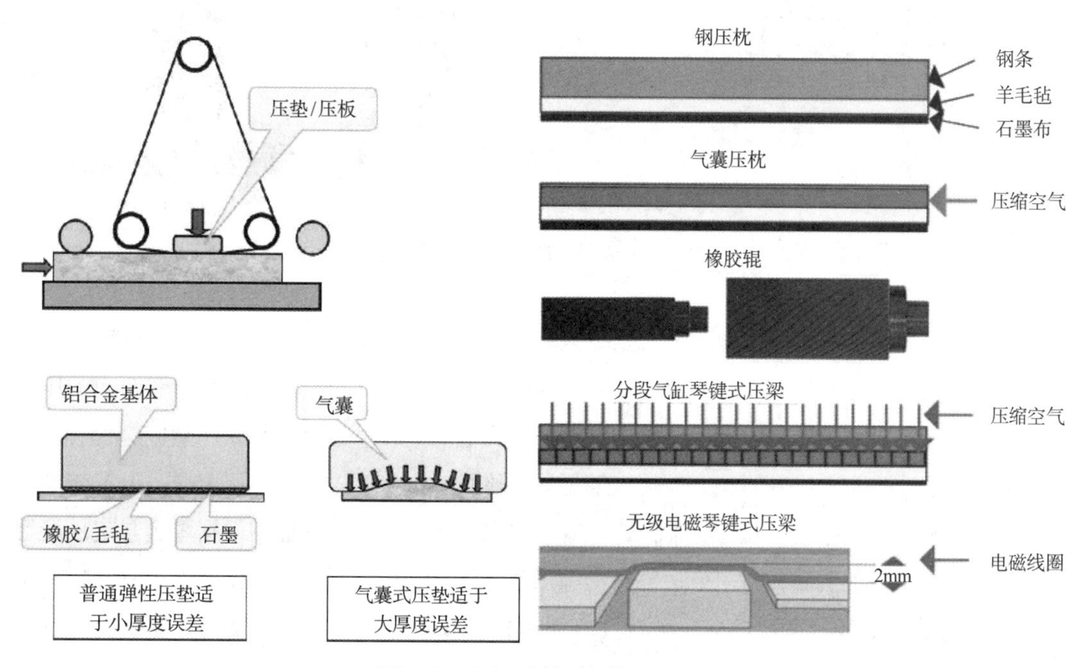

图2-67 几种压垫式砂架的压垫类型

气囊式压垫如图2-68所示，其弹性体为带状气囊，充气后有一定弹性，其充气压力大小决定了弹性体的软硬程度。相较于弹性压垫，气囊式压垫柔性更大，在气囊与石墨布之间可增加毛毡，也可增加长度方向呈柔性、宽度方向呈刚性的铝合金板或尼龙排条等加强件，避免柔性气囊压紧工件时，导致砂削工件出现啃头、打尾或包边等问题。

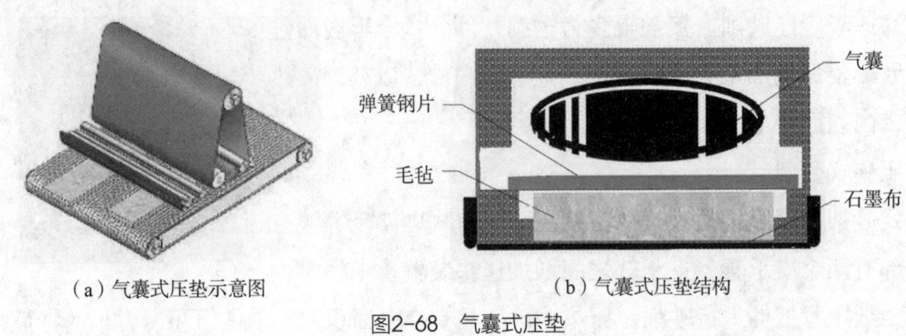

（a）气囊式压垫示意图　（b）气囊式压垫结构

图2-68 气囊式压垫

分段电子控制式压垫如图2-69所示，其压块由可编程控制器（简称PLC）控制。根据传感器在线测量采集的工件厚度信息，PLC指令执行单元控制压块的高度。分段电子控制式压垫是一种具有定位、定量功能且压力可控的数字化智能压垫，适用于异形表面砂削。其精度受传感器精度及执行单元的动作精度影响。

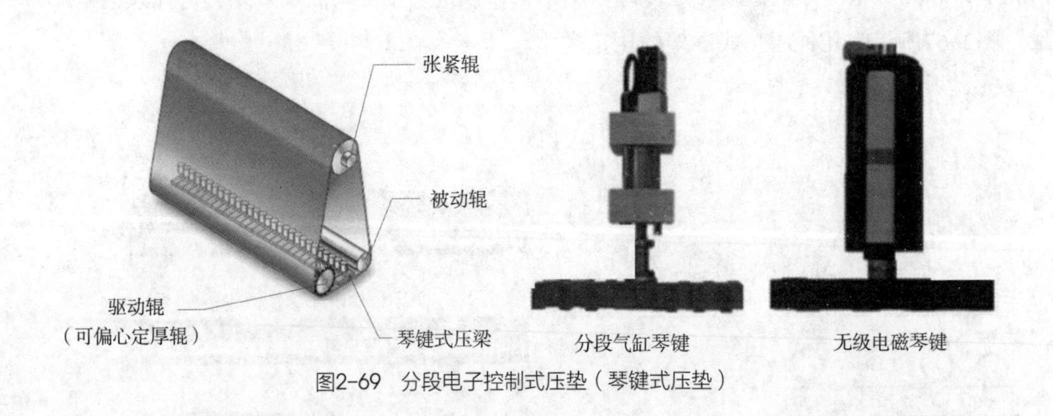

图2-69 分段电子控制式压垫（琴键式压垫）

目前，分段电子控制式压垫主要包括分段气缸琴键和无级电磁琴键。分段气缸琴键的压力源为压缩空气，压力调节时源于电磁阀的0/1控制，仅可实现有控制或无控制，对四周的压力控制不够精细。其压力和稳定性受压缩空气源影响显著。此外，压缩气缸动作响应速度有限，且气缸容易受水汽和粉尘等影响，需要定期更换或维护。无级电磁琴键的压力源是电能转换成的磁力能，相比压缩空气的压力更加稳定，其调节是无级变化的。它能够根据琴键与工件接触的面积，改变电流的大小，对工件边部精准施加压力。无级电磁琴键的动作由电流驱动，其响应速度为毫秒级，可实现每进料5mm就可自动调整一次压力；同时，无级电磁琴键受水汽和粉尘影响较小，故障率及维护成本都较低。

（3）组合式砂架

组合式砂架由接触辊式砂架和压垫式砂架组合而成，同时具备两个砂架的功能。通过调整，组合式砂架可实现三种工作状态，即接触辊式砂架单独接触工件（接触辊压紧）、压垫式砂架单独接触工件（压垫压紧）和二者均接触工件（接触辊和压垫均压紧），如图2-70所示。组合式砂架工作灵活，适合单砂架式砂光机，也可与其他砂架配合组成多砂架式砂光机。

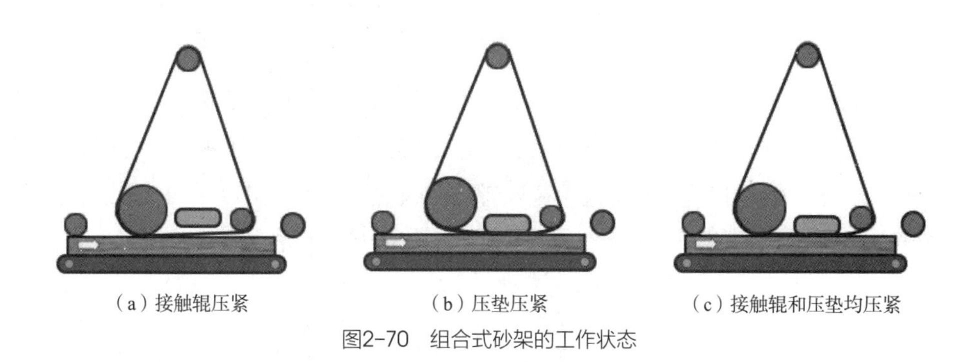

（a）接触辊压紧　（b）压垫压紧　（c）接触辊和压垫均压紧

图2-70　组合式砂架的工作状态

（4）压带式砂架

压带式砂架可分为横向压带式和纵向压带式两种，如图2-71所示。其砂带由三个辊筒张紧成三角形，三角形内部装有两个或三个辊筒张紧的毡带，压垫在毡带内侧。压垫带动毡带压紧砂带，砂带和毡带同速同向运动，二者之间无相对滑动。压带式砂架磨削区域面积比压垫式砂架的大，适用于板件表面超精加工。

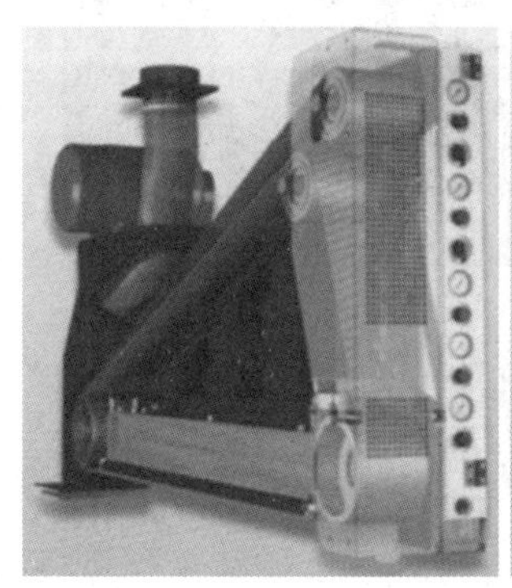

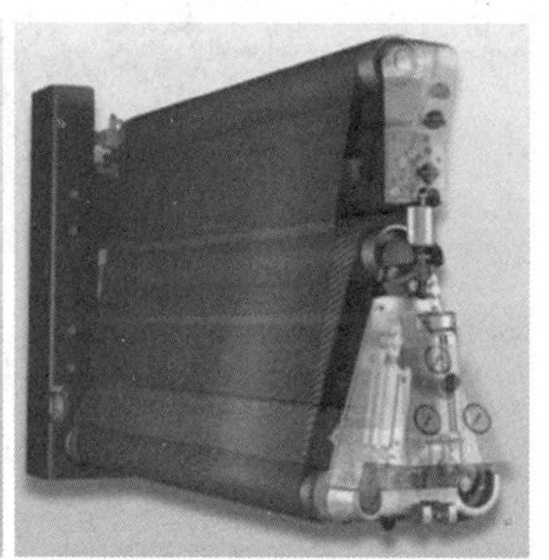

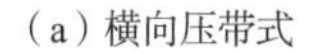

（a）横向压带式　（b）纵向压带式

图2-71　压带式砂架

2. 窄带式砂光机

以卧式窄带式砂光机为例，其结构主要由床身、滑动工作台与滑动导轨、砂架、操纵杆、压板、导杆等部件组成。其工作过程一般以人工操作为主，通过手动操纵杆按压压板，控制砂带与工件之间的压力，从而控制砂削量。操纵杆沿着刀杆横向移动，以满足工件宽度方向的砂削。工件的纵向进给通过滑动工作台沿着导轨移动，实现工件纵向移动，以满足长度方向的砂削。

三、刷式异形砂光机

（一）刷式异形砂光机类型及用途

目前，常见的刷式异形砂光机主要有半自动刷式异形砂光机和全自动刷式异形砂光机两种。刷式异形砂光机通过圆周上均匀排列的、带有一定支承力的分段砂条磨削凹凸不平的表面，常见的磨削单元有刷辊和刷盘两种。这种砂光机可以磨削加工平面砂光机无法磨削到的带造型、凸起线条或凹陷的部位。

半自动刷式异形砂光机一般磨削特殊尺寸与外形的工件，如超大、超小、细长、弯曲、卷曲、圆形等零部件。半自动刷式异形砂光机及其工作过程如图2-72所示。砂光时，刷辊和刷盘一般只做旋转运动但不移动，由工人手持或者机械人夹持工件接触砂辊和砂盘，调整角度进行不同位置的磨削。这类设备主要适用于小型家具工厂或者家庭 DIY 制作等场合。

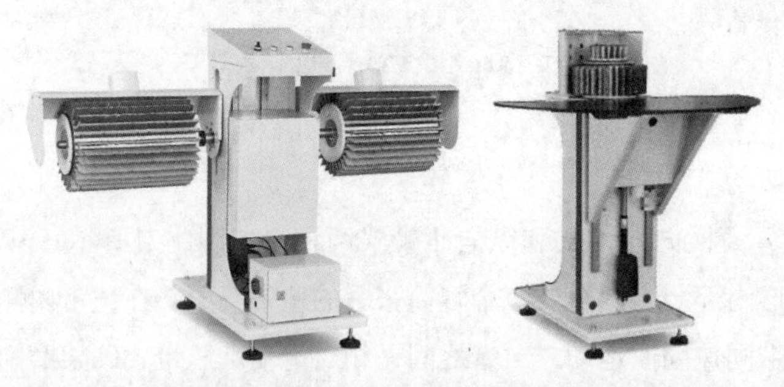

（a）半自动刷式异形砂光机

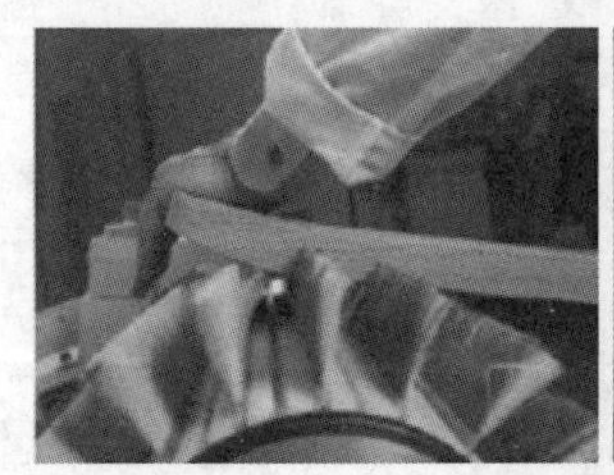

（b）半自动刷式异形砂光机工作过程

图2-72 半自动刷式异形砂光机及其工作过程

随着生产自动化、智能化程度的不断提升，异形木家具构件（如门板、扶手等）的砂光质量和自动化要求不断提升，全自动刷式异形砂光机（图2-73）因其自动化、连续化程度较高，逐渐受到市场的青睐。这种砂光机一般适用于各种木门、橱柜、装饰线条、实木家具、边角沟槽的白身以及底漆打磨，要求工件外形相对规整，厚度相同。它是一种易于实现批量化、自动化的异形砂光机。此类砂光机工作时，工件通过自动进给装置、压料装置后，自动通过磨削装置。其砂架附有滑轮，往复运动平稳；刷盘快速更换系统能够使磨料更换便捷；刷盘相对旋转设计、转速与往复运动变频调速控制能够使不同形状的工件达到最佳砂削效果。全自动刷式异形砂光机的砂削单元有横向刷辊、纵向刷辊、横向刷盘等形式，如图2-74所示，通过纵横砂削单元的组合能够实现特定的砂光效果和质量。

图2-73　全自动刷式异形砂光机

图2-74　全自动刷式异形砂光机砂削单元

（二）刷式异形砂光机结构

半自动刷式异形砂光机主要由床身、刷辊、电机、传动系统等部件组成。电机旋转，通过传动系统驱动刷辊轴旋转，进而实现刷辊的旋转。加工时，刷辊旋转但不移动，工人手持工件，将需要砂光的位置接触刷辊，不断调整角度以及刷辊与工件的距离，完成工件不同位置的砂光。

全自动异形刷式砂光机主要由床身、进料装置、压紧装置、异形砂架、升降系统、动力机构、除尘系统等部件组成。

四、辊式砂光机

辊式砂光机又称鼓式砂光机，是一种原始的砂光设备。它是在圆柱形辊筒上缠绕砂纸或砂布的砂光机械，其结构主要由床身、砂辊（也称磨削辊）、电机和传动系统等组成。根据砂辊位置的不同，可分为立式辊式砂光机（简称立辊式砂光机）和卧式辊式砂光机（简称卧辊式砂光机），如图2-75所示。根据砂辊数量的不同，卧辊式砂光机又可分为单辊、双辊和多辊。单辊的辊式砂光机通常都是手动进给工件，砂辊直径较小，通常为50～150mm，高出台面150mm，只随电机做旋转运动，不做轴向往复运动。

（a）立辊式砂光机

（b）卧辊式砂光机

图2-75　辊式砂光机

第七节 开榫机

实木家具零部件结合方式中，榫结合被广泛使用。榫卯结构中，榫头加工的设备称为开榫机。根据连接结构的特征，榫分为框榫和箱榫；根据榫头形状，榫又分为直角榫、燕尾榫、椭圆榫和圆棒榫等。不同类型的榫头需要特定设备方可完成加工。

一、开榫机类型及用途

在实木家具零部件结合方式中，榫结合因其独特的优势被广泛应用。用于木制品中各种形状榫头加工的设备称为开榫机。根据加工榫头类型的不同，可分为框榫开榫机、箱榫开榫机、圆弧榫开榫机等；根据加工工件端面数量的不同，可分为单端开榫机和双端开榫机；根据自动化程度的不同，可分为普通开榫机和数控开榫机。其中，数控开榫机通过数控加工的原理进行榫头加工，具有自动化程度高、加工榫头类型多、加工精度好等优势，如图2-76所示。在传统风格家具的制造中，除了常用的直角榫、椭圆榫和燕尾榫，一些传统的榫形也常被采用，此类榫形一般采用数控开榫机进行加工，其加工精度和效率较高。

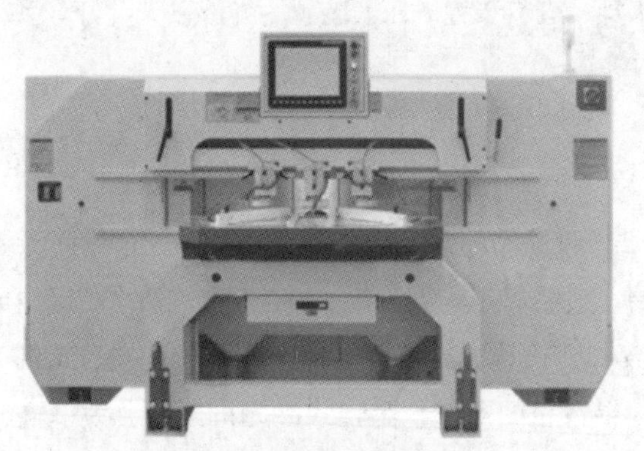

（a）数控开榫机

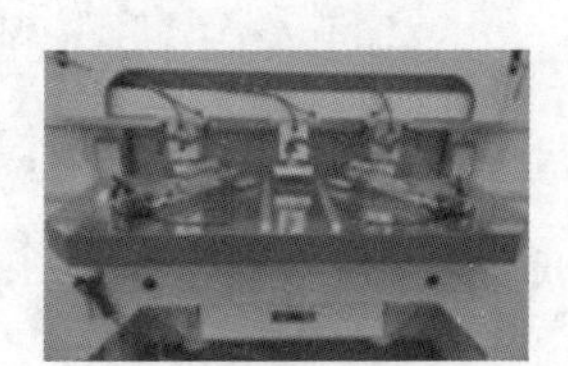

（c）工作台压紧定位机构（可选配45°靠栅气缸提前定位）

（b）相关榫头三维模型

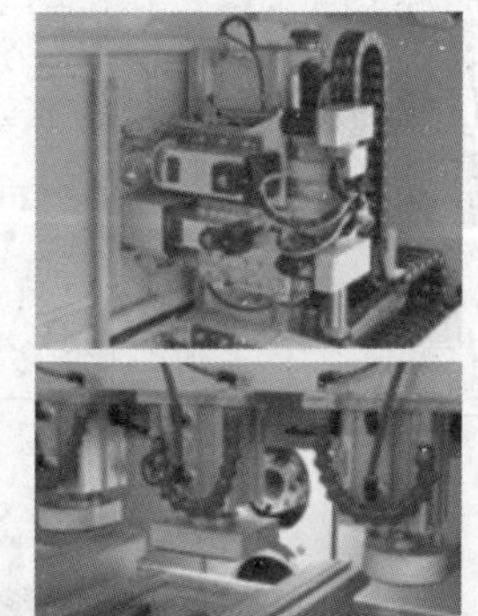

（d）数控开榫机局部结构

图2-76 数控开榫机

二、开榫机结构

1. 框榫开榫机

框榫开榫机加工对象为方材，工件在进给装置的驱动下依次通过若干个切削单元，完成榫头加工。根据加工批量的大小，开榫时可采用单端开榫机和双端开榫机。

单端开榫机及其工作原理如图2-77所示，它主要包括床身、进给装置、气动压紧装置、切削机构、传动机构等部件。其中，切削机构主要包括齐头圆锯片、成型铣刀。开榫时，工件被气动压紧机构压紧于进给装置上，人工推动进给装置使其沿着导轨运动，工件端部依次通过齐头圆锯片、成型铣刀，完成榫头加工。电机的动力通过传动机构传递至切削装置，进而带动相关刀具旋转。其中，齐头圆锯片将待开榫工件端部齐头，为后续榫头铣型提供良好的加工基准面；成型铣刀用于榫头形状的精准成型加工。

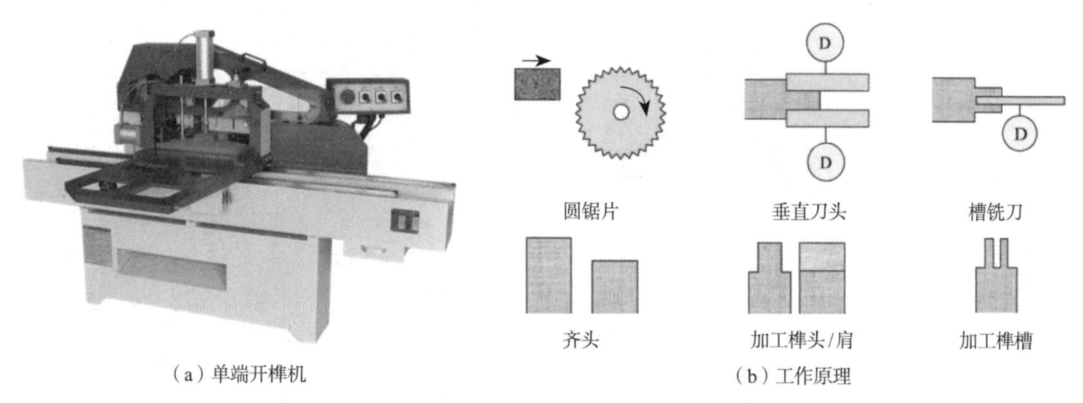

（a）单端开榫机　（b）工作原理

图2-77　单端开榫机及其工作原理

双端开榫机的工件是一次进料，能够同时加工工件两端榫头。机床的左右两侧各装一组开榫组件，每侧的结构和工作原理与单端开榫机类似。通常情况下，其中一侧固定，另一侧开榫组件可根据工件长度在导轨上移动。双端开榫机可通过进给履带实现通过式自动进料，也有部分设备采用专用移动料仓和回料装置，实现自动进料，避免了人工送料，提高了进给效率，降低了劳动强度。双端开榫机及其送料机构如图2-78所示。

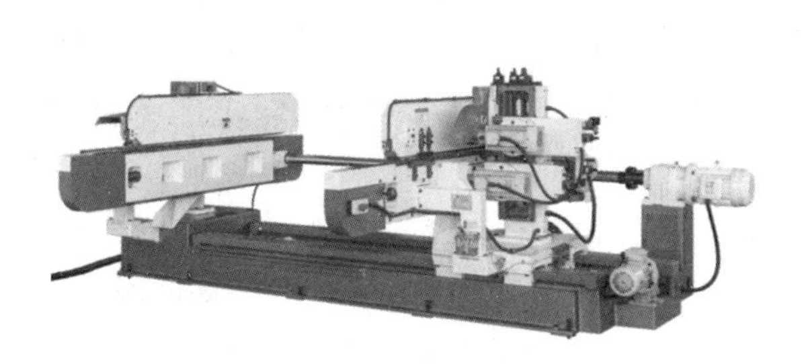
（a）双端开榫机

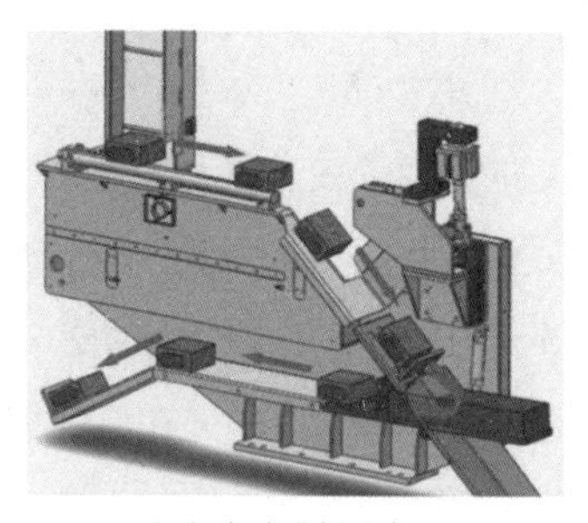
（b）自动进料示意图

方榫

圆榫
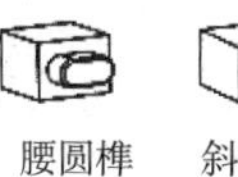

腰圆榫

斜腰榫
斜榫方

可加工的工件样式：
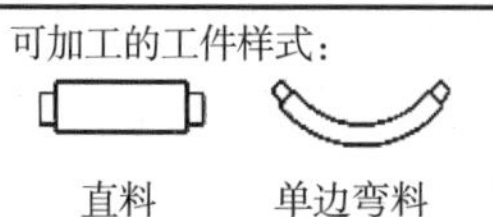
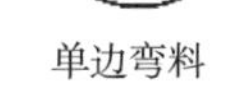
直料
单边弯料
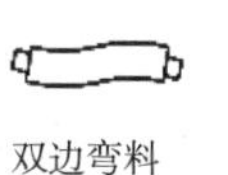
双边弯料

直料斜榫

（c）榫形示意图

图2-78　双端开榫机及其送料机构

2. 箱榫开榫机

根据榫头形状的不同，箱榫开榫机可分为直角箱榫开榫机和燕尾榫箱榫开榫机；根据自动化程度的不同，又分为手动和数控两种。开榫时，可以通过成排排列的成型铣刀一次性铣削成型，也可通过单个铣刀依次加工出成排榫型，如图2-79所示。箱榫连接的家具构件如图2-80所示。手动箱榫开榫机进行开榫时，需要借助榫形模具，柄铣刀沿着榫形模具进行进给，完成箱榫加工。图2-81所示为手动燕尾榫箱榫开榫机及其榫形模具。

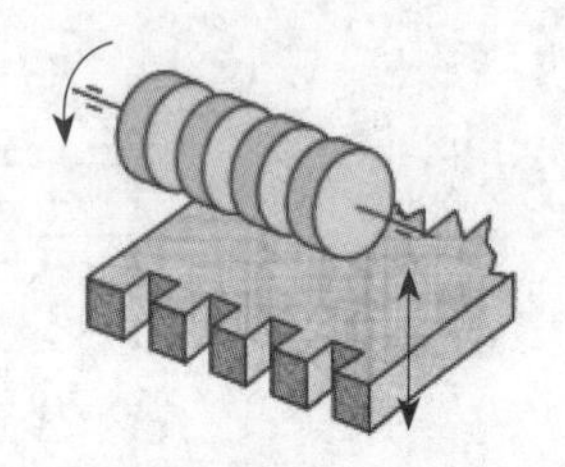

（a）直角箱榫一次性成型

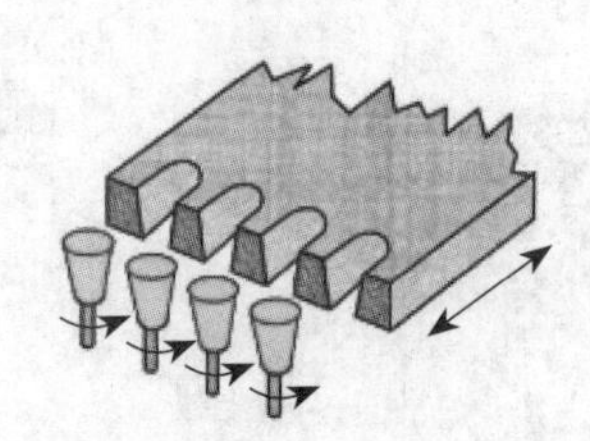

（b）燕尾榫箱榫依次加工

图2-79 箱榫开榫原理

图2-80 箱榫连接的家具构件

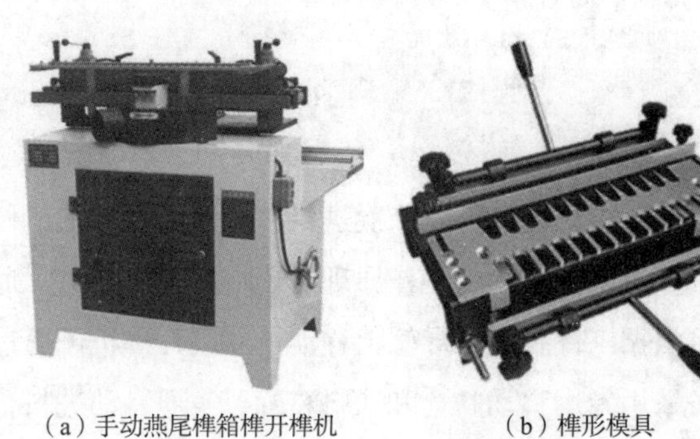

（a）手动燕尾榫箱榫开榫机 （b）榫形模具

图2-81 手动燕尾榫箱榫开榫机及其榫形模具

3. 圆弧榫开榫机

圆弧榫开榫机是一种机电气联合动作的仿形机床，可以加工椭圆榫和圆榫。圆弧榫开榫机可以在直的或角度变化的板材上加工1～3个角度不同的榫头而不需要任何模具。其配合的榫眼为圆孔或椭圆榫眼，能够避免由于应力集中而造成的强度降低。

圆弧榫开榫机工作原理如图2-82所示，其刀头在端部做圆弧运动以加工椭圆榫的半圆部分，工件固定在工作台上运动，在此间完成各个加工阶段。在第Ⅰ阶段，工件由右向左运动，此时，铣刀轴不移动，铣刀加工榫的上表面。在第Ⅱ阶段，铣刀轴做圆弧运动，从上位到下位，这时，铣刀加工榫的右边圆弧。在第Ⅲ阶段，工件做反向运动（向右），而铣刀轴不动，此时，铣刀加工榫的下表面。在第Ⅳ阶段，工件不动，铣刀由下而上做圆弧运动，完成榫头左面的圆榫加工。

数控圆弧榫开榫机如图2-83所示，其结构由床身、切削机构、工作台、压紧机构和电气部分等组成。它的切削刀头为组合刀头，包括圆锯片及铣刀头。刀头除做旋转运动外，还要根据榫头形状外轮廓轨迹运动。

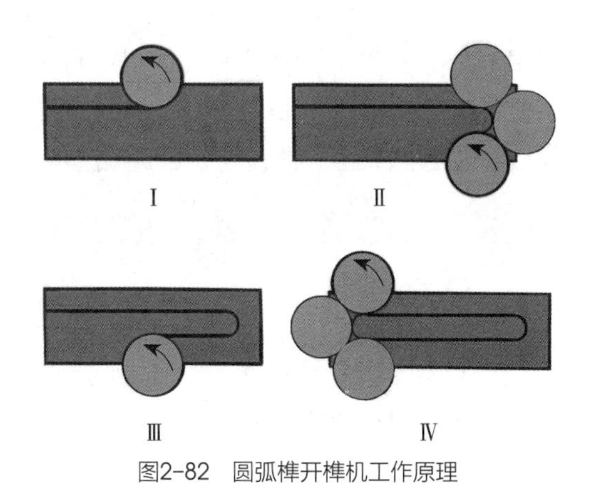

图2-82　圆弧榫开榫机工作原理

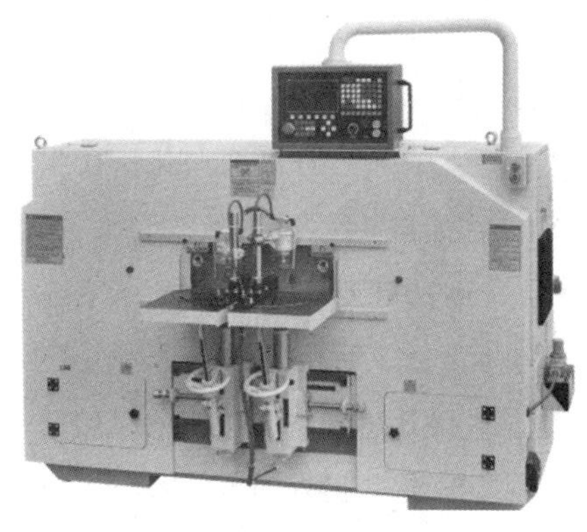
图2-83　数控圆弧榫开榫机

第八节　方材胶合设备

在木家具制造过程中，由于一些构件尺寸较大、木质原材料存在某些天然缺陷、木材干缩湿胀造成尺寸稳定性不足等因素，无法直接从整块锯材上加工出家具零部件。为了解决这些问题，可以通过薄料层积增厚、窄料拼宽、短料接长等技术，实现大尺寸规格零部件制造。这些技术不仅可以提高材料利用率，实现小材大用、劣材优用等目的，还可以显著提升零部件尺寸及形状稳定性，降低开裂变形的概率，保证产品质量。

经过原木制材、干燥获得的干锯材（或短小料）经配料和毛料平面加工（横截、双面刨光、纵解、横截剔缺陷等）后，一般需要再进行指接加工、拼宽和层积胶合等工序，以获得一定尺寸规格的家具构件。

一、短料接长工艺与设备

（一）铣齿与铣齿机

短料接长时，为了保证材料的强度，一般采用指接方式进行接长。指接前需要对短料端部进行齿形加工，这个过程称为铣齿。在铣齿过程中，首先需要通过横截圆锯将材料端部齐平，然后再通过齿形铣刀进行齿形加工，以保证齿形精度与尺寸。当批量较大时，一般采用专用的铣齿机进行，铣齿机及铣齿加工工件如图2-84所示；当批量较小时，可采用下轴式单轴铣床进行加工。铣齿机的结构及其工作原理可参考第二章第七节内容，下轴式单轴铣床见第二章第三节内容。

（a）铣齿机　（b）铣齿加工工件
图2-84　铣齿机及铣齿加工工件

（二）涂胶与涂胶机

涂胶，即通过一定方式在齿形位置涂上胶黏剂，常见的涂胶方法有手动涂胶、手动浸胶、机械辊胶、机械喷胶等。根据工艺的不同，涂胶可分为单面涂胶和双面涂胶，有些场合为了简化工艺，可采用单面涂胶。涂胶时，须根据胶黏剂种类的不同，合理选择涂胶量，以确保胶合面形成均匀、连续的胶层，进一步保证胶合质量。涂胶工序在自动化指接生产线中，一般集成到铣齿机后，铣齿完毕后直接涂胶。图2-85所示为自动涂胶机。

（三）接长与接长机

经铣齿、涂胶后的短料，通过输送装置依次送入、依次相互插入指榫，用接长机（图2-86）对一定长度接长料端部加压，完成接长；同时，加压过程可以采用高频加热，进一步加速齿形位置胶黏剂固化，提升加工效率。目前，生产中常用的典型全自动连续式铣齿涂胶齿接生产线及设备布局如图2-87所示。

图2-85 自动涂胶机

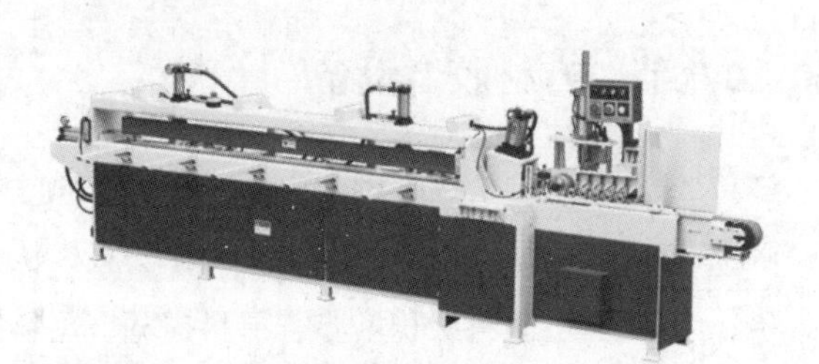

图2-86 接长机

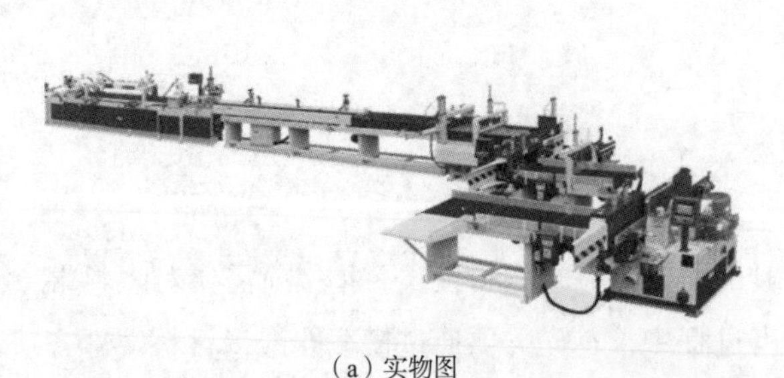

（a）实物图

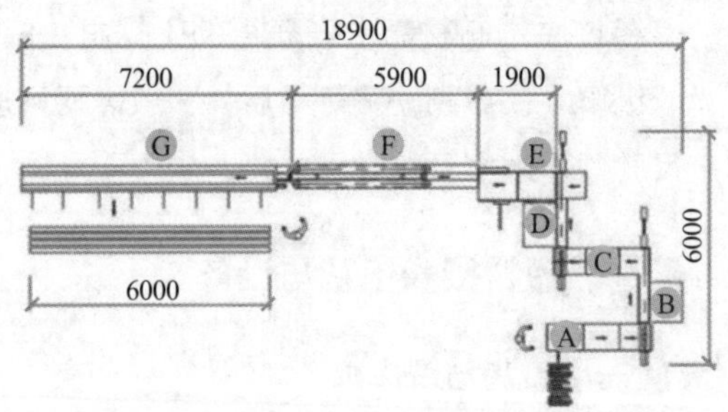

A，C—皮带运输机；B—全自动铣齿机；D—全自动铣齿机（带涂胶）；E，F—运输机；G—全自动接长机。

（b）线稿图

图2-87 全自动连续式铣齿涂胶齿接生产线及设备布局

二、拼板加工工艺与设备

为了得到较宽幅面的板材，可以将经配料和毛料平面加工（横截、双面刨光、纵解、横截剔缺陷等）后的规格长材或小料方材直接涂胶拼宽，也可以通过指榫接长和四面刨光后再涂胶拼宽，获得更大尺寸的指接拼板。

（一）涂胶与涂胶机

拼宽时，方材侧面需要涂胶，主要的涂胶方式包括手动涂胶、机械辊涂、机械喷涂和机械淋涂等。涂胶量应根据胶黏剂的类型、胶压工艺进行合理选择。

（二）拼宽与拼宽设备

涂胶后的窄料通过一定方式进行组坯，然后送入压机进行胶压固化。根据胶合类型的不同，拼宽设备可分为冷压拼板机和热压拼板机。其中，热压拼板机常采用高频方式加热，如图2-88所示，其胶层固化速度快，生产效率高。一般地，热压拼板机采用压板式结构，可以实现连续拼板加工。常见的冷压拼板机包括风车式拼板机、旋转式拼板机和斜面式拼板机等，如图2-89所示。

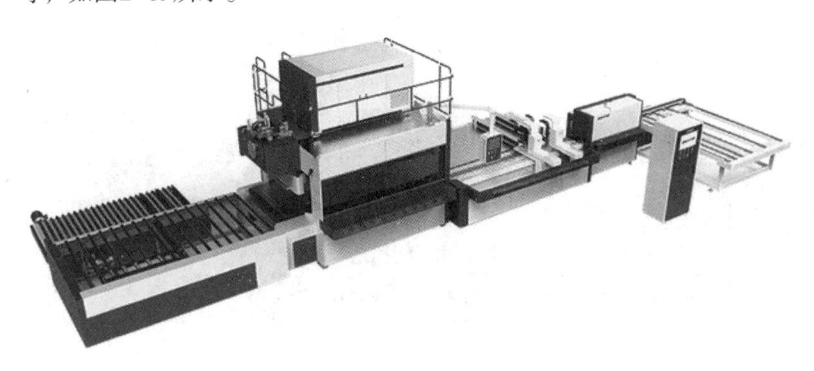

（a）高频连续式热压拼板机　（b）拼板成品

图2-88　高频连续式热压拼板机及其拼板成品

（a）风车式拼板机

（b）旋转式拼板机

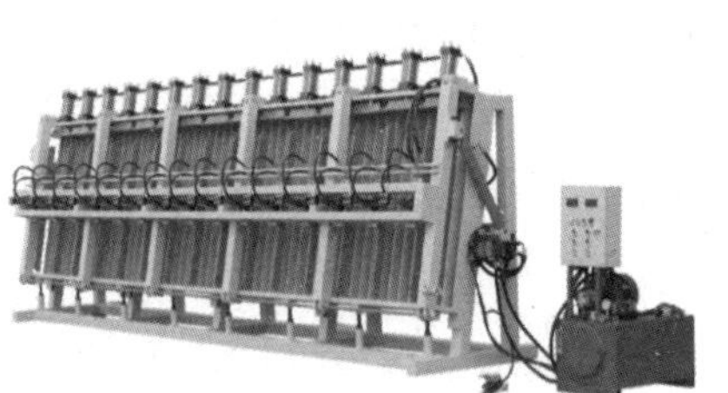

（c）斜面式拼板机

图2-89　常见冷压拼板机

第九节　实木弯曲设备

实木弯曲是将实木方材软化处理后，在弯曲力矩作用下弯曲成所要求的曲线形，并使其干燥定型的过程。其具体工艺过程主要包括毛料选择及加工、软化处理、加压弯曲、干燥定型和最后加工。

一、软化处理与软化设备

为了改善木材的弯曲性能，使木材在弯曲前具有暂时的可塑性，以使木材在较小力的作用下能按要求变形，并在变形状态下重新恢复木材原有的刚性和强度，一般需要在弯曲前进行软化处理。软化处理的方法可分为物理方法和化学方法两类。物理方法包括使用火烤法、水热蒸煮法、汽蒸法、高频加热法、微波加热法等进行软化处理；化学方法包括使用液态氨、氨水、气态氨、亚胺、碱液（NaOH、KOH溶液）、尿素、单宁酸等化学药剂进行软化处理。

常用软化处理方法的工艺技术如下：

（1）水热蒸煮法

水热蒸煮法分为高温蒸汽汽蒸和沸水水煮两种。高温蒸汽汽蒸就是把木材放在专用的蒸煮锅或蒸煮罐内，通入饱和蒸汽进行蒸煮，如图2-90（a）所示；沸水水煮是把木材浸泡在蒸煮锅或蒸煮罐、蒸煮池内，并将其内的水加热煮沸而使木材软化，如图2-90（b）所示。

（a）高温蒸汽汽蒸

（b）沸水水煮

图2-90 水热蒸煮法

（2）高频加热法

高频加热法是指将木材置于高频振荡电路的工作电容器的两块极板之间，加上高频电压，在两极板之间产生交变电场，在其作用下，引起木材内部极性分子（如水分子）的反复极化，分子间发生强烈摩擦，使得从电场中吸收的电能转变成热能，从而使木材软化。在这个过程中，电场变化越快，反复极化就越剧烈，木材软化的时间就越短。

（3）微波加热法

微波加热法是20世纪80年代开发的工艺。其微波频率为300MHz～300GHz、波长是1～1000mm的电磁波，它对电介质具有穿透能力，能激发电介质分子产生极化、振动、摩擦生热。

二、木材弯曲设备

方材毛料经软化处理后应立即进行弯曲，以免木材冷却而降低塑性，进而影响弯曲效果。根据加压弯曲方式的不同，弯曲零部件可分为两类：一类是曲率半径大、厚度小的弯曲零部件，这种零部件可以不用金属钢带，直接弯曲成要求的形状；另一类弯曲零部件需要用金属钢带和端面挡块进行加压弯曲。因此，常见的实木方材弯曲就是利用模具、钢带、挡块等将软化好的木材加压弯曲成要求的曲线形状。

目前，常用的木材弯曲设备有拉式U形曲木机、压式U形曲木机、环形曲木机、高频木材弯曲机等。

拉式U形曲木机（图2-91）专门弯曲各种不封闭的曲线形零部件，如U形、L形或各种圆弧形的椅子靠背、沙发扶手及各种建筑零部件等。在拉式U形曲木机中，将软化的方材放入带有钢带的模具内，定位后，开动电机，两侧加压杠杆升起，使方材绕样模弯曲，等到全部贴紧样模后，用拉杆固定，取下弯曲好的毛料（连同金属钢带、端面挡块）送往干燥室。

压式U形曲木机（图2-92）使方材弯曲的方式与拉式U形曲木机基本类似。压式U形曲木机采用液压弯曲加压的形式，通过液压缸对工件施加压力，使其按照模具形状产生形变。根据一次性加工工件数量的不同，压式U形曲木机可分为单层压式U形曲木机和多层压式U形曲木机。其中，多层压式U形曲木机具有更高的加工效率，在批量化生产中优势显著。

环形曲木机（图2-93）可弯曲各种封闭形的零部件，如圆环形、方圆形、梯形等木椅座圈和环形望板等。在环形曲木机上，样模（1）装在垂直主轴（2）上，由电机通过减速机构带动主轴回转，毛料（7）一端与转动的样模连接，另一端顶在金属钢带（4）的端面挡块（3）上，金属钢带外侧为压辊（5）和加压杆（6），使毛料贴向样模。弯曲时，开动电机，样模随主轴转动，使毛料逐渐绕贴在样模上，用卡子固定，把弯曲毛料、金属钢带和样模一起取下，送到下道工序干燥定型。

为了进一步提高加工效率与设备集成度，目前已有设备同时具备加热软化及加压弯曲的功能，如高频木材弯曲机（图2-94）。

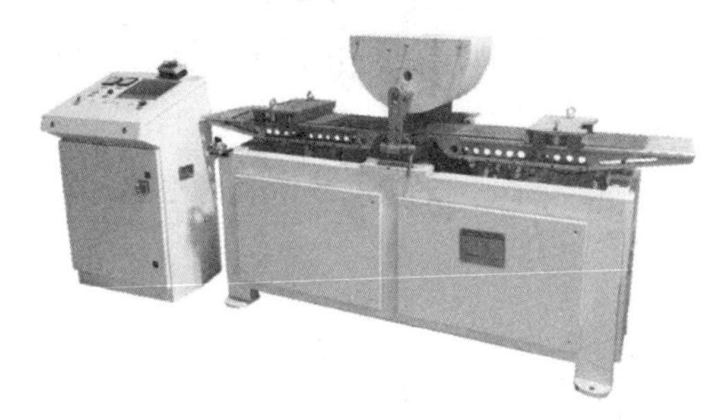

图2-91　拉式U形曲木机

（a）单层压式U形曲木机　（b）多层压式U形曲木机

图2-92　压式U形曲木机

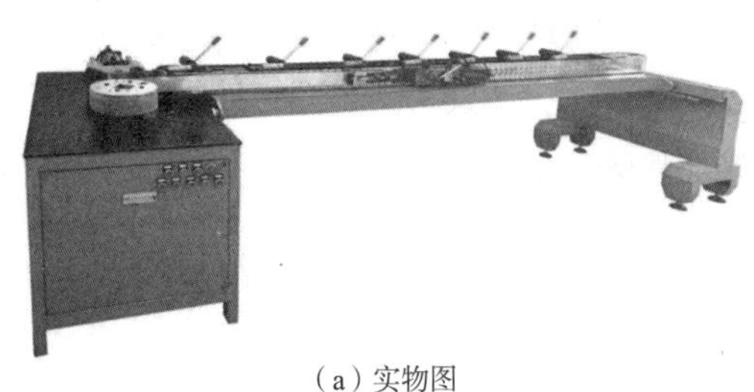

（a）实物图

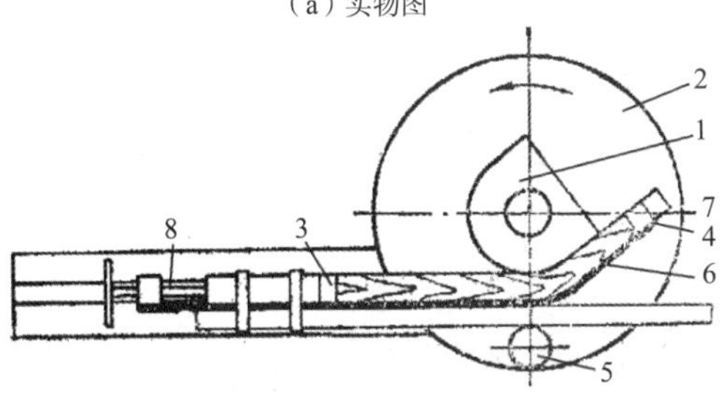

1—样模；2—主轴；3—挡块；4—钢带；5—压辊；
6—加压杆；7—毛料；8—挡块调整螺杆。

（b）线稿图

图2-93　环形曲木机

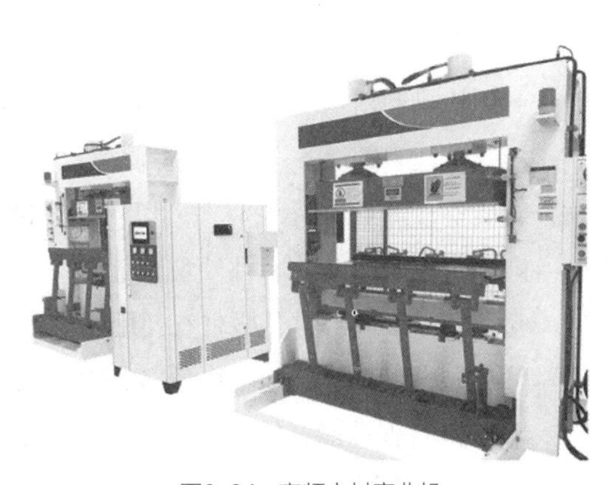

图2-94　高频木材弯曲机

第十节　封边机

封边是指利用封边材料将板式家具零部件边缘封贴起来的工艺过程。用于封边的设备称为封边机，它在家具产品制造装备中是一种技术更新较快、结构复杂、技术难度较高的机床之一。封边机具有封边工艺多样、结构形式丰富、自动化与智能化程度不断提升等特点。下面将从封边工艺类型、封边机类型及用途、典型封边机结构三个方面进行详细阐述。

一、封边工艺类型

1．冷—热法

冷—热法封边是在基材或者封边材料上涂覆胶黏剂后，利用加热元器件在封边条外侧进行加热，使胶液固化，实现封边条与基材的贴合。常用的加热方式有电阻加热和高频加热。高频加热的封边机具有效率高、胶层薄、胶缝小等优点，可在封边后立即进入后续加工工序。

2．热—冷法

热—冷法封边采用热熔胶进行封边。热熔胶是一种无溶剂型、常温固化的胶黏剂，常温下呈固态。封边时，封边机熔胶装置加热，温度升至120～160℃，胶黏剂熔化；涂胶装置将熔融后的胶黏剂涂覆在胶合表面，封边条通过施压装置加压，保证封边条与基材之间具有一定压力，待胶黏剂温度降低后固化，实现封边条与基材的胶合。目前，常用的热熔胶为乙烯-醋酸乙烯共聚物（EVA），其熔融温度为120～160℃。

3．冷胶活化法

冷胶活化法是利用改性的聚醋酸乙烯酯胶黏剂进行封边的方法。胶黏剂预先涂覆在封边条或基材上，封边时，利用高温使胶层"活化"，然后进行施压封边。

4．激光封边

激光封边是利用激光辐照封边条内侧涂覆的聚合物功能层，使其瞬间激活；然后利用施压装置将封边条与基材牢固胶合。在封边过程中，激光能量激活熔融封边条内侧含有激光吸收剂的功能层，反应迅速，效率高。

二、封边机类型及用途

封边机是利用木质单板、浸渍纸层压条或塑料封边条（PVC）等封边材料将板式家具零部件边缘封贴起来的设备，是板式家具生产过程中的关键设备之一，其性能直接影响了板式家具的外观质量、加工效率等指标。其具体作用如下：

❶ 美化装饰，提高板件外观质量。

❷ 防潮、防水，降低板件在使用过程中与周围环境发生的水分交换。

❸ 加固板材边缘，防止边角部的碰损和面层的掀起或剥落，延长板材的使用寿命。

❹ 提高环保性能，封边后一定程度上阻碍和减缓了甲醛等有害物质释放。

本小节将根据封边对象的结构特点，分别介绍不同类型封边机的种类及其用途。

1．直线平面封边机

直线平面封边机用于直线形板式零部件或木门等产品侧面封边。根据封边机配置数量的不同，直线平面封边机可分为单面封边机和双端封边机。对于定制化加工，一般采用单面封边机，然后通过两台或四台设备联线，组成封边流水线，以适应不同尺寸工件封边需求；对于部分产能需求不大的产线，也可通过一台封边机+回传装置，实现四面封边。对于批量化加工，可选用双端封边机进行封边，一次即可完成相对两边的封边，其效率更高。图2-95所示为双端封边机及其生产线布置。

（a）双端封边机

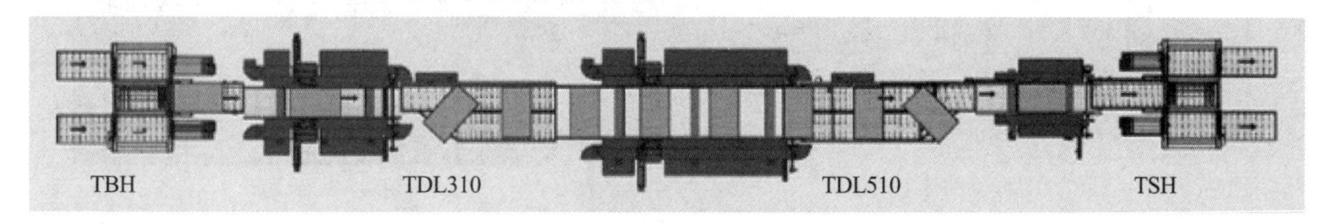

（b）生产线布置

图2-95 双端封边机及其生产线布置

根据封边工艺的不同，直线平面封边机也可分为不同类型。目前，生产中使用最广泛的封边机为热—冷法封边机，即采用热熔胶（EVA）进行封边。其次，PUR胶黏剂以其优异的黏结强度、耐温性、耐化学腐蚀性和耐老化性，目前在市面上也得到了相应的应用。此外，近年来备受市场青睐的还有激光封边机。相较于传统的EVA、PUR胶黏剂封边，激光封边的优势显著：在外观效果上，可实现“无缝”效果，与面板有浑然一体的美感，尤其对白色等浅色板件和亚克力等透明板件效果更佳；在产品质量上，质量稳定，合格率高；在使用性能上，耐热性和耐光性好，延长了产品的使用寿命；在节能环保上，无胶水的挥发污染，不需要清洁，机器空转时能耗极低，既节能又环保。激光封边的优势对于响应国家“双碳”战略目标，提高家居产业低碳、绿色制造水平具有积极作用。

2．曲线封边机

曲线封边机适用于异形工件边缘封边。根据自动化程度的不同，曲线封边机可分为手动曲直线封边机、半自动曲线平面封边机和全自动曲线封边机。其中，手动曲直线封边机和半自动曲线平面封边机如图2-96所示。在实际生产中，曲线封边机多以手动进给为主，部分带有封边功能的加工中心可实现异形零部件全自动封边。图2-97所示为带封边单元的加工中心及封边单元细节图。

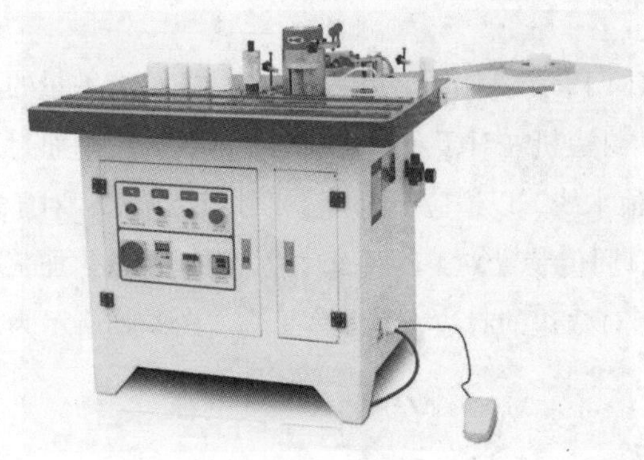

（a）手动曲直线封边机

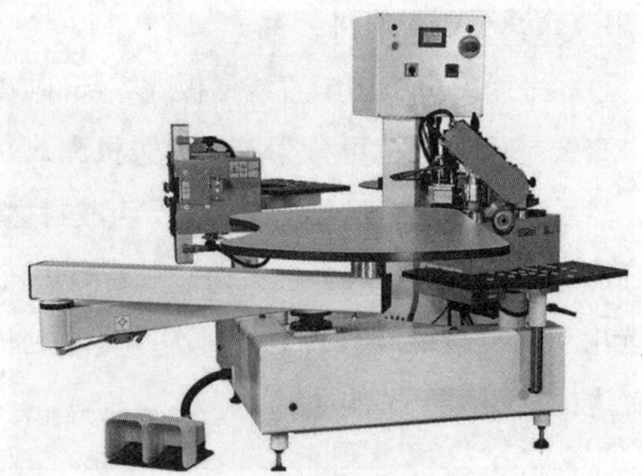

（b）半自动曲线平面封边机

图2-96 曲线封边机

（a）带封边单元的加工中心

（b）封边单元细节图

图2-97 带封边单元的加工中心及封边单元细节图

3. 其他类型封边机

除常见的直线平面封边机、曲线封边机外，还有一些适用于直线曲缘工件封边的软成型封边机（直线曲缘封边机）；同时，为了实现侧边封边材料与贴面材料一体化，还需要用后成型封边机进行加工。

三、典型封边机结构

1. 直线平面封边机

图2-98所示为一种典型的直线平面封边机及其封边流程，该设备主要由床身、预铣单元、熔胶系统、伺服送带机构、前后齐头、上下粗修、上下精修、仿形跟踪、刮刀、抛光等部件组成。

在直线平面封边机中，预铣单元用铣刀将板边精修成一条平直、没有缺陷、没有香蕉弯、没有崩边和崩角、边部平整的直线边。涂胶系统根据板件封边需求将特定胶黏剂涂覆于封边表面。伺服送带机构是根据工件的位置将封边条及时、准确送料的机械结构。前后齐头用于将封边条在板件前后端的余量切除。上下粗修、上下精修分别用于工件厚度方向余量的粗加工和精加工。仿形跟踪用于将封边条四个顶角切削圆滑，以提高工件封边质量和手感。刮刀、抛光等部件用于进一步提升封边条表面的质量。

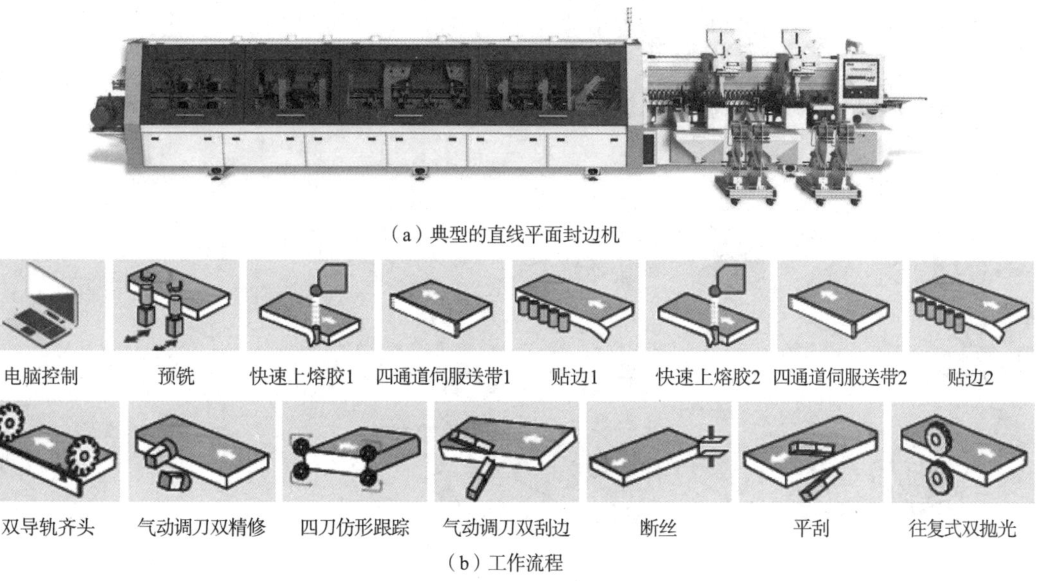

（a）典型的直线平面封边机

（b）工作流程

图2-98　典型的直线平面封边机及其工作流程

2．曲线封边机

曲线封边机用于曲线轮廓工件的封边，一般以手工操作为主，部分加工中心带有封边单元，可实现全自动异形封边。曲线封边机主要由床身、封边单元、修边单元和真空吸盘转臂机构等部件组成。封边时，送带机构和涂胶机构自动将封边带传送并涂抹上厚度均匀适中的高温热熔胶；然后准确地将涂好胶的封边带传送到封边辊的合适位置，届时自动旋转的封边辊和板材自动运输机构将共同完成自动封边。修边时，通过操作修边机上的复合电动按钮来控制修边电机的启动和停止。作业时，踏动气动脚踏开关，手动将待修边的板材插入修边机上下修边导向轮中，通过触碰修边导向弧板使板材与高速旋转的修边刀接触以完成上下两侧修边动作。

3．直线曲缘封边机

直线曲缘封边机又称软成型封边机，适用于直线曲缘的工件（图2-99）封边。这类封边机一般由床身、铣型、封边带软化、涂胶、异形贴边、软成型胶压、齐头、上下粗修、上下精修、刮边、铲刀、抛光等单元组成。直线曲缘封边机及其工作流程如图2-100所示。

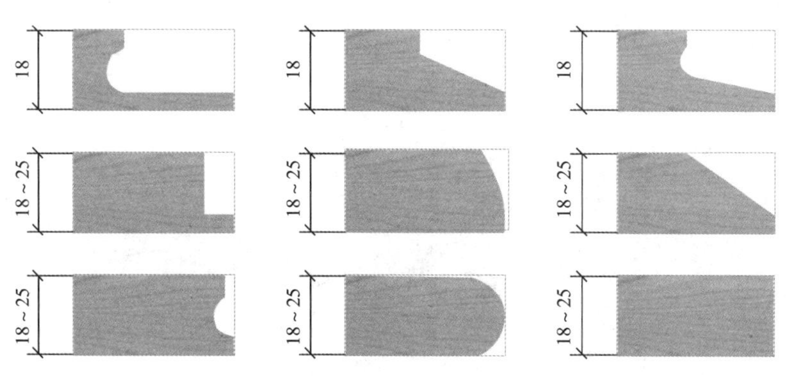

图2-99　直线曲缘形板式零件

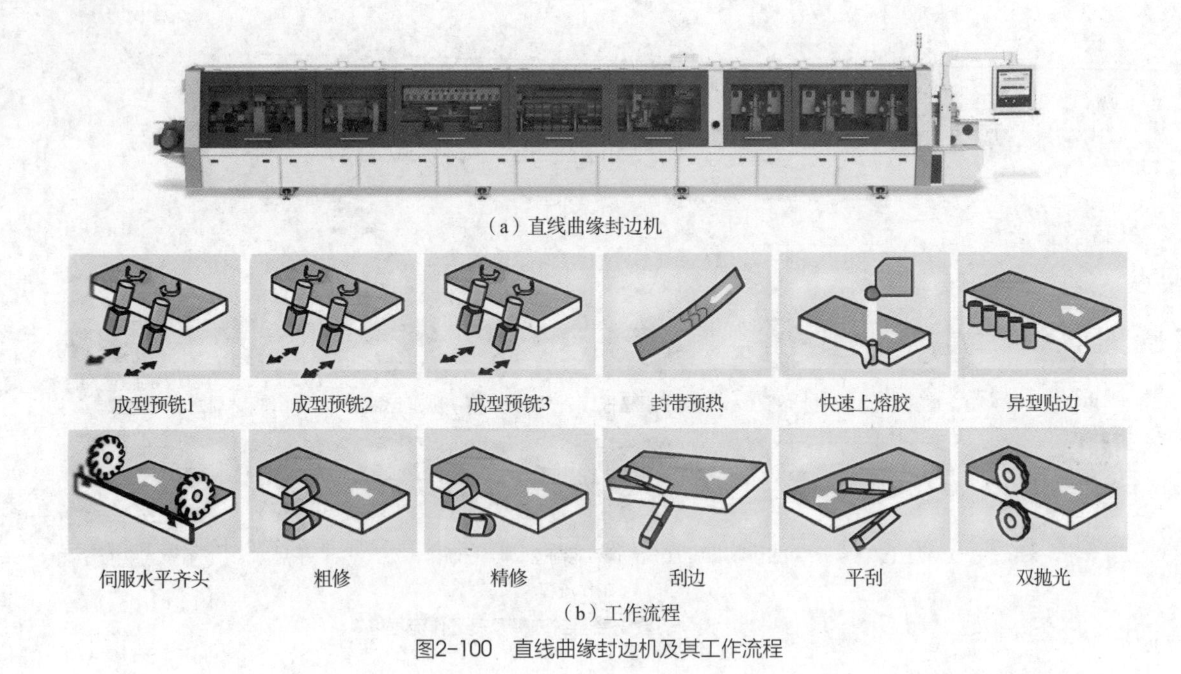

（a）直线曲缘封边机

（b）工作流程

图2-100 直线曲缘封边机及其工作流程

4．后成型封边机

后成型封边机利用规格尺寸大于板面尺寸的饰面材料饰面后，根据板件边缘形状，在已成型的板件边缘再将其弯曲，包住侧边使板面与板边形成无接缝的产品，其成品及工作原理分别如图2-101和图2-102所示。后成型封边机主要由尺寸修整、涂胶、加热软化、多辊加压包边、修边等单元组成。图2-103所示为后成型封面机及其相关部件细节图。

图2-101 后成型封边机封边成品

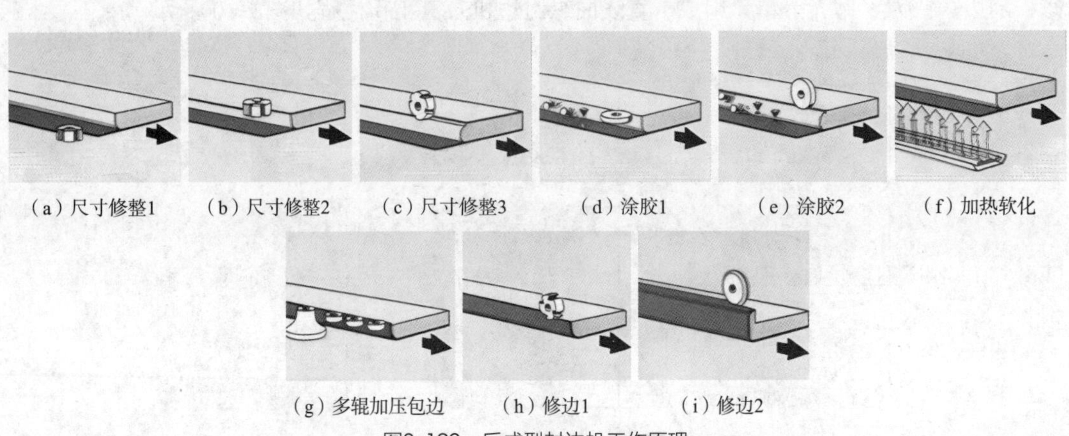

（a）尺寸修整1 （b）尺寸修整2 （c）尺寸修整3 （d）涂胶1 （e）涂胶2 （f）加热软化

（g）多辊加压包边 （h）修边1 （i）修边2

图2-102 后成型封边机工作原理

（a）实物图

（b）尺寸修整（切削单元+铣削装置）

（c）加热站

（d）单元压力区仿L形

（e）后加工

图2-103　后成型封边机及其相关部件细节图

第十一节　贴面与覆膜设备

家具表面覆贴装饰工艺是将木质薄木、装饰纸、塑料装饰材料以及其他装饰材料覆贴到基材的表面上，提高基材表面的美观性、耐磨性、耐热性、耐水性和耐腐蚀性等，同时可以改善和提高材料的强度和尺寸稳定性。贴面设备是一类用于板件表面装饰贴面加工的设备。木质单板类材料常用的贴面可以采用单层或多层平面热压机或冷压机；人造薄膜类装饰材料的贴面可以采用单层或多层平面热压机或者辊压机。根据需要，平面热压机和辊压机都可以在人造装饰材料表面压出装饰纹理，以提高薄膜的装饰效果，目前使用较多的是单层短周期贴面压机。由于人造薄膜装饰材料多为卷材，因此在覆贴时需要根据被装饰材料的尺寸裁切成一定的大小。

一、薄木贴面工艺与设备

（一）薄木裁切方法及设备

薄木裁切是指根据各拼合单元及最终规格要求，将薄木原料裁切成所需的尺寸规格和形状的过程。常用的裁切设备主要有薄木（单板）剪切机、冲床和激光切割设备等。

薄木裁切时，通常先横纹裁长，再顺纹裁宽。裁切加工的主要设备是薄木（单板）剪切机。常见的薄木（单板）剪切机有气压式薄木（单板）剪切机与液压式薄木（单板）剪切机两种，如图2-104所示。其中，气压式薄木（单板）剪切机采用电磁制动三相异步电动机，其运转平稳、制动灵敏，能够节省电力，避免油污材料。液压式薄木（单板）剪切机运转也较为平稳，噪声低，但其工作压力较大。薄木裁切时，剪切机的刀片要始终保持锋利，剪切后的薄木边缘必须保持平直，不得有裂缝、毛刺等缺陷。使用薄木（单板）剪切机一次可剪切厚度达50mm的成摞薄木，生产效率较高，剪切质量好。

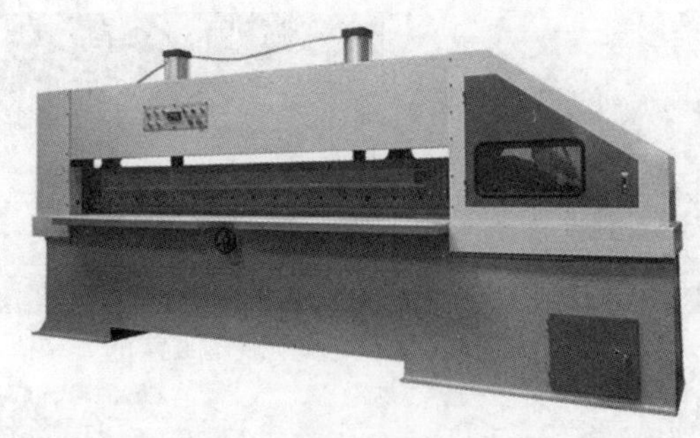

（a）气压式

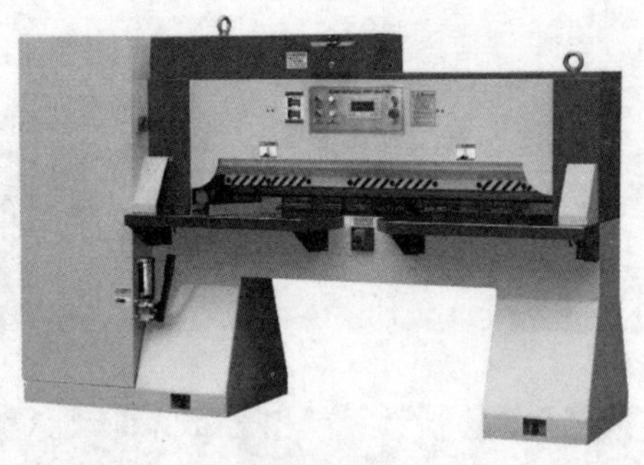

（b）液压式

图2-104 薄木（单板）剪切机

薄木（单板）剪切机主要包括机架、切割系统、液压系统（或气压系统）、电气系统和安全保护系统等。机架通常由钢板焊接而成，具有良好的刚性和稳定性。机架上设有工作台和夹紧装置，用于固定和夹紧待切割的工件。切割系统是剪切机的核心部件，通常由上下刀具、剪切管和传动装置组成。上刀具和下刀具通过剪切管进行运动，实现对工件的切割。传动装置通常采用液压驱动，通过液压缸将动力传递给刀具。液压系统（或气压系统）是薄木（单板）剪切机的动力源，液压缸（或气压缸）负责将液压能（或气压能）转化为机械能，带动切割系统运动。电气系统是薄木（单板）剪切机的控制系统，主要由电机、电气控制器、按钮开关等组成。电气控制器可以实现对薄木（单板）剪切机的启动、停止、速度调节等功能，按钮开关用于手动控制薄木（单板）剪切机的运行。安全保护系统是薄木（单板）剪切机的重要组成部分，用于确保操作人员的人身安全。常见的安全保护系统包括刀具保护罩、光电保护装置、急停按钮等。刀具保护罩可以防止操作人员接触到刀具，光电保护装置可以感知到操作人员的存在并停机，急停按钮可以立即停止薄木（单板）剪切机的运行。

对于异形薄木，使用普通的薄木（单板）剪切机无法完成裁切作业，必须使用专用的剪切模板和冲切设备，通常可采用油压冲模机（俗称冲床）。薄木油压冲模机的结构及其示意图如图2-105所示，它主要利用四个油缸带动上压板将待冲切薄木压向剪切刀模完成剪切，其关键部位是上压板下面的橡胶缓冲层，其既能将薄木压下，又能防止刀片受损。在油压冲模机中，拼花刀架模板通常用优质的多层夹板作为基材，按照拼花大样图形状制成槽，然后将薄刀片弯曲嵌入，使刀刃凸出板面2mm左右，并在必要的位置制作定位靠点。冲切时将事先准备好的薄木以靠点为基准放入刀架模板进行冲切，每次只能冲切2～4层，以将薄木恰好完全冲断为原则。利用油压冲模机可以将薄木冲切成各种复杂形状，而且可以保证每张形状一致。

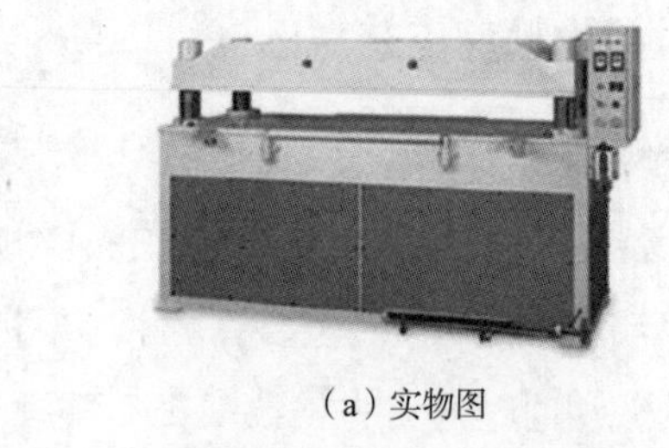

（a）实物图

冲床上模板
橡胶缓冲层
液压缸
薄木
剪切刀
拼花刀架模板
冲床台面

（b）线稿图

图2-105 薄木油压冲模机结构及其示意图

裁切复杂的薄木拼花或小型的镶嵌拼花图案（如花草图案等各种艺术拼花）时，采用常规的冲切方法容易导致拼合单元破碎，裁切效率低下，此时激光切割技术可以实现更优的切削效果。激光切割的关键设备是激光切割机，其结构主要由床身、传动系统、电源系统、运动系统、辅助系统、光学系统、机械系统、控制系统等组成。其中，光学系统主要由激光发射器、激光电源、反射镜片、聚焦系统等组成。传动系统主要由直线导轨、传动皮带、步进电机、齿轮等组成。控制系统是整个激光切割机的控制和指挥中心，通过电源系统、运动系统等协调控制完成对工件的雕刻处理。辅助系统主要包括吹气系统、排气系统以及冷却系统等。其中，吹气系统负责将加工残渣吹离工件，保证良好的切割断面；排气系统负责抽出加工时产生的烟气和粉尘等；冷却系统对机床外光路反射镜和聚焦镜进行冷却，保证稳定的光束传输质量，并有效防止镜片温度过高而导致变形或炸裂。机械系统主要由机盖、导轨、底座、反射镜架等机械配件组成。激光切割机及其切割样品如图2-106所示。

（a）激光切割机

（b）切割样品

图2-106 激光切割机及其切割样品

激光切割机可以精确地切割薄木，还可以通过调整激光强度及光斑大小控制薄木边缘的切割效果（如烧焦等特殊效果）。激光切割的薄木边缘质量好，可以精确控制切割图案，而且操作方便，非常适合精细的拼花薄木切割。然而其设备能耗较高、薄木边缘有烧焦边，且加工范围受机床工作台面尺寸限制，因此这项技术目前主要用于艺术拼花制作。

（二）薄木拼合方法及设备

薄木拼合是指将已裁切好的薄木单元，按设计要求拼合成相应的宽度、形状等。常用的薄木拼合方法包括热熔胶线拼接法、胶水拼接法、纸胶带拼接法等。

热熔胶线拼接法是最普遍的薄木拼合方法，它利用摆动的热熔胶线将两片薄木拼合起来。常见的热熔胶线木皮（单板）拼缝机分为自动式及手持式

（a）自动式

（b）手持式

图2-107 热熔胶线木皮（单板）拼缝机

两种，如图2-107所示。其中，自动式拼缝机效率较高（速度可高达50m/min），拼合质量好，但它只能对薄木进行纵向拼合，适用于大批量生产；手持式拼缝机操作方便，且对薄木的厚度要求较低，除纵向拼合外，还可用于拼花薄木的拼合，适用于小型工厂生产或木皮拼花。

胶水拼接法通常是将快速固化的热固性脲醛树脂胶涂于薄木侧边，在挤压辊和加热垫板作用下快速固化进行侧向胶拼。如图2-108所示，该设备为热固型胶水薄木拼缝机，它有顺纹拼接和横纹拼接两种类型。如图2-108（a）所示，顺纹薄木拼缝机配有预涂胶装置，可将裁切后的薄木直接进行拼接作业，其进料速度为20～50m/min；如图2-108（b）所示，横纹薄木拼缝机要另配涂胶机，即将裁切好的整叠木皮涂胶后再放到工作台上，它能自动连续地将木皮拼接成无限宽的大张木皮，还能根据设定尺寸自动将拼接后的木皮裁成所需的宽度，其生产效率更高且对薄木宽度无特殊要求，有利于提高薄木材料的利用率。

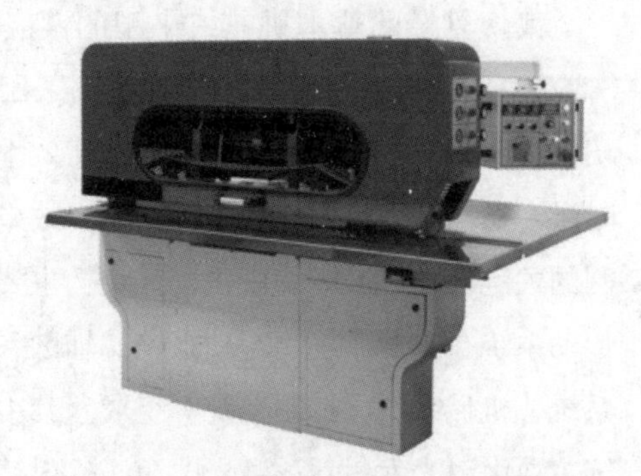

（a）顺纹拼接

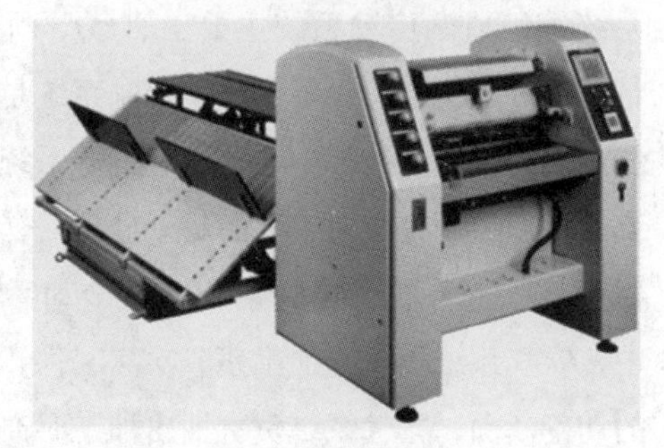

（b）横纹拼接

图2-108 热固型胶水薄木拼缝机

纸胶带拼接法利用纸胶带进行薄木拼接，其操作灵活，在薄木拼花方面应用尤为广泛。手工拼花用纸胶带是以牛皮纸为基材，用水溶性胶黏剂涂布烘干而成的，只需要在胶层表面涂适量的水即可产生良好的黏结强度。

（三）板件砂光设备

人造板在贴面前通常要经过定厚砂光处理，以消除厚薄不均和表面污渍，提高胶贴效果。板件砂光设备主要是砂光机，其类型及选用可参见第二章第六节内容。

（四）涂胶设备

基材在定厚砂光后、正式贴面加工前还要进行涂胶。板料涂胶设备有双面涂胶机、单面涂胶机和手持式涂胶机。

双面涂胶机及其工作原理如图2-109所示，其中，涂胶轮通常采用带沟槽的橡胶轮，操作时调节

（a）双面涂胶机

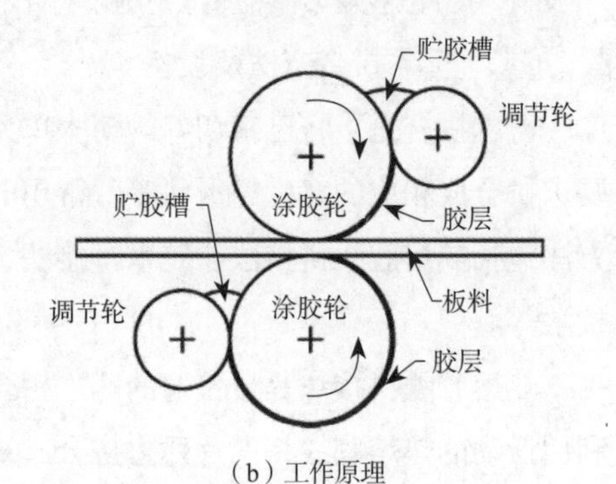

（b）工作原理

图2-109 双面涂胶机及其工作原理

轮则采用光洁的钢轮。操作时，涂胶量可通过调节轮与涂胶轮之间的间隙控制，板料的厚度则通过两个涂胶轮之间的距离控制，上下调节轮和涂胶轮都有相应的控制手柄。

单面涂胶机的工作原理与双面涂胶机相同，其结构只有双面涂胶机的上半部分。这种涂胶机宽度较大，常见的有2英尺（涂胶板宽630mm）和4英尺（涂胶板宽1250mm）等规格。这种涂胶机生产效率高，且涂胶表面均匀，涂胶量容易控制，是人造板贴面最常用的设备之一。

手持式涂胶机的涂胶轮通常为海绵胶轮，调节轮为带槽钢轮，涂胶时通过涂胶轮压向调节轮，带动调节轮转动，将上胶槽的胶液转移到涂胶轮上。手持式涂胶机操作灵活，但宽度较小（100～200mm），生产效率低，且涂胶量不易控制，主要用于小批量加工或补充涂胶。

（五）热压贴面设备

用于薄木压贴的热压贴面设备根据层数主要分为多层热压机和短周期贴面压机。

用于薄木贴面的多层热压机通常为3～5层，其结构主要由床身、液压系统、加热系统、控制系统等部分组成，如图2-110所示。在多层热压机中，床身通常由钢板或铸铁等高强度材料制成，具有足够的机械强度和刚度。同时，为了防止床身变形，在其内部设置了支承杆等结构。液压系统是热压机的核心组成部分，由油泵、电动机、油箱、液压阀门、滤清器和压力表等组成。通过液压传动，可以在短时间内产生高压，以实现对材料的压贴。保温板和加热元件通常固定在床身上，是热压机的加热部分。加热元件多采用电热管或电热板等方式，通过控制温度控制器来调整加热板的温度。控制系统包括电器控制柜、温度控制器、压力控制器等设备。操作人员对这些设备进行设置，以达到所需加工参数。工作时，它通过底部的多个油压缸对压板进行施力，压板温度通过控制系统精准调控，压板幅面一般为2500mm×1300mm。

图2-110 多层热压机

多层热压机压板结构如图2-111所示，为使板面各部位受力均匀，多层热压机通常在压板上包覆一层缓冲层。缓冲层一般用羊毛毡、耐热橡胶等弹性较好的材料，厚度为5～10mm，为提高缓冲层的导热性能，通常会在缓冲层中增加钢丝网等导热材料。与板面接触的表层为不锈钢薄板，厚度为2～3mm，既要保证板面平整，又要求有一定的柔韧性，保证紧贴板料，使板面受压均匀。

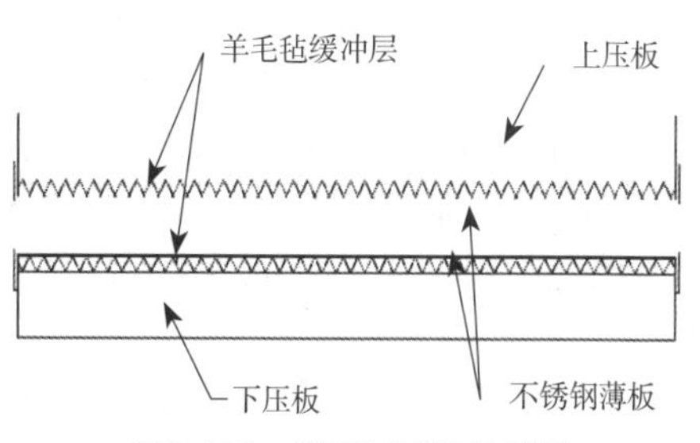

图2-111 多层热压机压板结构

由于多层热压机作业时需要人工上下料，因此生产效率相对较低，但其设备价格低廉，便于小规格板件的贴面加工，适用于大多数中小型家具生产企业或大型企业的辅助贴面加工。随着自动化水平的不断提升，多层热压机也朝着通过式自动上下料方向不断发展。图2-112所示为五层家具贴面生产线，该生产线主要包括龙门上料、双面除尘、单面

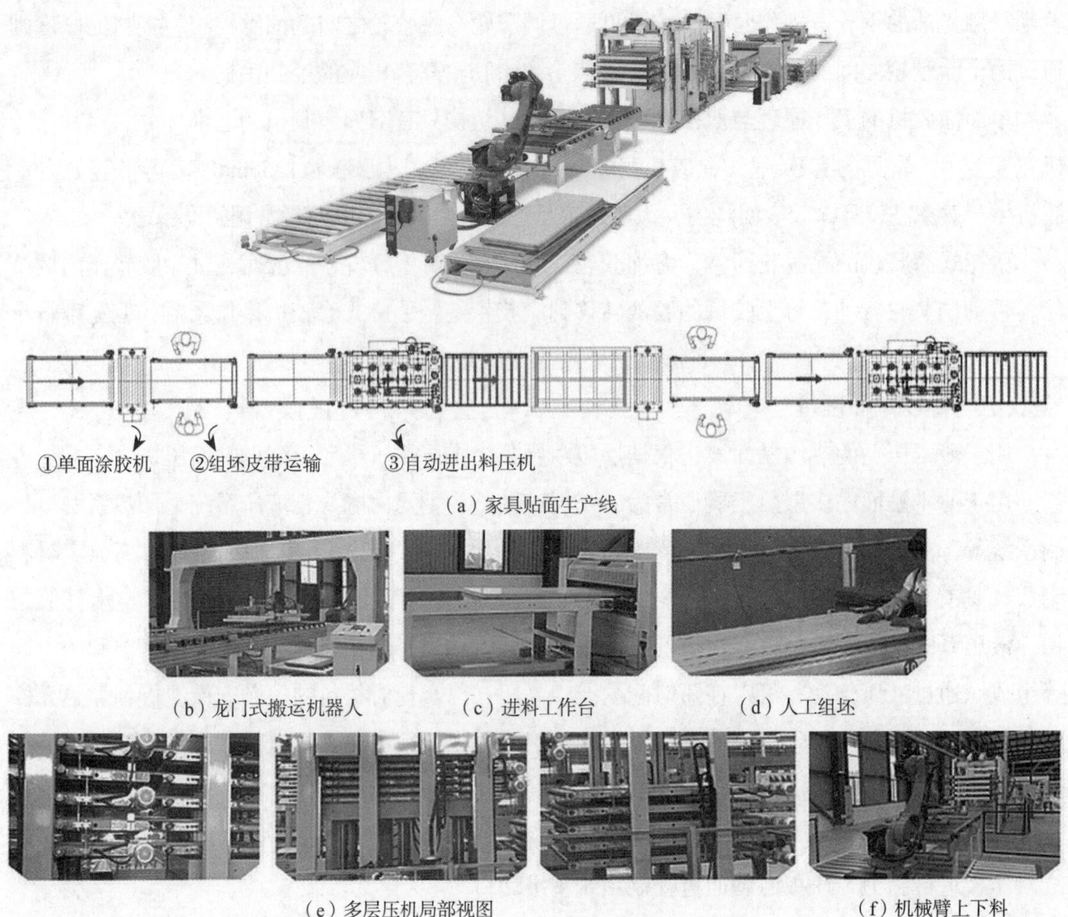

（a）家具贴面生产线

（b）龙门式搬运机器人　（c）进料工作台　（d）人工组坯

（e）多层压机局部视图　（f）机械臂上下料

图2-112　五层家具贴面生产线

自动涂胶、人工组坯、进料缓存仓、五层同时进料、热压胶合、同时出料以及机器人下料等工序。

短周期贴面压机为单层结构，加压油缸分布在设备上部，其结构主要由机架、液压系统、板坯运送装置、上下压板、压力保护装置、控制系统、加热系统、电气系统等组成。机架是短周期贴面压机承受作用力的主要部件，用于支承油缸、热压板、隔热垫等基本部件，并在工作中承受压机的总作用力，其结构主要包括型材焊接式和钢板框架式两种。液压系统主要由主油缸、提升油缸、液压站及液压管路等部件组成。液压系统压力的确定是根据加工件所需面压，计算出压机总压力；再根据总压力选择油缸的数量规格与液压泵的型号规格，然后确定液压系统压力。加热系统主要由加热炉、上下热压板、循环泵及管路等部件组成。加热炉是加热系统的热源部件，上下热压板内开有进出循环孔道，循环介质为导热油。加热炉加热提升导热油温度，通过循环提升上下热压板温度；压机闭合后，热量经过热压板传递到板坯组表面，然后再传递到板坯中央，促使胶黏剂固化。

目前，许多短周期贴面压机还配有板料自动扫描装置（光栅），可以自动感应板料的面积和在压机内的排列位置，从而自动计算并控制每个液压缸的压力，以达到保护设备的目的。短周期贴面热压机幅面大，可实现进料、扫尘、涂胶、热压及出料的自动控制，生产效率高，贴面质量好，但成套设备价格昂贵，适用于大批量生产的企业。短周期贴面在家具产品生产中，特别是板式家具生产中被广泛采用，用于对刨花板、中密度纤维板、胶合板等人造板表面进行覆贴薄木、浸渍纸等。家具表面短周期贴面生产线如图2-113所示。

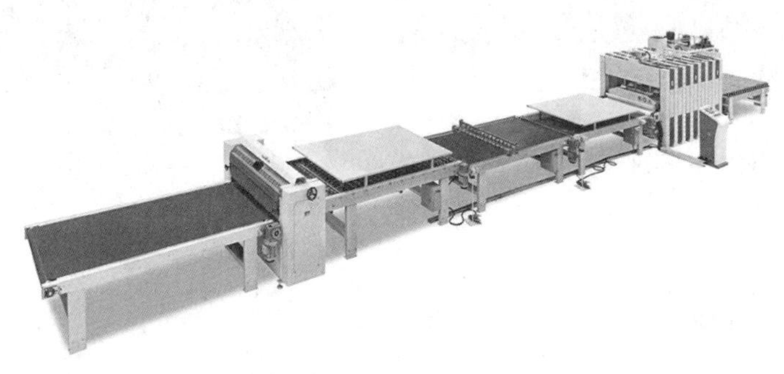

（a）家具表面短周期贴面生产线

（b）芯板涂胶

（c）人工组坯

（d）自动进料

（e）短周期压机压合

（f）自动出料

图2-113 家具表面短周期贴面生产线

二、人造装饰材料贴面工艺与设备

人造装饰材料贴面与薄木贴面的大体工艺路线相似，主要包括备料、除尘、涂胶、组坯、压贴等工序。根据胶合工艺的特点，贴面胶合也分为热压和冷压两种。一般人造饰面材料为成卷连续型的，幅面自由。相较于薄木贴面，人造装饰材料贴面免去了拼缝等工序，只需根据被贴面工件尺寸裁切即可；其余设备与薄木贴面设备类似。

对于PVC、PET以及PP等柔性材料装饰时，除了平贴工艺，还可采用真空覆膜机进行压贴，它也适用于成型板材的表面装饰。真空覆膜机采用真空负压作为设备的动力，利用加热系统加热软化膜材，通过真空将装饰材料吸覆在板件表面。真空覆膜机主要包括床身、上压板、覆膜气垫、下压板、真空系统、加热系统等部件。其工作原理如下：热压时，在覆膜气垫上腔充压，下压板内抽真空，覆膜气垫与覆面薄膜在等压力作用下包覆在工件表面，实现在异形工件的表面覆贴。真空覆膜机及其加工工件如图2-114所示。

(a) 真空覆膜机

(b) 加工工件

图2-114 真空覆膜机及其加工工件

三、包覆工艺与设备

包覆机适用于木质、铝塑型材、发泡材料等各种线条的表面上贴覆PVC、装饰油漆纸、实木皮等材料，用于门套线、踢脚线、扣板、窗帘杆、窗台、铝合金门窗、相框等表面贴覆生产。折弯板包覆线及其加工的产品，宽板包覆机及其加工的产品分别如图2-115和图2-116所示。包覆机的工作原理如下：采用各种成型压轮，模拟手工贴面动作，将表面装饰材料贴附于基材表面，一般选择型材的中心线、最高点或者最低点作为起点，将压轮沿型材表面轮廓，逐点、顺次固定位置，形成型材轮廓的包络线。包覆机一般分为冷胶和热胶两种类型。冷胶包覆机使用液体胶，液体胶有溶剂胶和水性胶两种，涂胶方式有刮涂和辊涂两种。易挥发的溶剂胶使用刮涂，胶箱便于密闭，防止包覆胶挥发。水性胶和挥发性小的溶剂胶一般使用辊涂，便于操作。热胶包覆机使用固体胶，在包覆机热胶箱内加热熔化后使用，一般包覆胶加热温度为220℃左右，适用于贴覆实木皮和装饰油漆纸。

(a) 折弯板包覆线

(b) 加工产品

图2-115 折弯板包覆线及其加工产品

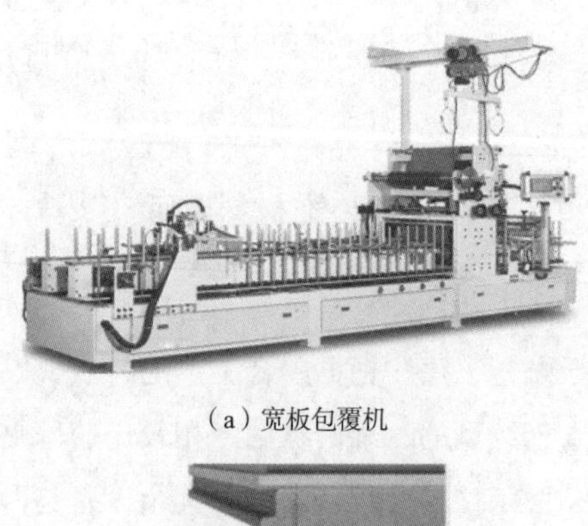

(a) 宽板包覆机

(b) 加工产品

图2-116 宽板包覆机及其加工产品

第十二节 涂装设备

木家具白坯都要进行表面装饰，才能作为成品供消费者使用。木家具装饰的目的主要包括保护和美化。目前，木家具表面装饰的方法很多，根据类型的不同，可以分为贴面、涂饰和特种艺术装饰三大类。

涂饰是按照一定工艺程序将涂料涂布在木家具表面，并形成一层漆膜。涂饰工艺就是木材表面处理、涂料涂饰、涂层固化以及漆膜修整等一系列工序的总和。木家具表面所形成的漆膜是由多层涂层组成的，每层涂层因所使用的材料性能差别，采用相应不同的涂饰方法进行施工，使形成的漆膜达到要求的质量标准。涂饰方法一般分为手动涂饰和机械涂饰两类。其中，机械涂饰包括喷涂、辊涂、淋涂等，主要采用各种机械设备进行涂饰，是木家具生产中常用的方法。其生产效率高、涂饰质量好、可组织机械化流水线生产、劳动强度低，但设备投资较大。本节将介绍涂饰的典型工艺及其设备类型。

一、喷涂工艺与设备

（一）喷涂工艺

喷涂是使用液体涂料雾化成雾状喷射到木家具表面上形成涂层的方法。根据涂料雾化的原理不同，可分为空气喷涂、无气喷涂、静电喷涂和粉末喷涂。

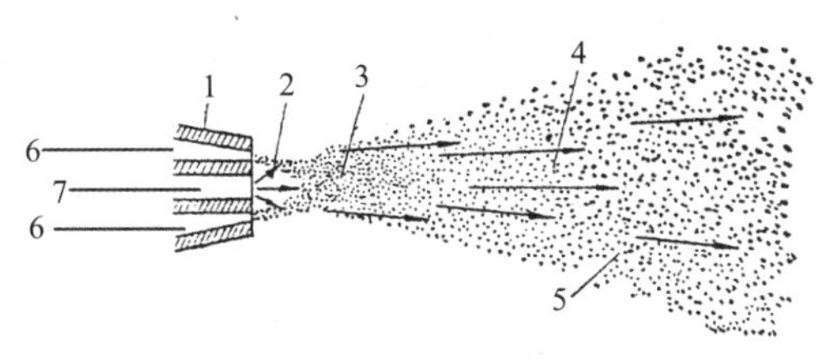

1—喷头；2—负压区；3—剩余压力区；4—喷涂区；5—雾化区；6—压缩空气；7—涂料。

图2-117 空气喷涂形成的涂料射流

1．空气喷涂

空气喷涂是利用压缩空气通过喷枪的空气喷嘴高速喷出时，使涂料喷嘴前形成圆锥形的真空负压区，在气流作用下将涂料抽吸出来并雾化后喷射到木家具表面，以形成连续完整涂层的一种涂饰方法，又称气压喷涂。空气喷涂形成的涂料射流如图2-117所示。空气喷涂是机械涂饰方法中适应性较强、灵活性较高、应用较广的一种方法。空气喷涂设备工作系统如图2-118所示，主要包括喷枪、空气压缩机、贮气罐、油水分离器、压力漆筒、喷涂室以及连接软管等组成。

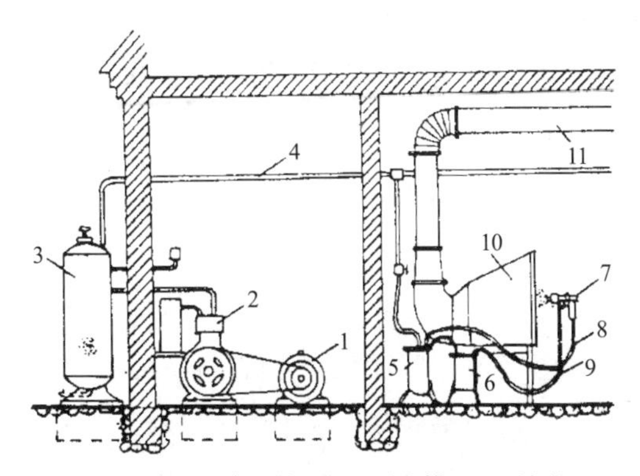

1—电机；2—空气压缩机；3—贮气罐；4—进气管；5—油水分离器；6—压力漆筒；7—喷枪；8，9—连接软管；10—喷涂室；11—排气管。

图2-118 空气喷涂设备工作系统

2．无气喷涂

无气喷涂是靠密闭容器内的高压泵压送涂料，使涂料本身增至高压（10 ~ 30MPa），通过喷枪喷嘴喷出，立即剧烈膨胀而分散雾化成极细的涂料微粒，喷射到工件表面形成涂层。由于涂料中不混有压缩空气而本身压力又很高，所以又称高压无气喷涂。无气喷涂设备工作系统如图2-119所示，其设备主要由高压泵、蓄压器、过滤器、高压软管、喷枪等组成。

无气喷涂的优点如下：

❶ 涂料喷出量大、喷涂效率高。

❷ 无空气参与雾化、喷雾损失小、涂料利用率高（可达80%~90%）、环境污染轻、涂饰质量好。

❸ 不受被涂表面形状限制、应用适应性强。

❹ 喷涂压力大、可喷涂黏度较高的涂料，一次喷涂可获得较厚的涂层。

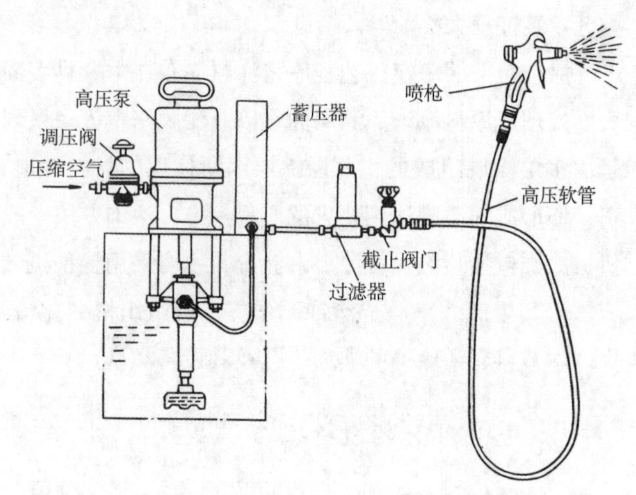

图2-119 无气喷涂设备工作系统

无气喷涂的缺点如下：

❶ 每种喷嘴的喷雾幅度和喷出量是一定的，无法调节，只有更换喷嘴才能达到调节的目的。

❷ 喷涂含有大量体质颜料的底漆时，颜料粒子易堵塞喷嘴。

3．静电喷涂

静电喷涂是利用电晕放电现象和正负电荷相互吸引原理，将喷具作为负极使涂料微粒带负电荷，被涂饰工件接地作为正极使其表面带正电荷，在喷具与被涂饰工件间产生高压静电场，使涂料微粒被吸附、沉积在被涂饰工件表面上形成涂层，其设备工作系统如图2-120所示。

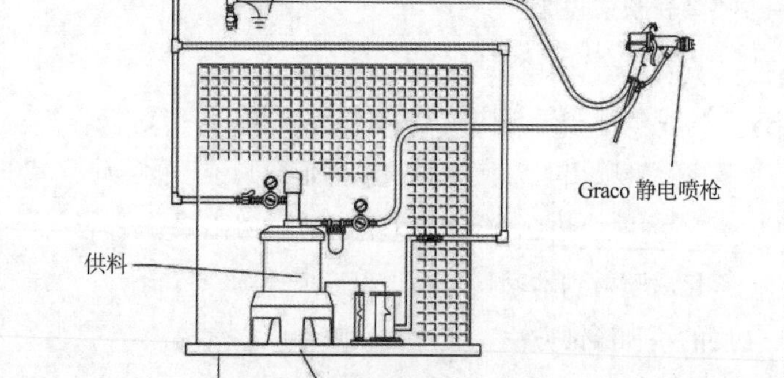

图2-120 静电喷涂设备工作系统

静电喷涂的优点如下：

❶ 涂装施工条件好、环境污染小。

❷ 涂料与喷涂表面正负电荷相互吸引、无雾化损失、涂料利用率高（90%以上）。

❸ 涂饰效率高、易于实现自动化流水线喷涂作业、适于大批量生产。

❹ 涂层均匀、附着力和光亮度高、涂饰质量好。

❺ 通风装置简化、电能消耗少。

❻ 对某些制品（尤其是框架类）的涂饰适应性强、效益显著。

静电喷涂的缺点如下：

❶ 高压电的火灾危险性大，须有可靠的安全措施。

❷ 形状复杂的制品很难获得均匀涂层（一般凸出及尖端处厚、凹陷处薄）。

❸ 对所用涂料与溶剂、木材制品都有一定的要求（适宜的涂料黏度为18～30s，电阻率为5～50MΩ·cm，木材含水率在8 %以上时其导电性适宜静电喷涂）。

4．粉末喷涂

粉末喷涂是以紫外粉末、红外或紫外固化炉以及先进的粉末循环系统为基础，采用低熔点UV固化粉末涂料和静电喷涂设备对木质材料表面进行喷涂，以形成一个均匀的涂层。粉末喷涂的工艺流程一般包括工件清除粉尘、工件预热、喷涂粉末涂料、粉末加热固化、工件冷却等。粉末喷涂生产线由输送设备（链条悬挂式）、前处理设备（除尘、预热）、喷涂设备（手动或自动喷粉枪、静电发生器、供粉桶、喷涂室、回收装置）、固化设备（风机、风道、风幕、加热炉、室体）、冷却设备（风机、风嘴、风道、室体）、电器控制系统等组成，其设备工作系统如图2-121所示。

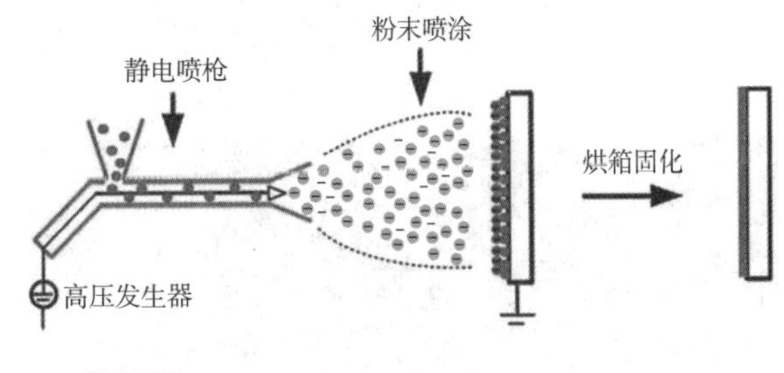

图2-121　粉末喷涂设备工作系统

粉末喷涂的优点如下：

❶ 采用紫外固化的粉末涂料，固含量为100%，不含挥发性物质，对环境友好。

❷ 采用较低的加热温度（一般最高为120℃）和较短的加热时间（熔化和固化时间为3min），减少了木质材料中水分的蒸发，避免了材料的表面变形和开裂。

❸ 粉末涂料在100～120℃即可熔化流动，可形成厚度不到1mm（一般为0.06～0.08mm）的耐用的涂层，特别适合于中高密度纤维板和形状复杂特异表面的涂饰。

❹ 95%～99%的过量粉末涂料可以回收，并能循环使用，粉末喷涂不用着底漆，如果喷涂得不理想，在固化前可将其吹掉，重新喷涂。

❺ 喷涂设备十分紧凑，一般只需喷涂一次（最多两次）即可达到要求涂层，可实现自动化操作。

❻ 因无溶剂而不产生漆膜沉积物，喷涂后的表面呈化学惰性，机械强度好，为产品表面和外观设计提供了更多的可能性。

（二）喷涂设备

目前，家具表面喷涂多采用机械设备、机械手或机器人等自动化、智能化设备替代人工方式进行喷涂工作。其设备类型主要包括固定式喷涂设备、往复式自动喷涂设备、智能喷涂机器人等。各类设备自由组合，可形成自动化喷涂生产线，其特点是速度快、效率高，而且喷涂均匀、品质好，适合代替人工进行大批量产品的喷涂。

1. 固定式喷涂设备

固定式喷涂设备如图2-122所示，它是为相关家具零部件表面自动喷涂设计的，其原理就是把喷枪固定起来，根据工艺要求进行喷涂。当喷涂大量相同类型的工件时，它具有设备相对简单、调整次数少等优势，并且随着产量的增加，单件的劳动力成本和能量消耗也减少。小批量生产时，其能耗极高，若工件不能达到一定量，则喷涂成本会增加几倍甚至几十倍。因此，它仅适用于喷涂一定体积和形状规格范围内的工件，不能喷涂不规则形状或尺寸不合适的工件。固定式喷涂设备只能对产品进行定点喷涂，适合批量大、外形一致的产品（如木线条、地板、木门等）的表面涂装，产品换型后需要重新调整喷头位置和组合形式。固定式喷涂设备通过地台、悬挂、辊筒、皮带等输送设备以及干燥、固化、废气处理等系统组成连续式自动喷涂生产线。该生产线的功能集地面自动输送、自动喷涂、自动烘干系统为一体，还包含涂装车间净化、室内制冷、二次废气处理等系统。

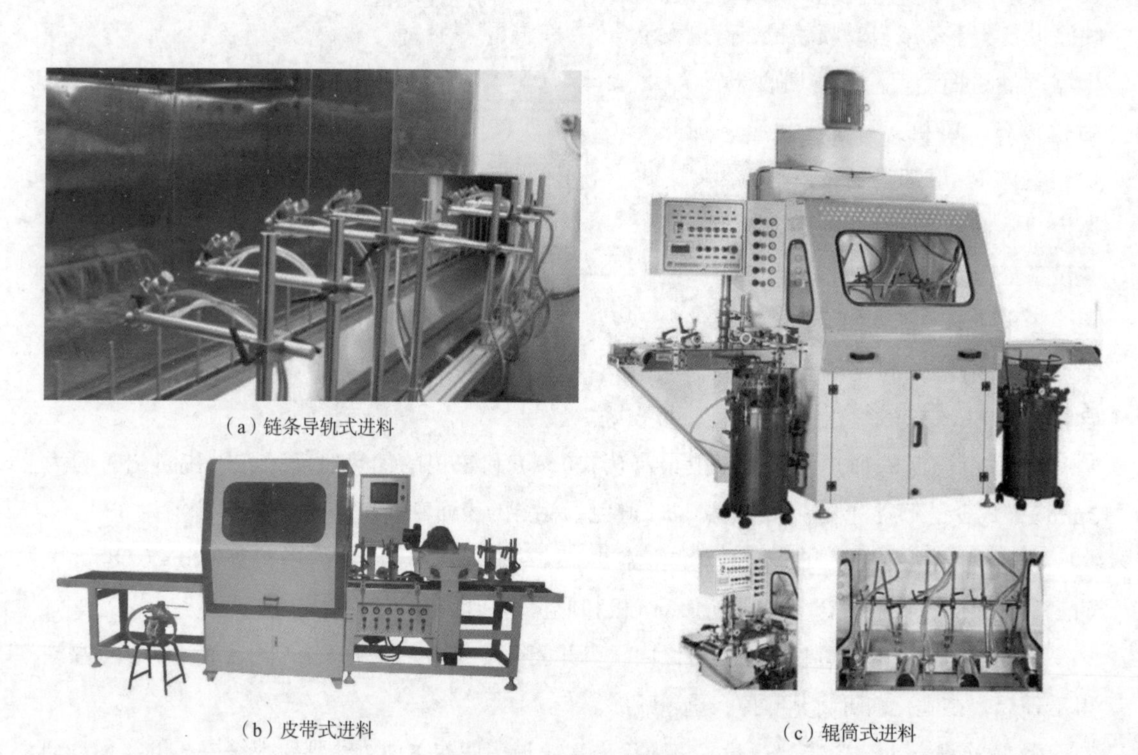

（a）链条导轨式进料

（b）皮带式进料

（c）辊筒式进料

图2-122 固定式喷涂设备

2. 往复式自动喷涂设备

往复式自动喷涂设备是将一个或多个喷枪安装在机头上，通过机头沿着机架上横梁或垂直机架做水平或垂直往复运动（即水平往复式自动喷涂设备和垂直往复式自动喷涂设备，分别如图2-123和图2-124所示），对产品进行喷涂。它适合批量大、表面近似平面的产品表面的喷涂。随着人工智能（AI）技术和自动识别技术的不断成熟和产业化应用，部分往复式自动喷涂设备还可根据识别的结果，调节往复运动的幅度及喷枪距被喷涂工件的距离，自动规划喷涂路径，减少无效喷涂，确保喷涂效率和效果。往复式自动喷涂设备可以与前置的砂光机、粉尘清除机、工件进给设备以及后续的漆膜干燥设备等联线，组建成往复式喷涂+多层干燥涂装线，如图2-125所示，其工艺流程如图2-126所示。

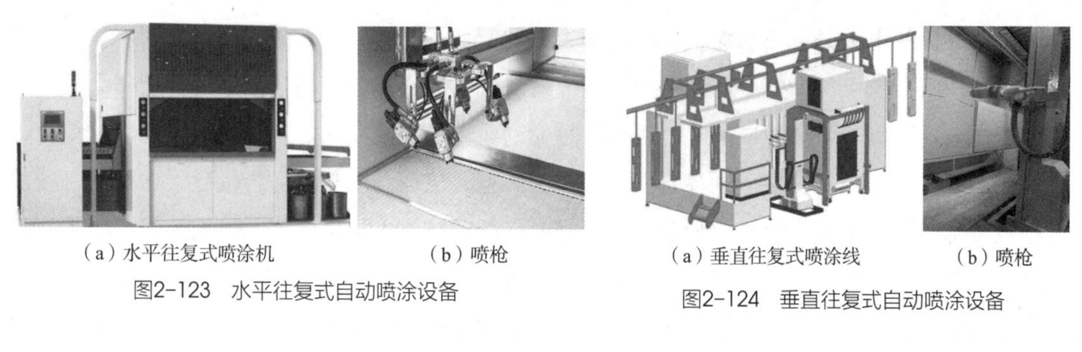

（a）水平往复式喷涂机　（b）喷枪

图2-123　水平往复式自动喷涂设备

（a）垂直往复式喷涂线　（b）喷枪

图2-124　垂直往复式自动喷涂设备

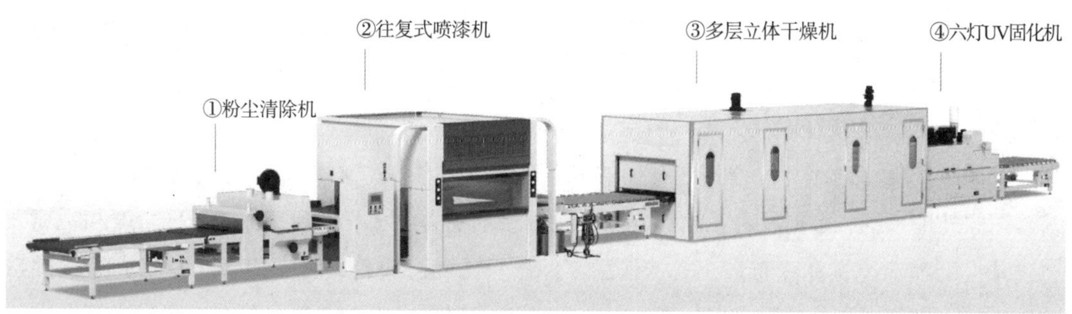

图2-125　往复式喷涂+多层干燥涂装线

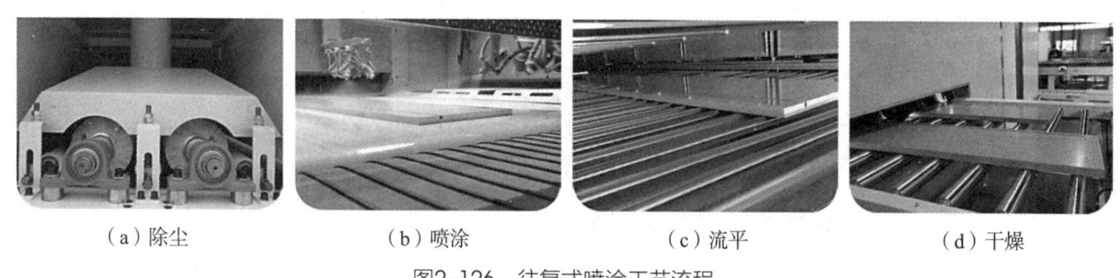

（a）除尘　（b）喷涂　（c）流平　（d）干燥

图2-126　往复式喷涂工艺流程

相较于人工喷涂，往复式自动喷涂的优势如下：

❶ 喷涂品质更好。自动喷涂设备可精确按照轨迹进行喷涂，无偏移控制喷枪启动，能够确保指定的喷涂厚度，把偏差量控制在最小范围内。

❷ 节约涂料。能够减少喷涂和喷剂的浪费，延长过滤装置寿命。一般来说，自动喷涂相较于人工喷涂可减少30%的油漆消耗。

❸ 降低人工成本。通常在同等产能的情况下，至少可降低50%的人工成本。

❹ 效率更高。相较于人工喷涂，自动喷涂设备可靠性更好，其平均无故障时间极长，可每天连续工作。

然而，往复式自动喷涂也存在一定的不足：

❶ 前期资金投入大。往复式自动喷涂线、辅助设备等价格较高。

❷ 柔性化生产程度低。在涂装过程中，对家具工件形状变化的适应性低。

❸ 运转的能耗高。往复式自动喷涂多适用于平面喷涂，且要求企业具备一定的产能。

3. 智能喷涂机器人

智能喷涂机器人是利用喷涂机器人模仿人手和臂部的某些动作功能，用以按固定程序对产品和工件进行自动喷涂。在全球制造业劳动力短缺、劳动环境改善的背景下，智能喷涂机器人作为智能制造领域的重要组成部分，正越来越受到业界的关注。智能喷涂机器人可通过编程、建模、示教以及人工智能等形式控制喷涂过程。编程、建模和示教仅适合批量大、规格一致的产品或零部件的表面喷涂，其中编程和建模需要专门的技术人员。建模无法把控喷漆的距离和角度，需要多次修正，且建模费用非常高。示教再现式喷涂机器人需要由专业的喷漆人员模拟喷漆一次，否则无法喷好；它适合批量规格一致、立体类产品的喷涂。近年来，人工智能喷涂不断发展与进步，通过3D激光扫描系统+人工智能算法，可对被喷涂对象进行外形扫描和图像识别，自动规划出喷涂方案，自动调整机械手喷枪运动的幅度、喷枪距被喷涂对象的距离、喷涂路径与次数，能够有效减少无效喷涂，具有生产效率高、自动化程度高、油漆利用率高等优点，同时降低了对编程、建模等操作的人工依赖。其中，3D视觉系统主要包括图像采集系统、图像处理系统、数据发送系统。人工智能喷涂系统集成了喷枪到工件的最佳角度和距离，通过预设的喷涂配方和涂布量，对于任意工件，只需随意放料即可完成。这些集成的软件系统，经过收集不同产品喷涂数据，通过多年的验证运算完成积累，配合深度学习算法等先进技术，还能够进一步保障喷涂质量与效率。

智能喷涂机器人的整体特点如下：

❶ 可实现柔性化生产。工作范围广，可持续升级更新更加智能的软件系统；可实现面及外边、凹槽、内侧等精确喷涂作业；可实现多品种混线连续进料生产；可实现加厚工件不同高度喷涂作业；可实现较复杂工件的喷涂工艺。

❷ 能够提高喷涂质量和材料使用率。3D视觉+人工智能喷涂系统使喷涂轨迹精确，提高涂膜的均匀性等外观质量。精准轨迹喷涂能够降低喷涂材料的损耗，提高材料利用率，能够有效解决往复式自动喷涂设备对边和凹槽部分喷涂质量不佳的问题。

❸ 易于操作和维护。3D视觉系统配合人工智能喷涂系统软件，无须用户编程，大大缩短了现场调试时间；模块化结构设计大大缩短了维护时间。

❹ 设备利用率高。智能喷涂机器人利用率可达90%～95%，远远高于往复式自动喷涂设备利用率。

❺ 机器人喷涂区间采用现场总线控制，与周边设备以及MES等系统实现无缝对接。喷涂上位机系统对喷涂配方自动管理；喷涂系统对生产记录，设备状态自动记录。

智能喷涂机器人的未来发展趋势如下：

❶ 随着人工智能技术的不断发展，喷涂机器人将更多地应用人工智能技术，实现更加智能化、自主化的喷涂作业。例如，通过应用深度学习、机器视觉等技术，喷涂机器人可以实现自我学习和自我优化，不断提高喷涂质量和效率。

❷ 喷涂机器人将实现更加紧密的协同作业，进一步提高生产效率和质量。多个喷涂机器人可以通过无线网络连接，实现信息共享和协同工作，完成各种复杂的喷涂任务。此外，多个机器人还可以进行多角度、多层次的喷涂作业，提高喷涂效率和均匀性。

❸ 喷涂机器人将采用更加高效节能的喷涂技术，实现更低能耗、更少废弃物、更环保的喷涂作业。例如，采用水性涂料、紫外光固化涂料等环保材料进行喷涂作业，减少对环境的污染和对人体的危害。

❹ 喷涂机器人将更多地采用定制化与模块化设计，满足不同客户和不同应用场景的需求。通过将机器人本体与控制系统分离，实现不同厂家、不同型号的机器人之间的互换与兼容，提高机器人的可维护性和可扩展性。

目前，家具产品油漆工艺中所用的机器人类型主要包括底座固定型涂装机器人（图2-127）和吊装式涂装机器人（图2-128）。其中，吊装式涂装机器人的吊装位置分为斜挂、吊挂、侧挂。采用不同的吊装方式，是为了利用最短的臂距，实现连续喷涂的最大范围。此外，为了扩展喷涂范围和提升喷涂速度，需要在六轴喷涂机器人的基础上增加第七轴轨道，如图2-129所示。喷涂范围取决于轨道的长短。

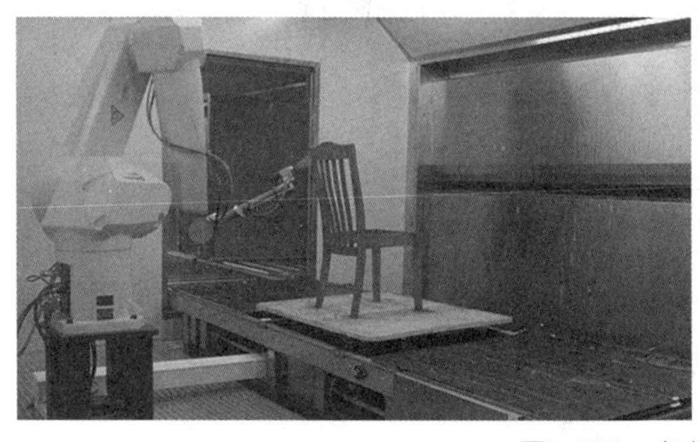

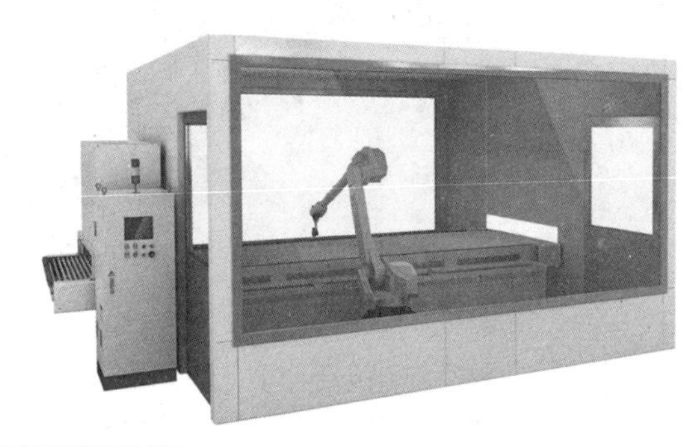

图2-127 底座固定型涂装机器人

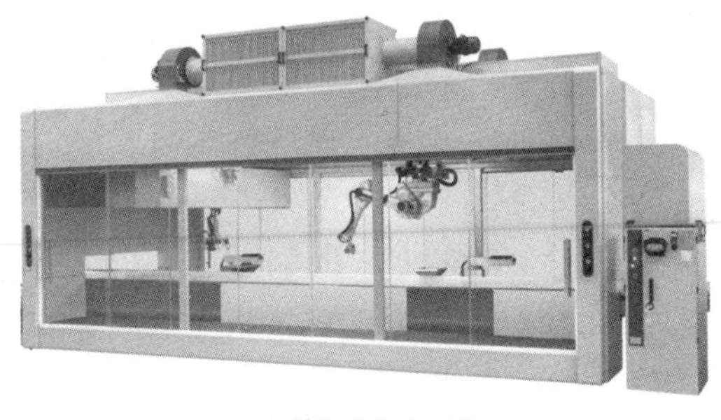

（a）吊装式涂装机器人

斜挂

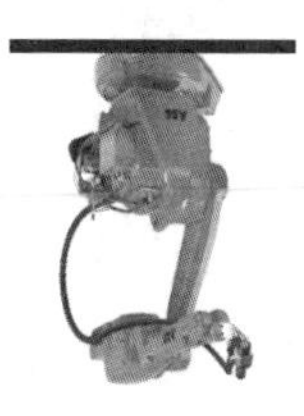

吊挂

侧挂

（b）三种吊装位置

图2-128 吊装式涂装机器人及其三种吊装位置

4．粉末喷涂设备

粉末喷涂生产线主要包括工件预热设备、粉末喷涂设备、粉末加热固化设备等。其中，粉末喷涂设备和粉末加热固化设备分别如图2-130（a）和图2-130（b）所示，典型生产线设备配置如图2-131所示。

图2-129 六轴喷涂机器人加装移动轴（第七轴轨道）

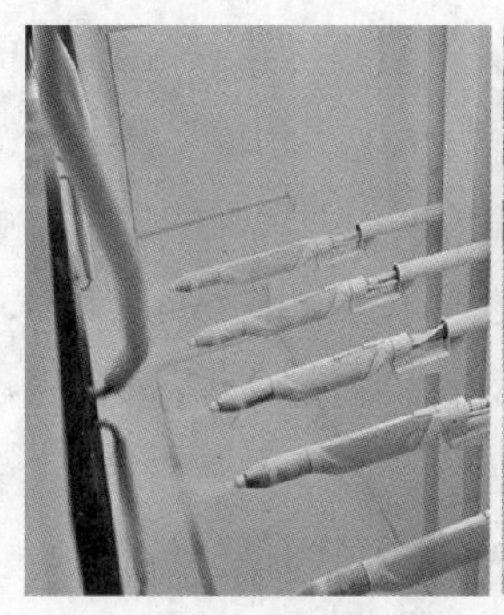

（a）粉末喷涂设备

（b）粉末加热固化设备

图2-130 粉末喷涂设备和粉末加热固化设备

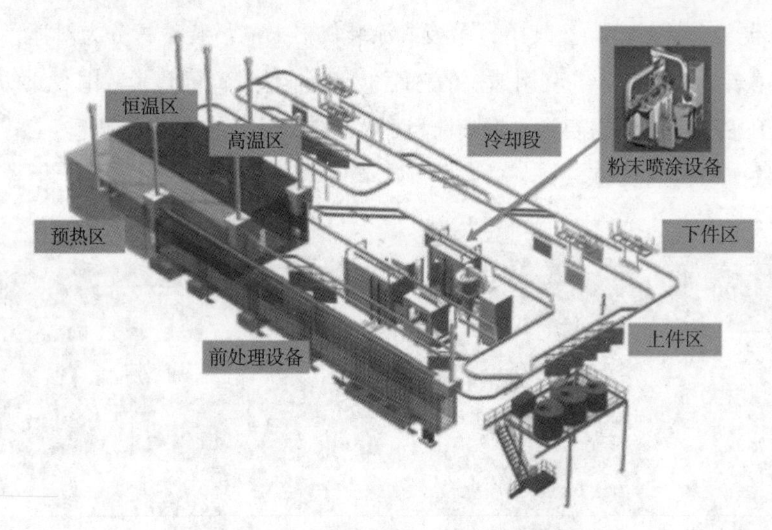

图2-131 粉末喷涂典型生产线设备配置

二、辊涂工艺与设备

（一）辊涂工艺

辊涂是指在被涂工件从若干个组合好的、转动着的辊筒之间通过时，将黏附在辊筒上的液态涂料部分或全部转涂到工件表面上而形成一定厚度的连续涂层的涂饰方法。

辊涂的主要优点如下：

❶ 适用于板式部件连续通过式流水线涂饰。

❷ 传送带载送工件，一次通过便形成完整涂层，生产效率高。

❸ 适宜于黏度较高的各类涂料（各种清漆、色漆、填孔剂、填平剂、着色剂、底漆等），常用于板件的填孔、填平、着色和涂底等，涂层均匀、涂饰质量好。

❹ 基本无涂料损失，涂饰环境好。

辊涂的主要缺点如下：

❶ 要求被涂工件有较高的尺寸精度和标准的几何形状，不能涂饰带有沟槽和凹凸的工件以及整体制品。

❷ 对涂布辊表面的橡胶材质和硬度要求较高。

❸ 仅常用于工件的填孔、填平、着色、涂底和一般面漆的涂饰。

（二）辊涂设备

各类辊涂设备的主要结构类似，常由辊筒（拾料辊、定量辊、涂布辊、进料辊等）、辊筒驱动装置、工件进给装置、刮板、涂料槽、输漆泵等组成。

辊涂设备可分为顺转辊涂机（顺涂）和逆转辊涂机（逆涂）两种。前者涂布辊的旋转方向与被涂工件的进给方向一致；后者涂布辊的旋转方向与被涂工件的进给方向相反。其辊涂原理分别如图2-132（a）和图2-132（b）所示。根据涂布辊数量的不同，辊涂设备分为单辊辊涂机和双辊辊涂机，如图2-133所示；根据送料装置类型的不同，又可分为皮带进给与辊筒进给两种，如图2-134所示。典型的辊涂生产线设备配置如图2-135所示。

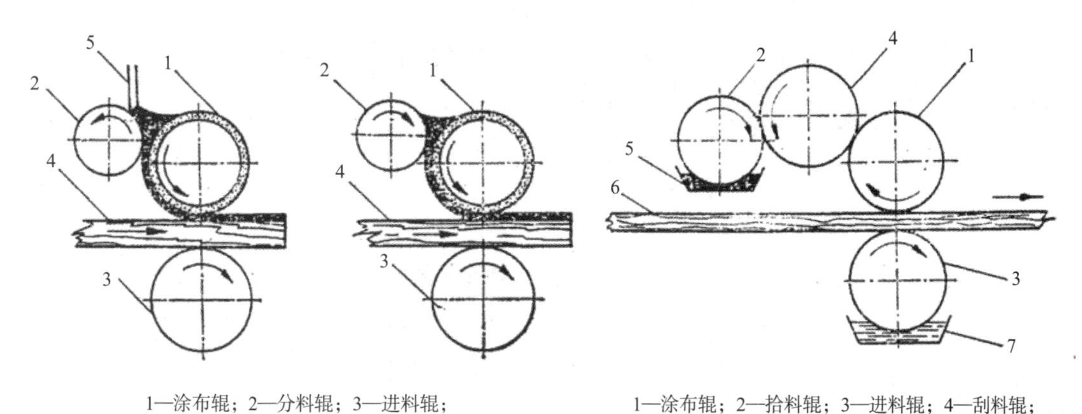

1—涂布辊；2—分料辊；3—进料辊；4—工件；5—刮刀。

（a）顺转辊涂机

1—涂布辊；2—拾料辊；3—进料辊；4—刮料辊；5—涂料槽；6—工件；7—洗涤剂槽。

（b）逆转辊涂机

图2-132　顺转辊涂和逆转辊涂原理

（a）单辊辊涂机　　（b）双辊辊涂机

图2-133　不同涂布辊数量的辊涂机

（a）皮带进给辊涂机

（b）辊筒进给辊涂机

图2-134 不同类型送料装置的辊涂机

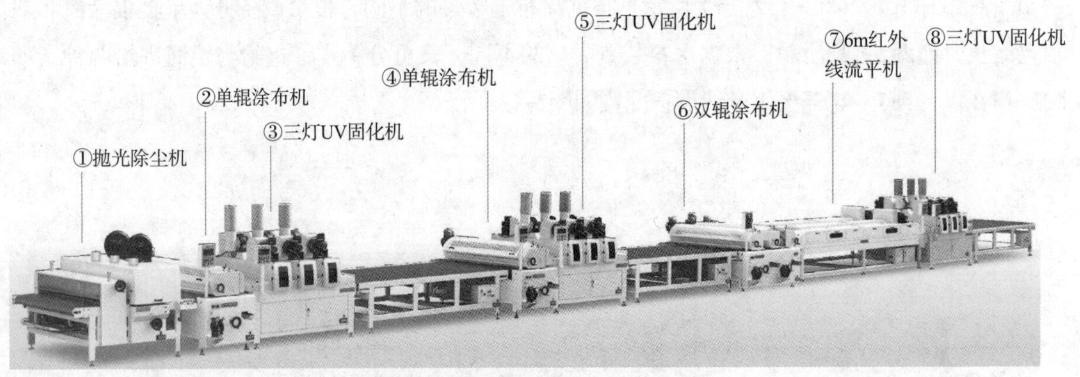

图2-135 典型的辊涂生产线设备配置

近年来，涂饰类别中的肤感亚光涂饰，因其细腻丝滑的触感以及柔和雅致的极亚无光的观感，且其具有防指纹、不粘手、抗污、耐刮、可修复、环保无味等优点，因而广受消费者青睐。肤感亚光涂饰是利用准分子灯技术在惰性气体的环境下促成油漆分子间的自动排列，UV涂料配方中的丙烯酸酯双键在吸收利用真空紫外线产生的172nm紫外线光后，可生成自由基而无须光引发剂，在这种强紫外线光的影响下，液态黏合剂组分在不到1s内即可交联为固态干燥涂层，形成肤感效果涂层。其生产线配置如图2-136所示。

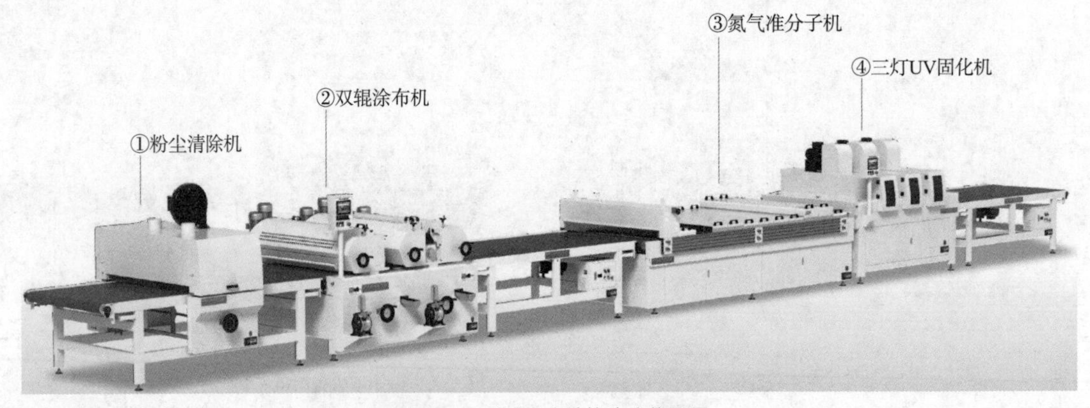

图2-136 肤感亚光涂饰生产线配置

三、淋涂工艺与设备

（一）淋涂工艺

淋涂是指用传送带以稳定的速度载送零部件，通过淋漆机淋漆头连续淋下的漆幕时，使零部件表面被淋盖上一层涂料而形成涂层的方法。淋涂的涂饰质量与许多因素有关，如涂料种类、涂料黏度、涂料压力、机头底缝宽度、传送带速度、机头到被涂表面距离、淋漆量等。在实际生产中应合理地综合选择并确定适宜的工艺条件。

淋涂的主要优点如下：

❶ 适用于板式部件涂饰，可实现连续流水线生产。

❷ 传送带载送工件漆幕淋涂，一次通过便形成完整涂层，生产效率高。

❸ 无漆雾损失、漏余涂料可回收再利用、涂料损耗很少。

❹ 漆膜连续完整、厚度均匀、涂饰质量好。

❺ 淋漆设备操作维护方便。

淋涂的主要缺点如下：

❶ 不适合涂饰带有沟槽和凹凸大的工件以及形状复杂的或组装好的整体制品。

❷ 不适合涂饰小批量生产的工件。

❸ 不能涂饰很薄（30μm以下）的涂层。

（二）淋涂设备

淋涂设备是指各种淋漆机，如图2-137所示，主要由淋漆机头、贮漆槽、涂料循环系统和传送装置等组成。根据漆幕形成方式的不同，淋漆机可分为底缝成幕、斜板成幕、溢流成幕和溢流斜板成幕等。典型的淋涂生产线设备配置如图2-138所示。

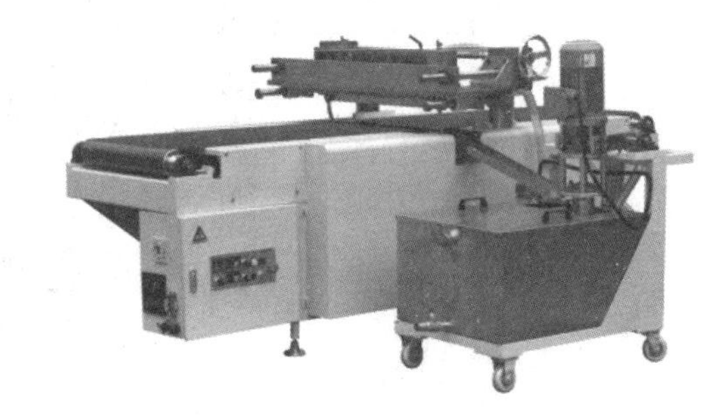

图2-137 淋漆机

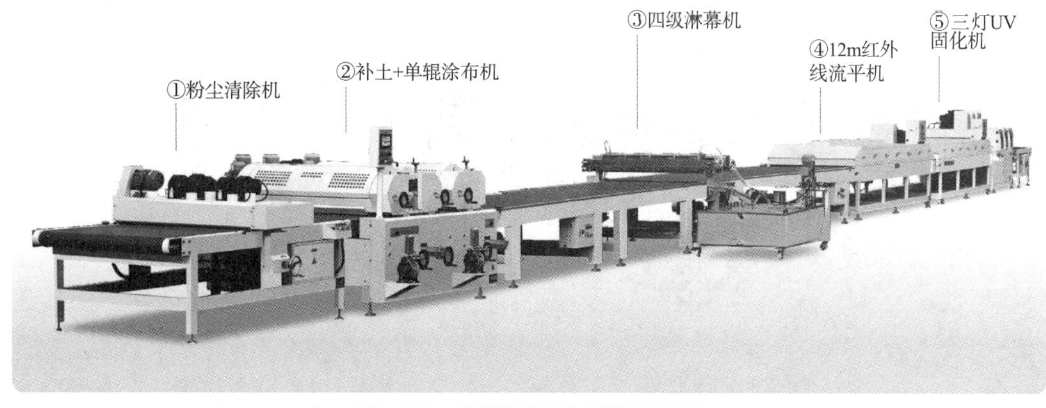

图2-138 典型的淋涂生产线设备配置

第十三节　装配设备

家具产品是由若干个零件或部件接合而成的，装配是家具产品制造过程或使用前必不可少的工序之一。所谓装配，就是按照设计图纸和技术条件的规定，使用手动工具或机械设备，将零件接合成为部件或者将零部件接合成完整产品的过程。

家具产品装配设备主要由加压装置、定位装置、定基准装置以及加热装置等部分组成。加压装置是对零部件施加足够的压力，在零部件之间取得正确的相对位置之后，使其紧密接合。根据加压方向的不同，加压装置可分为单向、双向和多向加压。根据压力来源的不同，可分为电力、人力、液压和气压设备等。目前，主流使用的加压压力来源是液压和气压。图2-139（a）和图2-139（b）所示分别为液压式家具柜体装配设备和气压式家具柜体装配设备；人力加压的装配设备主要是一些手动夹具。根据使用范围的不同，装配设备可分为箱体加压设备、木框加压设备。根据工件摆放姿态的不同，可分为平台式和斜面式单面木框装配设备，如图2-140所示。根据工作台面数量的不同，可分为单面和双面木框装配设备，如图2-141所示，其中，双面木框装配设备在一面加压的过程中，可以进行另一面的操作，效率更高。

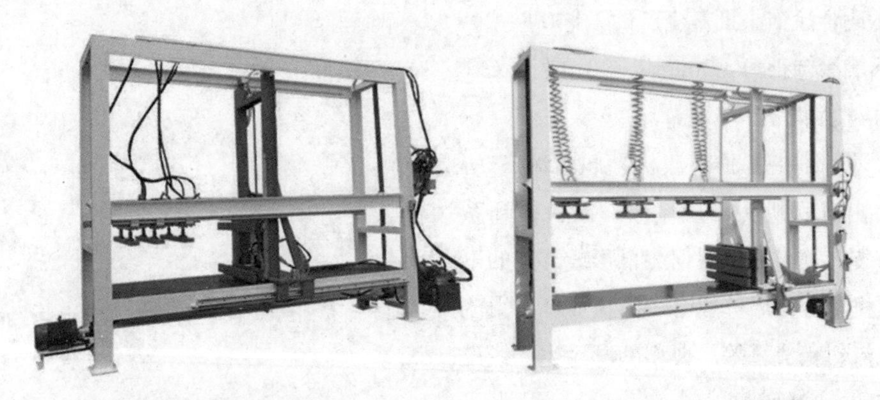

（a）液压式家具柜体装配设备　　（b）气压式家具柜体装配设备

图2-139　不同压力来源的装配设备

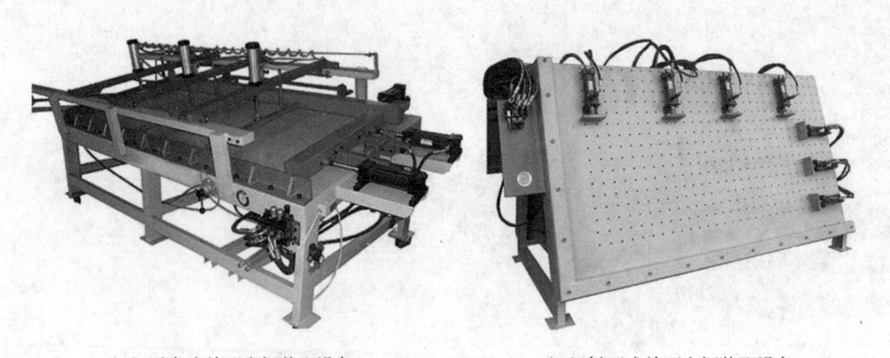

（a）平台式单面木框装配设备　　（b）斜面式单面木框装配设备

图2-140　不同工件摆放姿态的装配设备

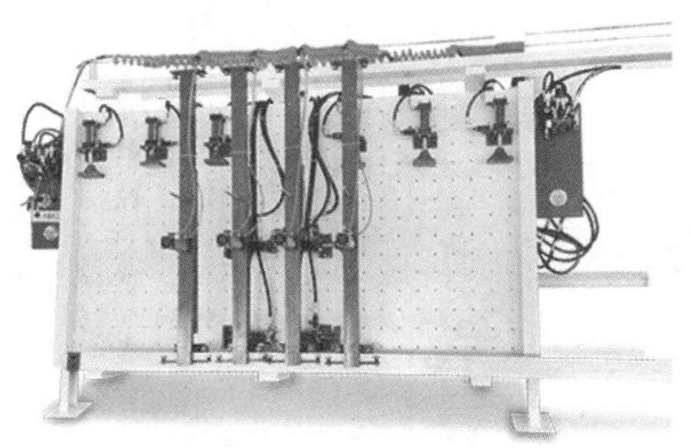

（a）单面木框装配设备

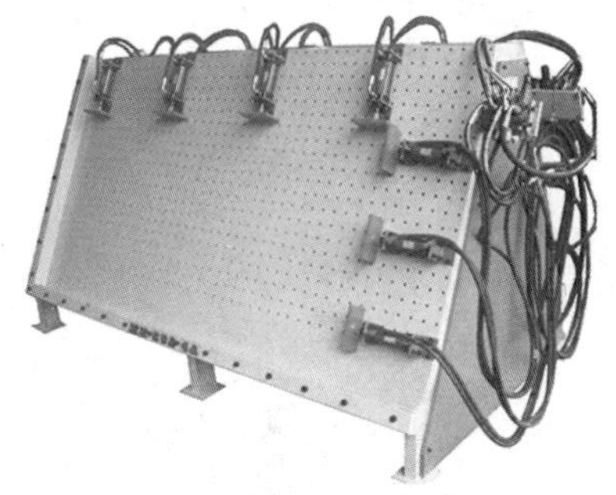

（b）双面木框装配设备

图2-141 不同工作台面数量的装配设备

定位装置就是保证在装配前确定好零件之间的相互位置。定位机构一般采用挡板（块）或导轨等结构。根据定位位置的不同，定位装置又分为外定位和内定位两种，若装配件最终尺寸精度要求在内部时，则采用内定位；反之，采用外定位。

加热装置用于加热接合处，促进胶黏剂快速固化，提高装配效率。目前，高频加热是应用最为广泛的一种。其结构类型和普通不带加热功能的加压设备类似，也分为平台式和斜面式；其加热方式为木框加热组合和箱体加热组合。为了适应流水线式加工，目前还有一些通过式的高频加热组框设备，可用于拼板加工及木门、衣柜组装等场合，如图2-142至图2-144所示。

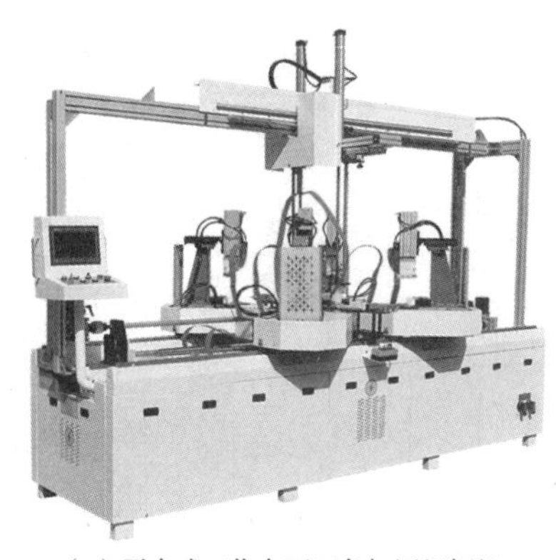

（a）平台式工作台面四角加压组框机

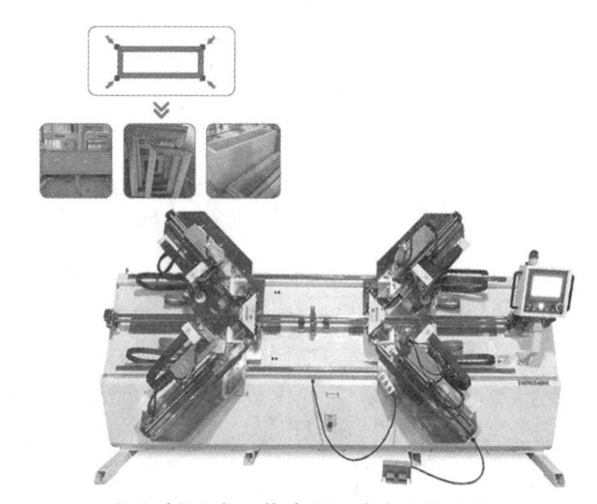

（b）斜面式工作台面四角加压组框机

图2-142 高频加热四角加压组框机

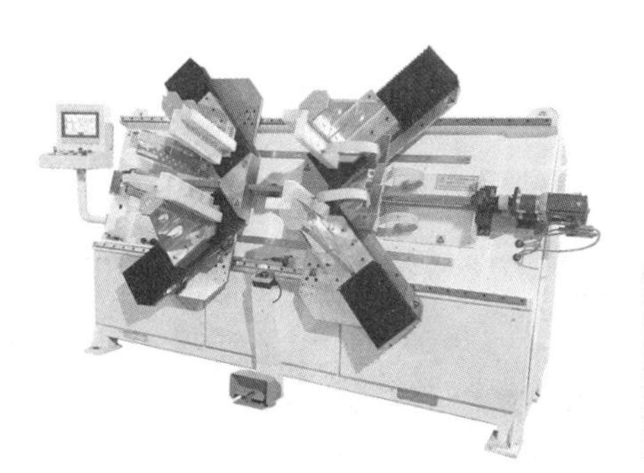

（a）高频抽屉组框机

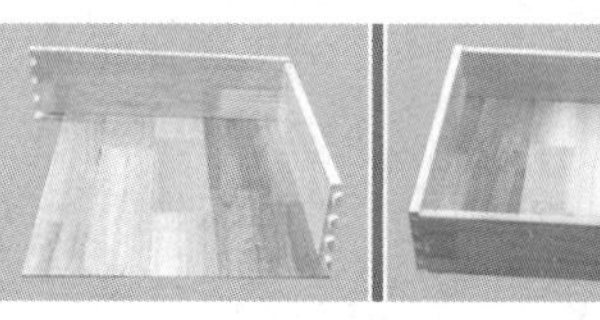

（b）抽屉实物

图2-143 高频抽屉组装设备

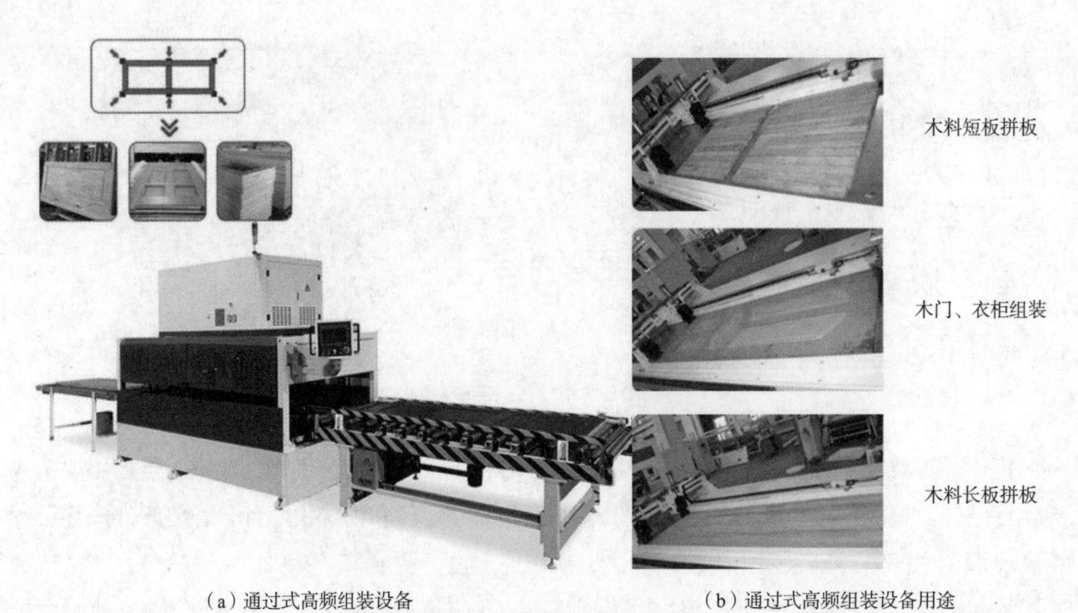

（a）通过式高频组装设备　　（b）通过式高频组装设备用途

图2-144　通过式高频组装设备及其用途

第三章　数控技术与数控装备

学习目标

了解和掌握数控加工技术的概念、数控加工过程及原理、常见数控机床的结构及类型；掌握数控加工工艺基础、数控加工程序编制基础等内容；了解CAD和CAM相关概述及发展趋势；掌握家居制造用相关典型数控加工装备的结构、类型及用途。

第一节 数控加工技术概述

一、数控加工技术的概念

数字控制（Numerical Control，NC），简称数控，在机床领域是指用数字化信号对机床运动及其加工过程进行控制的一种自动化技术。它所控制的一般是位置、角度和速度等机械量，但也有温度、流量压力等物理量。计算机数控（Computerized Numerical Control，CNC）就是利用一个专用的可存储程序的计算机执行一些或全部的基本数字控制功能的NC系统。

数控机床是数字控制设备的典型代表，它是一种灵活、通用且能够适应产品频繁变化的柔性自动化机床。简单来说，数控加工技术就是利用数字化控制系统和计算机辅助技术，在机床设备上完成整个零件的加工制造。它不仅是对数控机床的操作，还包括加工零件的工艺处理、数控编程等前期工作以及零件质量控制等后期工作。

二、数控加工技术的产生与发展

数控加工技术是20世纪40年代后期为适应加工复杂外形零件而发展起来的一种自动化加工技术。1948年，美国帕森斯公司接受美国空军委托，研制飞机螺旋桨叶片轮廓样板的加工设备，由于样板形状复杂多样，精度要求高，一般加工设备难以适应，于是提出计算机控制机床的设想。1949年，该公司在美国麻省理工学院伺服机构研究室的协助下，开始数控机床的研究，并于1952年试制成功第一台三坐标数控铣床，揭开了数控加工技术研究的序幕。由于微电子和计算机技术的不断发展，数控机床的数控系统一直在不断更新，到目前为止已经历过以下几代变化：

第一代数控（1952—1959年）：采用电子管构成的硬件数控系统；

第二代数控（1959—1965年）：采用晶体管电路为主的硬件数控系统；

第三代数控（1965年开始）：采用小、中规模集成电路的硬件数控系统；

第四代数控（1970年开始）：采用大规模集成电路的小型通用电子计算机数控系统；

第五代数控（1974年开始）：采用微型计算机控制的系统；

第六代数控（1990年开始）：采用工控PC机的通用CNC系统。

随着自动控制理论、电子技术、计算机技术、精密测量技术和机械制造技术的进一步发展，数控加工技术正向高速度、高精度、智能化、开放型以及高可靠性等方向迅速发展。

三、数控加工过程及原理

数控加工过程如图3-1所示。对工件材料进行加工之前，要事先根据零件图的要求，依据机械加工工艺设计手册确定加工工艺过程、工艺参数和刀具数据；然后按编程手册的有关规定编写零件数控加工程序；接着将编制好的程序通过MDI手动数据输入方式或DNC（直接数控）

方式输入数控系统；然后在数控系统控制软件的支持下，经过处理和计算后发出相应的指令；最后，通过伺服系统使机床按照预先设定的运动轨迹运动，从而完成零件的切削加工。

数控加工的切削成型原理就是普通切削时的试切原理，二者的不同之处在于数控加工的试切过程由数控系统来完成。数控机床的工作原理如图3-2所示。

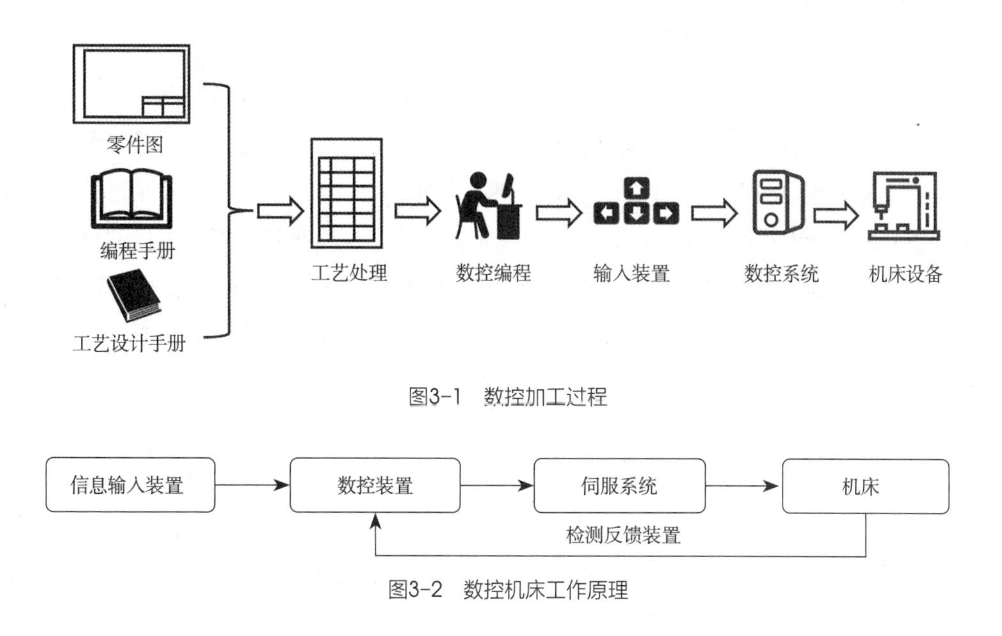

图3-1　数控加工过程

图3-2　数控机床工作原理

由信息输入装置输入程序、参数等数据信息，数控装置接收到加工信息后，经过数控装置内部的处理，进行插补计算和补偿计算，向各坐标的伺服系统发出位置、速度指令，从而实现各种控制功能。数控装置是数控机床的控制中心。伺服系统接受数控装置发来的指令，将信号进行调解、转换、放大后驱动伺服电机，带动机床执行部件运动。机床执行部件也就是机床本体，包括主运动部件、进给运动部件、执行部件及基础部件。检测反馈装置包括速度和位置检测反馈装置。其中，位置检测反馈装置是数控机床的重要组成部分，其检测元件采用直接或间接的方法将数控机床的执行机构或工作台等设备的速度和位移检测出来，并发出反馈信号，与数控系统发出的信号指令相比较，构成闭环（半闭环）系统，补偿执行机构的位置误差，从而提高数控机床加工精度。

四、数控加工的特点

（一）对加工对象的适应性强

数控多采用通用工装，只要改变数控加工程序，便可实现对新零件的加工。在数控机床上加工不同工件时，只需要重新编制加工程序，就能实现不同的加工。同时，数控机床加工工件时，只需要简单的夹具，不需要成批的工装，更不需要反复调整机床。因此，数控机床特别适合单件、小批量及试制新产品的工件加工。对于普通机床很难加工的精密复杂零件，数控机床也能实现自动化加工。

（二）加工精度高

数控机床零部件的机械制造精度高、伺服反馈、工序集中、人为干预少等，有利于数控机床实现较高的加工精度。数控机床的传动系统与机床结构都具有很高的刚度和热稳定性，制造精度高，进给传动链的反向间隙与丝杠螺距误差等均可由数控装置进行补偿；其自动加工方式避免了人为的干扰，因而能够达到很高的加工精度。

（三）生产效率高

数控机床减少了装夹与对刀时间。工件加工所需时间包括机动时间和辅助时间，数控机床能有效减少这两部分时间。数控机床的主轴转速和进给量的调整范围都比普通机床设备的范围大。因此，数控机床每一道工序都可选用最有利的切削用量；从快速移动到停止过程中都采用了加速减速措施，既能提高运动速度，又能保证定位精度，从而有效地降低了机动时间。数控设备更换工件时不需要调整机床，同一批工件加工质量稳定，无须停机检验，辅助时间大大缩短。特别是使用自动换刀装置的数控加工中心，可在同一台机床上实现多道工序连续加工，生产效率的提高更加明显。

（四）操作者劳动强度低

数控机床的操作由体力型转为智力型，它按照预先编制好的加工程序自动连续完成。操作者除输入加工程序或操作键盘、装卸工件、进行关键工序的中间测量及观察设备的运行之外，不需要进行烦琐、重复手动的操作，使得工人的劳动条件大为改善。

（五）经济效益好

相对于普通机床，数控机床的效率一般能提高2～3倍，甚至十几倍。虽然数控设备的价格昂贵，分摊到每个工件上的设备费用较高，但是使用数控设备可节省许多其他费用。数控设备不需要设计制造专用工装夹具，加工精度稳定，废品率低，能够减少调度环节等，其整体成本下降，可以获得良好的经济效益。

（六）有利于生产管理

数控机床使用程序化控制加工，更换品种方便。此外，它能够一机多工序加工，简化了生产过程的管理，从而能够减少管理人员，甚至还可以实现无人化生产。采用数控机床能准确地计算产品单个工时，合理安排生产。数控机床使用数字信息与标准代码处理、控制加工，为实现生产过程自动化创造了条件，并有效简化了检验、工装夹具和半成品之间的信息传递。

第二节　数控机床的结构及类型

一、数控机床的组成与结构

数控机床一般由信息输入设备、数控装置、伺服驱动系统及检测反馈装置、机床本体、机电接口五部分组成，如图3-3所示。

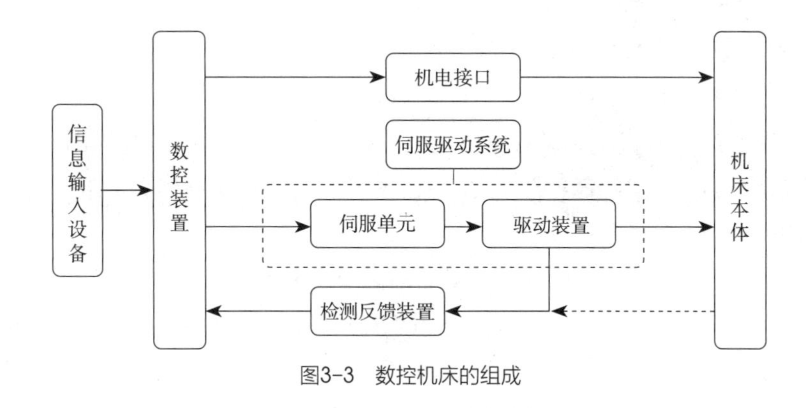

图3-3 数控机床的组成

（一）信息输入设备

数控机床在进行加工前，必须接收由操作人员输入的零件加工程序，然后才能根据输入的程序进行加工。将数控指令输入数控装置，根据程序载体的不同，相应有不同的输入装置。早期的输入方式包括穿孔纸带和磁带，目前主要有MDI（Manual Data Input）手动数据输入、磁盘输入、CAD/CAM系统直接通信方式输入和连接上位计算机的DNC（直接数控）输入。

1. 纸带输入方式

在纸带输入方式中，可用纸带光电阅读机读入零件程序，直接控制机床运动，也可以将纸带内容读入存储器，用存储器中储存的零件程序控制机床运动。

2. MDI手动数据输入方式

在MDI手动数据输入方式中，操作者可利用操作面板上的键盘输入加工程序的指令，这种方式适用于比较短的程序。在控制装置编辑状态（EDIT）下，用软件输入加工程序，并存入控制装置的存储器中，这种输入方式可重复使用程序，一般的手动编程均采用这种方法。在具有会话编程功能的数控装置上，可按照显示器上提示的问题，选择不同的菜单，用人机对话的方法，输入有关的尺寸数字后，就能自动生成加工程序。

3. DNC输入方式

采用DNC输入方式时，需要把零件程序保存在上级计算机中，CNC系统一边加工一边接收来自计算机的后续程序段。DNC输入方式多用于采用CAD/CAM 软件设计的复杂工件并直接生成零件程序的情况。

（二）数控装置

数控装置是数控系统的核心，主要包括微处理器CPU、存储器、局部总线、外围逻辑电路以及与数控系统的其他组成部分联系的各种接口等。其功能是接收输入装置输入的数控加工程序中的加工信息，经过数控装置的系统软件或逻辑电路进行译码、运算和逻辑处理后，发出相应的脉冲送给伺服驱动系统，使伺服驱动系统带动机床的各个运动部件按数控加工程序预定要求动作。数控装置作为数控机床的“指挥系统”，能够完成信息的输入、存储、变换、插补运算以及实现各种控制功能。它具备的主要功能如下：

❶ 多坐标控制功能（多轴联动）。

❷ 实现多种函数的插补。

❸ 多种程序输入功能。

❹ 信息转换功能，包括EIA/OSI代码转换、英制/米制转换、绝对值/增量值转换等。

❺ 补偿功能，包括刀具半径补偿、刀具长度补偿、传动间隙补偿、螺距误差补偿等。

❻ 故障自诊断功能。

❼ 显示功能，可以显示字符、轨迹、平面图形和动态三维图形。

❽ 具有多种加工方式选择功能（可以实现各种加工循环、重复加工、凹凸模加工和镜像加工等）。

（三）伺服驱动系统及检测反馈装置

伺服单元是数控装置和机床本体的联系环节，它将来自数控装置的微弱指令信号放大成控制驱动装置的大功率信号。根据接收指令的不同，伺服单元有数字式和模拟式之分，而模拟式伺服单元按电源种类又可分为直流伺服单元和交流伺服单元。

驱动装置把经放大的指令信号转变为机械运动，通过机械传动部件驱动机床主轴、刀架、工作台等精确定位或按规定的轨迹做严格的相对运动，最后加工出图样所要求的零件和伺服单元相对应。驱动装置包括步进电动机、直流伺服电动机和交流伺服电动机等。

伺服单元和驱动装置合称为伺服驱动系统，它是机床工作的动力装置，数控装置的指令要靠伺服驱动系统付诸实施。伺服驱动系统有开环、半闭环和闭环之分。在半闭环和闭环伺服驱动系统中，还包括位置检测装置，用于间接或直接地测量执行部件的实际位移和速度并发送反馈信号与指令信号进行比较，按闭环原理，将其误差转换放大后控制执行部件的运动，以提高系统精度。因此，伺服驱动系统是数控机床的重要组成部分。从某种意义上说，数控机床功能的强弱主要取决于数控装置，而数控机床性能的好坏主要取决于伺服驱动系统。

（四）机床本体

数控机床的机床本体与传统机床相似，由主轴传动装置、进给传动装置、床身、工作台以及辅助运动装置、液压气动系统、润滑系统、冷却装置等组成，但数控机床在整体布局、外观造型、传动系统、刀具系统的结构以及操作机构等方面都已发生了很大的变化。数控机床除切削用量大、连续加工发热量大等因素能够影响工件精度外，其在加工中自动控制，不能像普通机床那样由人工进行调整、补偿，所以其设计要求比普通机床更严格，制造要求更精密。它采用了许多新结构，以加强刚性，减小热变形，提高加工精度。

与传统的机床相比，数控机床主体具有如下结构特点：

❶ 由于采用了高性能的主轴及进给伺服驱动装置，数控机床的机械传动结构得到了简化，传动链较短。

❷ 数控机床的机械结构具有较高的动态特性、动态刚度、阻尼精度、耐磨性以及抗热变形性能，适应连续地自动化加工。

❸ 数控机床较多地采用高效传动件，如采用精密滚珠丝杠和直线滚动导轨，能够实现快速响应特性。

（五）机电接口

数控机床除了实现加工零件轮廓轨迹的数字控制外，还有许多功能由PLC来完成逻辑顺序控制，如自动换刀、冷却液开关、离合器的开合、电磁铁的通断、电磁阀的开闭等。这些逻辑开关的动力是由强电线路提供的，必须经过接口电路转换成PLC可接收的信号。数控装置和机床之间的这种接口，统称为机电接口。

二、数控机床的分类

数控机床种类繁多，根据数控机床功能和组成的不同，可以从多个角度对数控机床进行分类。

（一）按运动轨迹分类

1．点位控制数控机床

点位控制数控机床只要求控制机床的移动部件从一点移动到另一点的准确定位，对于点与点之间运动轨迹的要求并不严格，在移动过程中不进行加工，各坐标轴之间运动是不相关的。为了实现既快又精确的定位，两点间一般先快速移动，然后慢速趋近定位点，以保证定位精度，图3-4（a）所示为点位控制的运动轨迹。具有点位控制功能的机床主要有数控钻床、数控冲床等。随着数控技术的发展和数控系统价格的降低，目前单纯用于点位控制的数控系统已不多见。

2．直线控制数控机床

直线控制数控机床也称为平行控制数控机床，它除了控制点与点之间的准确定位外，还要控制两相关点之间的移动速度和路线（轨迹），但其运动路线只是与机床坐标轴平行移动，也就是说同时控制的坐标轴只有一个（即数控系统内不必有插补运算功能），在移位的过程中刀具能以指定的进给速度进行切削，一般只能加工矩形、台阶形零件。图3-4（b）所示为直线控制的运动轨迹，具有直线控制功能的机床主要有比较简单的数控车床、数控铣床等。这种机床的数控系统也称为直线控制数控系统。同样地，目前单纯用于直线控制的数控机床也不多见。

3．轮廓控制数控机床

轮廓控制数控机床也称为连续控制数控机床，它能够对两个或两个以上的运动坐标的位移和速度同时进行控制。为了满足刀具沿工件轮廓的相对运动轨迹符合工件加工轮廓的要求，必须将各坐标运动的位移控制和速度控制按照规定的比例关系精确地协调起来，因此在这类控制方式中，就要求数控装置具有插补运算功能。所谓插补，就是根据程序输入的基本数据（直线的终点坐标、圆弧的终点坐标和圆心坐标或半径），通过数控系统内插补运算器的数学处理，把直线或圆弧的形状描述出来，也就是一边计算，一边根据计算结果向各坐标轴控制器分配脉冲，从而控制各坐标轴的联动位移量与要求的轮廓相符合。在运动过程中，刀具对工件表面进行连续切削，可以进行各种直线、圆弧、曲线的加工。图3-4（c）所示为轮廓控制的运动轨迹。

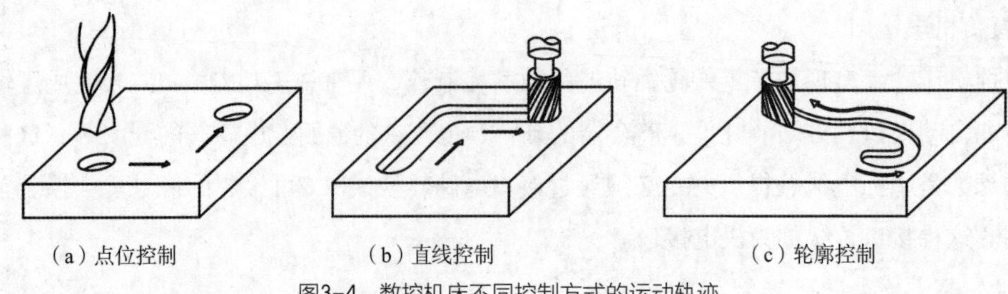
(a)点位控制　(b)直线控制　(c)轮廓控制

图3-4 数控机床不同控制方式的运动轨迹

(二)按联动轴数分类

数控系统控制几个坐标轴按需要的函数关系同时协调运动，称为坐标联动。按照联动轴数，数控机床可分为二轴联动、二轴半联动、三轴联动、四轴联动和五轴联动。

1. 二轴联动

二轴联动数控机床能同时控制两个坐标轴联动，适合数控车床加工旋转曲面或数控铣床铣削平面轮廓。

2. 二轴半联动

二轴半联动主要用于三轴以上机床的控制，其中两根轴可以联动，而另外一根轴可以做周期性进给。图3-5(a)所示为采用二轴半联动的曲面加工。

3. 三轴联动

三轴联动分为两类，一类是X、Y、Z三个直线坐标轴联动，多用于数控铣床、加工中心等；另一类是除了同时控制X、Y、Z中两个直线坐标轴外，还同时控制围绕其中某一直线坐标轴旋转的旋转坐标轴，如车削加工中心，它除了纵向(Z轴)、横向(X轴)两个直线坐标轴联动外，还需要同时控制围绕Z轴旋转的主轴联动。图3-5(b)所示为采用三轴联动的曲面加工。

4. 四轴联动

四轴联动同时控制X、Y、Z三个直线坐标轴与某一旋转坐标轴联动。图3-5(c)所示为采用四轴联动的曲面加工，它是同时控制X、Y、Z三个直线坐标轴与一个工作台回转轴联动的数控机床。

5. 五轴联动

五轴联动除同时控制X、Y、Z三个直线坐标轴联动外，还同时控制围绕这些直线坐标轴旋转的A、B、C坐标轴中的两个坐标轴，形成同时控制五个轴联动，这时刀具可以被定在空间的任意方向。五轴联动加工中心如图3-6所示。

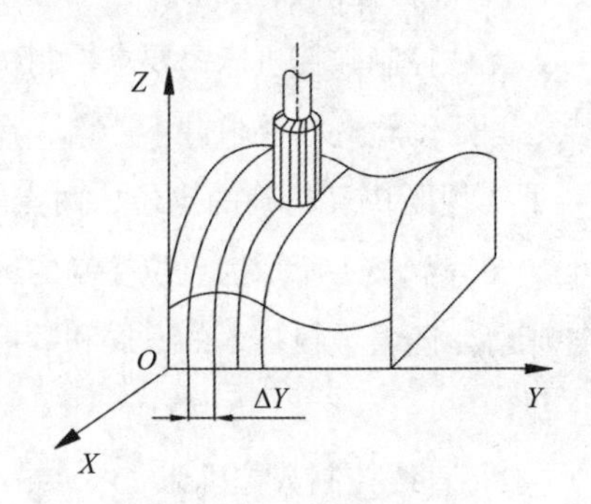

(a)二轴半联动的曲面加工

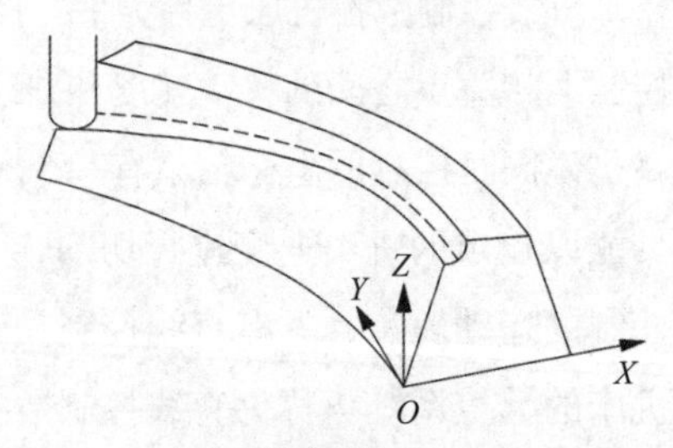

(b)三轴联动的曲面加工

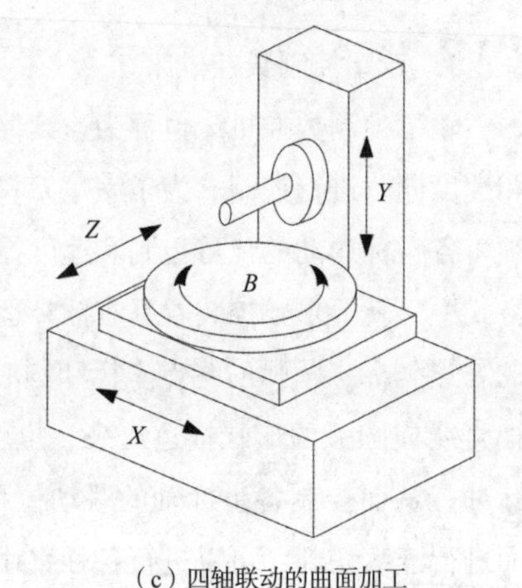

(c)四轴联动的曲面加工

图3-5 多坐标联动数控机床运动示意图

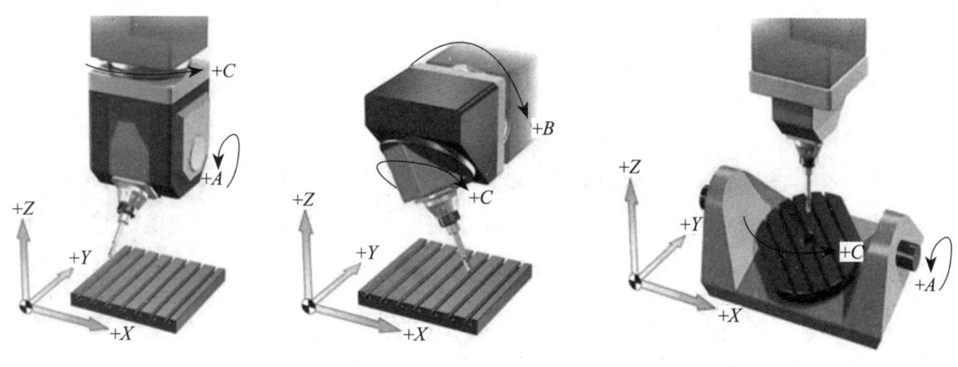

图3-6　五轴联动加工中心

（三）按伺服系统分类

1．开环控制系统

如图3-7所示的机床上没有安装位置检测反馈装置，即没有构成反馈控制回路，机床工作台的移动速度与位移量取决于输入脉冲的频率和数量。每给一个脉冲信号，步进电机就转过一定的角度，工作台就走过一个脉冲当量的距离。数控装置按程序加工要求控制指令脉冲的数量、频率和通电顺序，达到控制执行部件运动的位移量、速度和运动方向的目的。由于它没有检测和反馈系统，故称为开环控制系统。

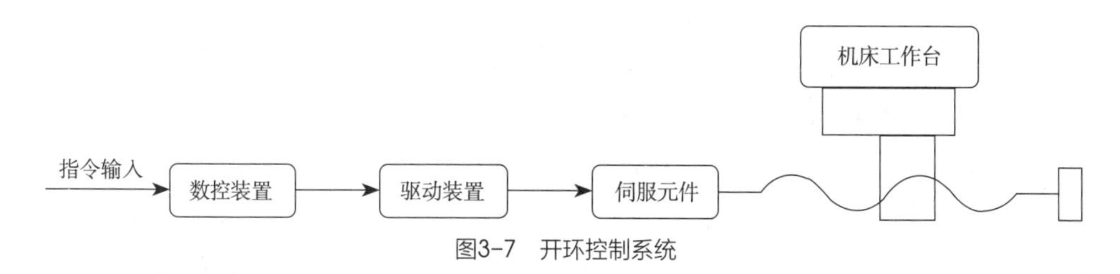

图3-7　开环控制系统

2．闭环控制系统

如图3-8所示的机床上安装了位置检测反馈装置（如光栅尺），即构成了反馈控制回路系统，将测量到的实际位移反馈到数控装置中，然后与指令值相比较而得到差值信号，再由该差值信号控制工作台的运动，直到偏差为零。它的工作原理与半闭环控制系统相同，但其测量元件（直线感应同步器、长光栅等）装在工作台上，可直接测出工作台的实际位置。该系统将所有部分都包含在控制环之内，可消除机械系统引起的误差，其精度高于半闭环控制系统，但系统结构较复杂，控制稳定性较难保证，成本高，调试维修困难。

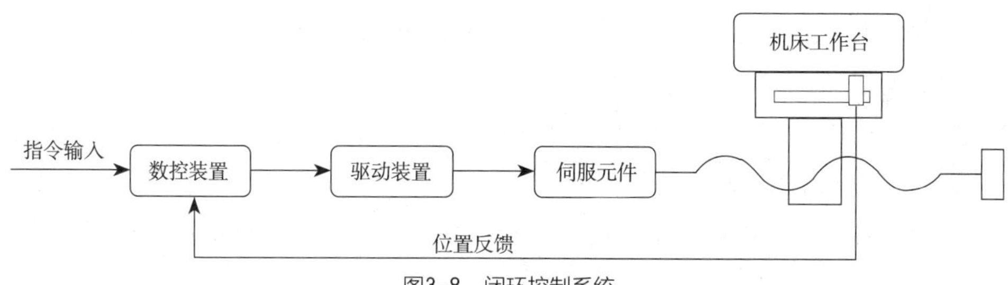

图3-8　闭环控制系统

3．半闭环控制系统

如图3-9所示的机床上安装了角位移检测装置（光电编码器或感应同步器等），通过检测丝杠转角间接地得到工作台的位移，然后反馈到数控装置中。反馈量取自丝杠转角而不是工作台的实际位移，丝杠至工作台之间的误差不能反馈。其测量元件（脉冲编码器、旋转变压器和圆感应同步器等）装在丝杠或伺服电机的轴端部，通过测量元件检测丝杠或电机的回转角，间接测出机床运动部件的位移。由于该系统只对中间环节进行反馈控制，丝杠和螺母副部分还在控制环节之外，故称半闭环控制系统。对丝杠螺母副的机械误差，需要在数控装置中用间隙补偿和螺距误差补偿来减小。

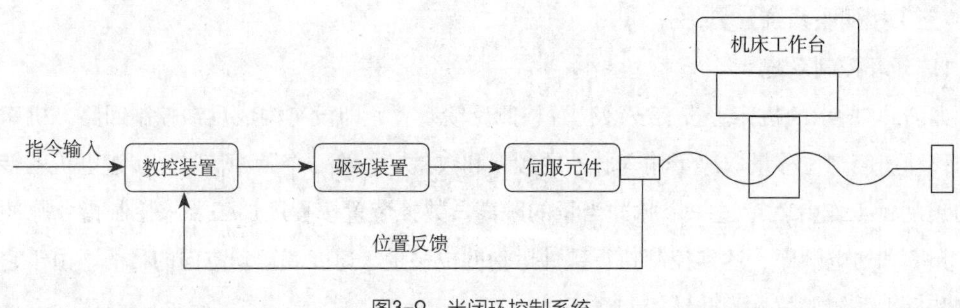

图3-9　半闭环控制系统

（四）按工艺用途分类

按工艺用途的不同，数控机床可分为数控车床、数控铣床、数控钻床、数控刨床、数控锯机与数控加工中心等。其中，数控加工中心是一种带有自动换刀装置的数控机床，它的出现突破了一台机床只能进行一种工艺加工的传统模式。它以工件为中心，能实现工件在一次装夹后自动地完成多种工序的加工。近年来，在非加工设备中也大量采用了数控技术，如数控测量机、装配机械、工业机器人等。同时，一些复合加工的数控机床也开始出现，其基本特点是集多工序、多刀刃、复合工艺等于一体。

三、数控机床的主要性能指标

（一）运动性能指标

1．主轴转速

数控机床主轴一般采用直流或交流电动机驱动，选用高速精密轴承支承，具有较宽的调速范围和较高的回转精度、刚度及抗震性。目前，木工数控机床主轴转速普遍可达5000～20000r/min，甚至更高，这对提高加工质量极为有利。

2．进给速度

进给速度是影响加工质量、生产效率和刀具寿命的主要因素，它受数控装置的运算速度、机床动态特性及刚度等因素限制。目前，数控机床的进给速度普遍可达10～30m/min，快速定位速度普遍可达20～120m/min，甚至更高。

3．坐标行程

数控机床坐标轴X、Y、Z等的行程大小构成了数控机床的空间加工范围，即加工零件的大小。坐标行程是直接体现机床加工能力的指标参数。数控车床有最大回转直径、最大车削直径等指标参数；数控铣床有工作台尺寸、工作台行程等指标参数。

4．刀库容量和换刀时间

刀库容量和换刀时间对数控机床的生产效率有直接影响。刀库容量是指刀架位数或刀库能存放刀具的数量；换刀时间是指将正在使用的刀具与装在刀库上的下一工序需用的刀具进行交换所需要的时间，目前一般数控机床的换刀时间为5～10s，高档机床的换刀时间仅为2～3s。

（二）精度指标

1．定位精度和重复定位精度

定位精度是指数控机床工作台等移动部件实际运动位置与指令位置的一致程度，其不一致的误差量即为定位误差。定位误差包括伺服系统、检测系统、进给系统等误差，还包括移动部件导轨的几何误差等。定位误差将直接影响零件加工的位置精度。重复定位精度是指在同一台数控机床上，应用相同程序及相同代码加工同一批零件，所得到的连续结果的一致程度。重复定位精度受伺服系统特性、进给系统的间隙与刚性以及摩擦特性等因素的影响。一般情况下，重复定位精度是呈正态分布的偶然性误差，它影响同一批零件加工的一致性，是一项非常重要的性能指标。

2．分辨率、脉冲当量和分度精度

分辨率是指可以分辨的最小位移间隔。对测量系统而言，分辨率是可以测量的最小位移；对控制系统而言，分辨率是可以控制的最小位移增量。脉冲当量是指数控装置每发出一个脉冲信号，机床位移部件所产生的位移量。脉冲当量是设计数控机床的原始数据之一，其数值的大小决定数控机床的加工精度和表面质量。目前，简易数控机床的脉冲当量一般为0.01mm，普通数控机床的脉冲当量一般为0.001mm，精密或超精密数控机床的脉冲当量一般为0.0001mm。脉冲当量越小，数控机床的加工精度和加工表面质量越高。分度精度是指分度工作台在分度时，理论要求回转的角度值与实际回转的角度值的差值。分度精度既影响零件加工部位在空间的角度位置，也影响孔系加工的同轴度等。

（三）可控轴数与联动轴数

1．可控轴数

可控轴数是指数控系统能够控制的坐标轴数目。该指标与数控系统的运算能力、运算速度以及内存容量等有关。

2．联动轴数

联动轴数越多，其空间曲面加工能力越强。例如五轴联动数控加工中心可以用来加工三维家具零部件。

第三节 数控加工工艺基础

一、数控加工工艺特点及内容

（一）数控加工工艺特点

数控加工工艺是伴随着数控机床的产生并不断发展而逐步完善起来的一门应用技术。数控加工工艺源于普通机床的加工工艺，与普通机床的加工工艺有许多相同之处，但在数控机床上加工零件比在普通机床上加工零件的工艺规程要复杂得多。与普通机床的加工工艺相比，数控加工工艺有以下特点：

❶ 数控加工的内容十分具体。在使用普通机床加工时，许多具体的工艺问题，如工步的划分、对刀点、换刀点、走刀路线等在很大程度上都是由操作工人根据自己的经验和习惯而自行考虑、决定的，一般无须工艺人员在设计工艺规程时进行过多的规定。而在数控加工时，上述这些具体工艺问题，不仅是数控工艺处理时必须认真考虑的内容，而且还必须要正确地选择并将其编入加工程序中。换言之，本来是由操作工人在加工中灵活掌握并可通过适时调整来处理的许多工艺问题，在数控加工时就转变成为编程人员必须事先具体设计和具体安排的内容。

❷ 数控加工的工艺处理相当严密。数控机床虽然自动化程度较高，但其自适应性较差，它不可能对加工中出现的问题自由地进行调整。尽管现代数控机床在自适应性调整方面做了不少改进，但其自由度还是不大。因此，在进行数控加工的工艺处理时，必须注意加工过程中的每一个细节。实践证明，数控加工中出现的差错或失误多为工艺方面考虑不周或计算与编程时粗心大意所致。因此，编程人员不仅必须具备较扎实的工艺基础知识和较丰富的工艺设计经验，而且还应具有严谨踏实的工作作风。

❸ 数控加工工艺要注重加工的适应性。注重加工的适应性，也就是要根据数控加工的特点，正确选择加工方法和加工对象。尽管数控加工自动化程度高、质量稳定、可多坐标联动、便于工序集中，但其价格昂贵，操作技术要求高等特点均比较突出，因此，加工方法、加工对象选择不当往往会造成较大的损失。为了既能充分发挥数控加工的优点，又能达到较好的经济效益，在选择加工方法和对象时要特别慎重，有时还要在基本不改变零件原有性能的前提下，对其形状、尺寸、结构等做适应数控加工的修改。

（二）数控加工工艺内容

数控加工工艺设计是对工件进行数控加工的前期准备工作，必须在编程之前完成。数控加工工艺设计的原则和内容在很多方面与普通机床加工工艺设计相同或类似。由于数控机床是一种自动化程度较高的高效加工机床，因此数控加工工艺设计要比普通机床加工工艺设计具体、严密和复杂得多。数控加工工艺设计是否合理、先进、准确、周密，不但影响编程的工作量，还将极大地影响加工质量、加工效率和设备的安全运行。因此，编程人员一定要先把工艺设计好，不能急于考虑编程。

数控加工工艺主要包括以下内容：

❶ 选择适合在数控机床上加工的零件，确定工序内容。

❷ 分析被加工零件的图样，明确加工内容及技术要求。

❸ 确定零件的加工方案，制订数控加工工艺路线。如划分工序、安排加工顺序、处理与非数控加工工序的衔接等。

❹ 加工工序的设计。如选取零件的定位基准、确定夹具方案、划分工步、选取刀具、确定切削用量等。

❺ 数控加工程序的编写、校验与修改。

❻ 数控加工工艺技术文件的制订与归档。

二、数控加工工艺分析

零件的数控加工工艺问题涉及面较广，以下就数控编程的可能性和方便性等方面介绍数控加工工艺分析涉及的主要内容。

（一）选择并确定进行数控加工的内容

对零件图样进行仔细的工艺分析，选出最适合、最需要进行数控加工的内容和工序。在选择并做出决定时，应结合实际，立足于提高加工质量和生产效率，充分发挥数控加工的优势。在选择数控加工内容时，一般可按下列顺序考虑：

❶ 通用机床无法加工的内容应作为优先选择内容，例如三维复杂零部件、雕刻加工等。

❷ 通用机床难加工、质量也难保证的内容应作为重点选择内容。

❸ 通用机床加工效率低、工人手动操作劳动强度大的内容，一般在数控机床尚存在富余加工能力的基础上进行选择。

一般来说，上述这些加工内容采用数控加工后，在产品质量、生产效率与综合经济效益等方面都会得到明显提高。相比之下，以下加工内容则不宜选择数控加工：

❶ 需要通过较长时间占机调整的加工内容。如零件的粗加工，特别是毛料的基准平面、定位面加工等。

❷ 必须按专用工装协调好的孔及其他加工内容。主要原因是这些加工内容采集编程用的数据有困难，协调效果也不一定理想。

❸ 按某些特定的制造依据（如样板、样件等）加工的型面轮廓。主要原因是这些加工内容获取数据困难，易与检验依据发生矛盾，编程难度较大。

❹ 不能在一次安装中加工完成的其他零散部位。这些加工内容采用数控加工很繁杂，效果不明显，可安排通用机床补加工。

此外，在选择和决定加工内容时，也要考虑生产批量、生产周期、工序间周转情况等。总之，要尽量做到合理，既要发挥数控机床的特长和能力，又不要把数控机床降格为通用机床使用。

（二）对零件图样进行数控加工工艺分析

1. 零件图样上尺寸标注方法应适应数控加工的特点

在数控加工零件图样上，尽可能以同一基准标注尺寸或直接给出坐标尺寸。这种标注方法既便于编程，又有利于设计基准、工艺基准、测量基准和编程原点的统一。由于零件设计人员往往在尺寸标注中较多地考虑装配等使用特性，而不得不采用局部分散标注的方法，这样会给工序安排与数控加工带来诸多不便。事实上，由于数控加工精度及重复定位精度都很高，不会因产生较大的积累误差而破坏使用特性，因而将局部分散标注法改为集中引注或坐标式标注是完全可行的。

2. 构成零件轮廓的几何要素的条件应完整、准确

构成零件轮廓的几何要素（点、线、面）的条件（如相切、相交、垂直和平行等）是数控编程的重要依据。手动编程时，要依据这些条件计算每一个节点的坐标；自动编程时，则要根据这些条件才能对构成零件的所有几何要素进行定义，无论哪一条件不明确，编程都无法进行。因此，在分析零件图样时，务必要分析几何要素的给定条件。

3. 尽量采用统一的定位基准

在数控加工中，加工工序往往较为集中，因此采用同一组基准定位十分重要，尤其是正反两面都采用数控加工的零件，若不采用同一组基准定位，将很难保证两次定位安装加工后两个面上的轮廓位置及尺寸协调。

4. 采用统一的几何类型和尺寸

零件的内腔和外形最好采用统一的几何类型和尺寸，这样可以减少换刀次数。

三、数控加工工艺路线设计

（一）工序的划分

数控机床与普通机床相比，其加工工序更加集中。根据数控机床的加工特点，加工工序的划分包括根据装夹定位方式划分工序，根据所用刀具划分工序，根据加工部位划分工序和根据粗、精加工划分工序。

1. 根据装夹定位方式划分工序

这种方法一般适用于加工内容不多的工件，主要是将加工部位分为几个部分，每道工序只加工其中一部分。由于每个零件的结构形状、用途不同，各表面的精度要求也有所不同，因此，加工时其定位方式各有差异。一般加工外形时以内形定位；加工内形时又以外形定位。因而可根据装夹定位方式的不同来划分工序。

2. 根据所用刀具划分工序

为了减少换刀次数和空行程时间，可以采用刀具集中的原则划分工序，在一次装夹中用一把刀完成可以加工的全部加工部位，然后再换刀加工其他部位。在专用数控机床或加工中心上大多采用这种方法。

3. 根据加工部位划分工序

对于加工内容很多的工件，可按其结构特点将加工部位分成几个部分，如内腔、外形、曲面或平面，并将每一部分的加工作为一道工序。一般来说，应先加工平面、定位面，再加工孔；先加工简单的几何形状，再加工复杂的几何形状；先加工精度较低的部位，再加工精度较高的部位。

4. 根据粗、精加工划分工序

为了提高生产率并保证零件的加工质量，在切削加工中，应先安排粗加工工序，在较短的时间内去除整个零件的大部分余量，同时尽量满足精加工的余量均匀性要求。当粗加工完成后，应当接着安排半精加工和精加工。安排半精加工的目的在于当粗加工后所剩余量均匀性满足不了精加工要求时，利用半精加工，使精加工余量小而均匀。

综上所述，在划分工序时，一定要将零件的结构与工艺性、机床的功能、零件数控加工内容的多少、安装次数及生产状况等情况综合起来考虑，零件是采用工序集中的原则还是采用工序分散的原则，要根据实际情况来确定，但一定要力求合理。

（二）加工顺序的安排

加工顺序的安排应根据零件的结构和毛坯状况以及定位、安装与夹紧的需要来选择工件定位和安装方式，重点保证工件的刚度不被破坏，尽量减少变形。因此加工顺序的安排应遵循以下原则：

❶ 上道工序的加工不能影响下道工序的定位与夹紧，中间穿插有普通机床加工工序的也要综合考虑。

❷ 先加工工件的内腔，然后加工工件的外轮廓。

❸ 尽量减少重复定位与换刀次数。

❹ 在一次安装加工多道工序时，应先安排对工件刚性破坏较小的工序。

（三）数控加工工序与普通工序的衔接

由于各数控加工工序之间往往穿插有普通加工工序，因此在工件加工的整个工艺过程中要清楚数控加工工序与普通加工工序各自的技术要求、加工目的、加工特点等，如加工余量的预留、定位面与孔的精度和几何公差要求等，各道工序必须前后兼顾、综合考虑，这样才能使各工序达到满足加工的需要。

（四）工件装夹方式的确定

1. 定位基准的选择

工件上应该有一个或几个共同的定位基准，该定位基准要能保证工件经多次装夹后其加工表面之间相互位置的正确性。例如，多棱体、复杂三维造型等在加工中心上完成四周的加工后，要重新装夹后再加工剩余的加工表面。采用同一基准定位可以避免由基准转换引起的误差，另一方面也满足了数控加工工序集中的特点，即每一次安装尽可能完成工件上较多表面的加工。定位基准最好是工件上已有的面或孔，若没有合适的面或孔，也可专门设置工艺孔或工艺凸台等作为定位基准。选择定位基准时，应注意减少装夹次数，尽量做到在一次安装中能把工件上所有要加工的表面都加工出来。因此，常选择工件上不需要数控加工的表面作为定位基准。定位基准还应尽量与设计基准重合，以减少定位误差对尺寸精度的影响。对于薄板件，选择的定位基准应有利于提高工件的刚性，以减小切削变形。

2. 夹紧方案的确定

在零件的工艺分析中，由于已经确定了工件在数控机床上的加工部位和加工时用的定位基准，因此在确定夹紧方案时，只需根据已选定的加工表面和定位基准来确定工件的定位夹紧方式，并选择合适的夹具即可。确定夹紧方案时主要考虑以下几点：

❶ 夹紧机构或其他元件不得影响进给，加工部位要敞开。要求在夹持工件后夹具上的一些组成件（定位块、压块和螺栓等）不能与刀具轨迹发生干涉。

❷ 必须保证最小的夹紧变形。工件在粗加工时切削力较大，需要较大的夹紧力，但又不能把工件夹压变形，否则松开夹具后工件会发生变形，因此必须慎重选择夹具的支承点、定位点和夹紧点。如果采用了相应措施仍不能控制工件变形，则应将粗、精加工分开，或者粗、精加工时使用不同的夹紧力。

❸ 装卸方便，辅助时间尽量短。由于数控机床的加工效率较高，因此在使用过程中也要力求装卸快速和使用方便。

❹ 考虑同时装夹。对于小型零件或工序不多的零件，可以考虑在工作台上同时装夹多个工件进行加工，以提高加工效率。

❺ 夹具结构应力求简单。由于零件在数控机床上加工大都采用工序集中的原则，加工的部位较多，同时批量较小，零件更换周期短，所以夹具的标准化、通用化和自动化对加工效率的提高及加工费用的降低有很大影响。因此，对批量小的零件应优先选用组合夹具，对形状简单的单件小批量生产的零件，可选用通用夹具。只有对批量较大且周期性投产的零件和加工精度要求较高的关键工序才设计专用夹具，以保证加工精度并提高装夹效率。

3．夹具的选择

数控加工的特点对夹具提出了两个基本要求，一是要保证夹具的坐标方向与机床的坐标方向相对固定；二是要能协调零件与机床坐标系的尺寸。除此之外，还应考虑以下几点：尽量采用组合夹具、可调式夹具及其他通用夹具；当大批量生产时才考虑采用专用夹具，但应力求结构简单；工件的加工部位要敞开，夹具上的任何部分都不能影响加工中刀具的正常走刀，不能产生碰撞；夹紧力应力求通过靠近主要支承点或在支承点所组成的三角形内，应力求靠近切削部位，并在刚性较好的地方，尽量不要在被加工孔的上方，以减少零件变形；装卸零件要方便、迅速、可靠，以缩短准备时间。

（五）走刀路线的确定

在数控加工中，走刀路线是刀具相对于工件运动的轨迹，它不仅包括切削加工的路线，还包括刀具引入、返回等空行程路线。编程时，走刀路线的确定应考虑以下几点：

❶ 保证零件的加工精度和表面粗糙度要求。

❷ 方便数值计算，减少编程工作量。

❸ 寻求最短加工路线，减少空行程时间以提高加工效率。

❹ 尽量减少程序段数。

❺ 零件轮廓的精加工要连续进行，避免因中途停顿而影响零件的加工质量。

❻ 刀具的进退（切入与切出）路线要认真考虑，尽量减少在轮廓处停刀（切削力突然变化造成弹性变形而留下刀痕），也要避免在工件轮廓面上垂直下刀而划伤工件。

（六）切削用量的选择

数控机床加工的切削用量包括切削速度（或主轴转速）、切削深度和刀具进给量等，其选用原则与普通机床基本相似。粗加工时，为了提高劳动生产率，应选用较大的切削量；半精加工和精加工时，为了保证工件的加工质量，应选用较小的切削量。

第四节 数控加工程序编制基础

一、数控加工程序的编制内容与步骤

数控加工程序是驱动数控机床进行加工的指令序列，是数控机床的应用软件。数控编程是数控加工准备阶段的主要内容，包括从零件图纸到获得数控加工程序的全过程。

零件图纸是编制加工程序的基础。编制程序前，必须认真阅读零件图纸，弄清楚被加工零件的几何形状、尺寸、技术要求和工艺要求等切削加工的必要信息；然后按数控系统所规定的指令和格式进行程序编制。

编制程序时，首先，应了解并熟悉所用数控机床的规格性能、CNC系统所具备的功能及编程指令格式等内容。其次，应认真分析图纸信息，确定加工方法和加工路线，并进行必要的数值计算，获得刀位数据。最后，按数控机床规定采用的代码和程序格式将工件的尺寸、刀具运动轨迹、位移量、切削参数（主轴转速、刀具进给量、切削深度等）以及辅助功能（换刀主轴正转、反转等）编制成代码来详细描述整个零件加工的工艺过程和机床的每个动作步骤。图3-10所示为数控加工程序编制的一般步骤示意图。

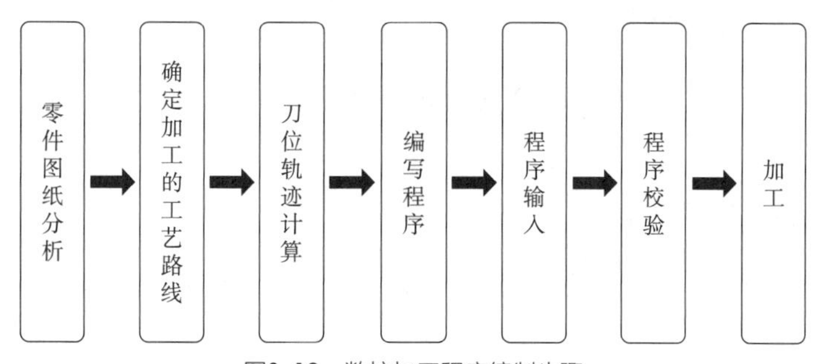

图3-10 数控加工程序编制步骤

数控加工程序编制方式分为手动编程和自动编程。手动编程是指利用一般的计算工具，通过各种数学方法，人工进行刀具轨迹的运算，并进行指令编制的过程，这种方式适合加工形状简单的零件。自动编程是指利用通用的微机及专用的自动编程软件，以人机对话方式确定加工对象和加工条件，自动进行运算并生成指令的过程，这种方式适合加工曲线、三维曲面等复杂型面，应用较为普遍。随着计算机技术的发展，目前多采用自动编程方式，但手动编程方式是基础，仍需要认真学习和掌握。

二、数控编程坐标系

（一）数控编程坐标系的确立

数控编程坐标系统用于确定机床的运动方向和运动距离，描述刀具与工件的相对位置及其变化关系，是确定刀具位置（编程轨迹）简化编程的基础。其应用已经标准化，ISO和国标都有相应规定。数控编程坐标系一般包括机床坐标系和编程坐标系。

1．数控编程坐标系的一般规定

数控编程坐标系采用标准右手笛卡尔坐标系。坐标轴用X、Y、Z表示；平行于X、Y、Z的坐标轴分别用U、V、W表示；围绕X、Y、Z轴旋转的坐标轴分别用A、B、C表示。

坐标轴的方向由右手螺旋定则判定，标准右手笛卡尔坐标系如图3-11所示。伸出右手大拇指、食指和中指，并使其互相垂直，则大拇指指向X轴正方向，食指指向Y轴正方向，中指指向Z轴正方向。判断旋转方向时，伸出右手握住旋转轴，并使大拇指指向旋转轴正方向，则其余四个手指指向的方向为旋转正方向。

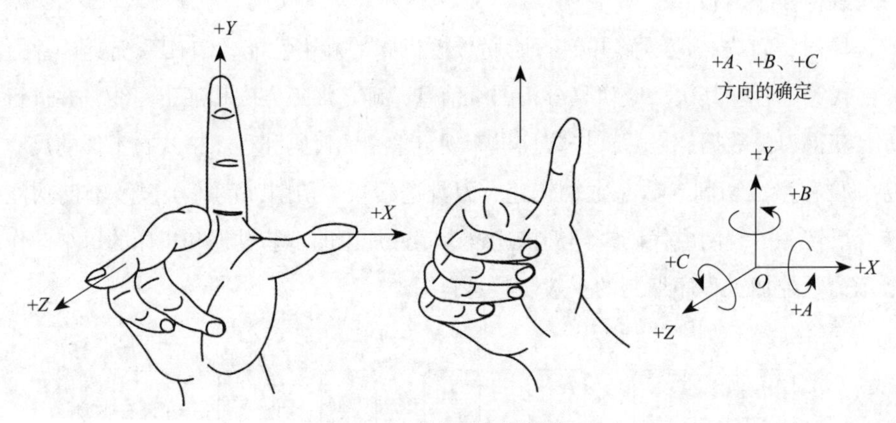

图3-11 标准右手笛卡尔坐标系

2．坐标轴及其方向的确定

坐标轴及其方向的确定一般遵循以下三个原则：

❶ 工件相对静止刀具运动。

❷ 刀具离工件的方向为正向。

❸ 先确定Z轴，再定X轴，最后按右手螺旋定则判定Y轴。此外，规定Z轴平行于传递主运动与切削力的机床主轴。如果没有主轴或主轴能摆动，则选垂直于工件装夹平面的方向为Z轴。

对于工件旋转的机床（数控卧式车床），X轴在工件的径向上，并平行于横滑座，刀具离开工件回转中心的方向为X轴的正方向，其坐标系如图3-12（a）所示。对于刀具旋转的机床（数控立式铣床），若Z轴是垂直的（垂直于立式铣床），则X轴的正方向指向右方，其坐标系如图3-12（b）所示。

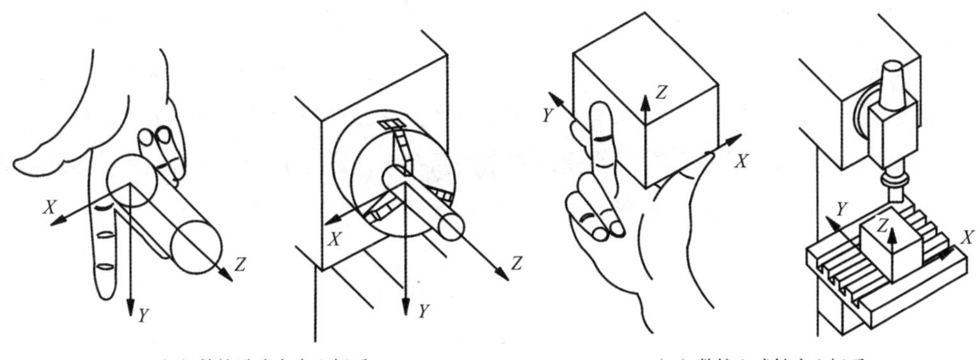

（a）数控卧式车床坐标系　　（b）数控立式铣床坐标系

图3-12　数控卧式车床和数控立式铣床坐标系

（二）机床坐标系

机床坐标系是机床上的固有坐标系，它建立在机床原点上。由于数控车床是回转体加工机床，一般只有X轴和Z轴两个坐标轴。

机床坐标系的原点称为机床原点，又称机械原点，是机床上一个固有的点，由制造厂家确定，可在机床用户手册中查到。

机床原点一般设在各轴正向的极限位置，如图3-13所示。数控车床的原点一般设置在夹盘前端面或后端面的中心。

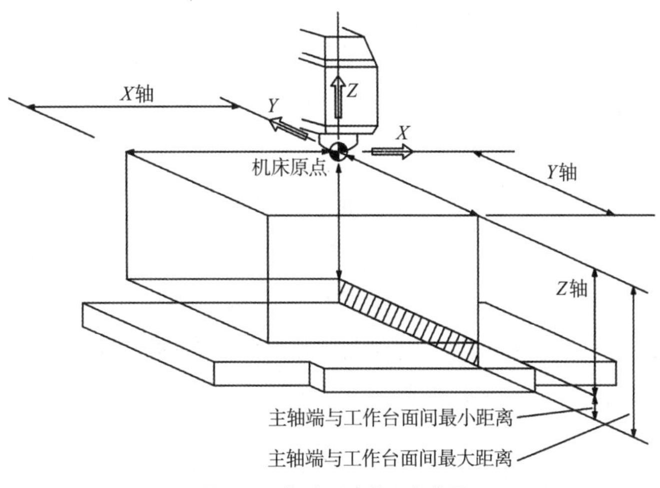

图3-13　机床原点的一般位置

与机床原点相对应的还有一个机床参考点，它也是机床上的固有点，是用于确立机床坐标系的参照点。由于机床原点会随机床断电而消失，因此数控机床开机启动时，首先执行返回参考点操作，进行位置校准，以正确地建立机床坐标系。此外，通过返回参考点操作还可以消除由于连续加工造成的累积坐标误差。参考点与机床原点的位置可以重合，也可以不重合。参考点相对于机床原点的坐标是固定值，可通过机床参数查到。机床坐标系是数控编程最基本的坐标系，可为刀架、工作台和编程坐标系的位置、方位提供参照。

（三）编程坐标系

编程坐标系是编程人员为编程方便，不考虑工件在机床上的安装位置，仅按照零件的特点及尺寸设置的坐标系，用以确定和表达零件几何形体上各要素的位置，又称工件坐标系。为保证编程与加工一致，编程坐标系也要采用笛卡尔坐标系，并保证工件装夹后坐标轴方向与机床坐标系坐标轴方向一致。图3-14所示为编程坐标系选择示意图。

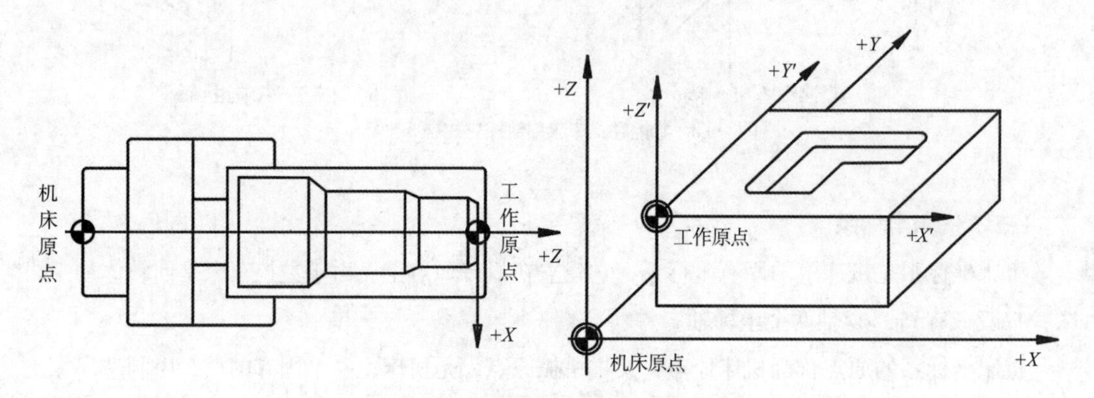

图3-14 编程坐标系选择示意图

编程坐标系的工作原点在工件上的位置理论上可以任意选择，但一般应遵循以下原则：

❶ 选在工件图样基准上，利于编程。

❷ 尽量选在尺寸精度高、粗糙度低的表面上。

❸ 最好选在对称中心上。

❹ 要便于测量和检验。

❺ 一般选择在主轴中心线与工件左端面或右端面的交点处。

（四）坐标单位

数控编程坐标系的坐标计算的最小单位是一个脉冲当量，对于脉冲当量为0.01mm的机床，则沿*X*、*Y*、*Z*轴移动的最小单位为0.01mm。如向*X*轴正方向12.34mm、*Y*轴负方向5.6mm移动时，下面两种坐标输入方式都是正确的：

❶ *X*1234 *Y*-560。

❷ *X*12.34 *Y*-5.6。

三、数控加工程序结构及格式

数控加工程序必须符合一定的结构和格式要求。一般来说，针对固定型号的数控机床，其程序结构及格式是固定的，不同型号的机床其程序略有区别。因此，认真阅读并学习编程手册是编制好程序的关键。图3-15给出了数控加工程序的基本结构及格式。

由图3-15可知，数控加工程序由程序编号、程序内容和程序结束符三部分组成。

程序编号由地址码+数字序列号组成。不同数控系统的地址码不同，如O（日本FANUC）、

P（美国AB8400）、%（德国SMK8M）等，相应编号则为O001、P001、%001。程序内容由若干个程序段组成。程序结束符一般为M02或M30指示整个程序结束的符号。

程序段是执行数控加工的核心部分，由序号、指令字和结束符构成。程序段序号（也称程序段名）由字母N后面跟1～4位正整数，且不允许为“0”。程序执行顺序为程序段编写时的排列顺序，而非程序段序号顺序。程序段序号用于方便程序的检索校对和修改，或者作为条件转向的目标。指令字由地址符后跟数字组成，地址符有G、M、S、T等，不同地址符后面跟的数字意义不同，具体参见后面指令部分内容。结束符标志程序段功能的完成，不同的数控系统结束符不同，有“；”“*”“NL”“LF”或“CR”等。

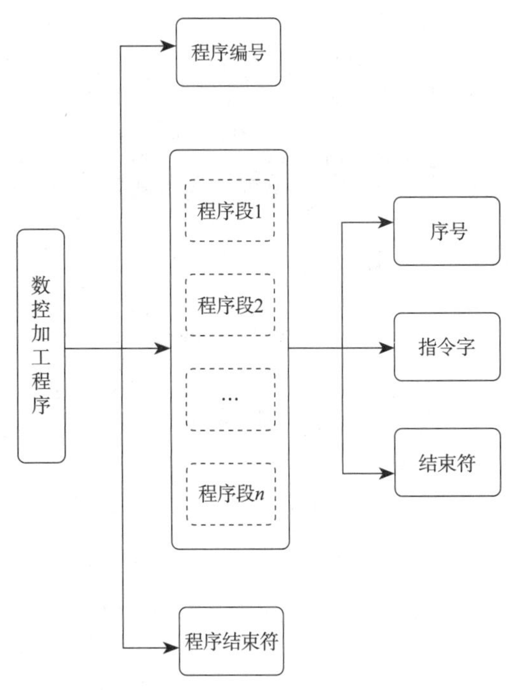

图3-15　数控加工程序的基本结构及格式

四、数控编程指令介绍

在数控机床上对工件进行的加工是依靠加工程序中的各种指令完成的。这些指令有准备功能G和辅助功能M，还包含进给功能F、主轴转速功能S、刀具功能T等。《自动化系统与集成　机床数值控制　程序格式和地址字定义　第1部分：点位、直线运动和轮廓控制系统的数据格式》（GB/T 8870.1—2012）对零件加工程序的结构与格式做了相应规定。近年来，数控技术快速发展，国内外许多厂商都发展了具有自己特色的数控系统，对标准中的代码进行了功能上的延伸，或做了进一步的定义。因此，在编程时必须仔细阅读具体机床的编程指南。

（一）数控加工程序中的指令代码概述

数控机床的运动是由程序控制的，功能指令是组成程序段的基本单元，也是程序编制中的核心问题。

1. 程序段序号

程序段序号由地址N及其后的数字组成。

2. 准备功能字

准备功能字由G代码表示，是机床建立起（或准备好）某种工作方式的指令。常用G代码的用法详见后述。

3. 坐标尺寸字

常用尺寸字地址为X、Y、Z、U、V、W、I、J、K、R、A、B、C等。地址字符及其意义如表3-1所示。

表3-1 地址字符及其意义

字符	意义	字符	意义
A	围绕X轴的角度尺寸	N	程序段序号
B	围绕Y轴的角度尺寸	O	有时为程序号
C	围绕Z轴的角度尺寸	P	平行于X轴的第三附加坐标；有时为固定循环的参数或程序号
D	特殊坐标的角度尺寸	Q	平行于Y轴的第三附加坐标；有时为固定循环的参数
E	特殊坐标的角度尺寸	R	平行于Z轴的第三附加坐标；有时为固定循环的参数或圆弧的半径
F	进给功能	S	主轴转速功能
G	准备功能	T	刀具功能
H	有时为补偿值地址	U	平行于X轴的第二附加坐标；有时为X轴的增量坐标
I	X方向圆弧中心坐标	V	平行于Y轴的第二附加坐标；有时为Y轴的增量坐标
J	Y方向圆弧中心坐标	W	平行于Z轴的第二附加坐标；有时为Z轴的增量坐标
K	Z方向圆弧中心坐标	X	X轴坐标
L	有时为固定循环返回次数；有时为子程序返回次数	Y	Y轴坐标
M	辅助功能	Z	Z轴坐标

4. 进给功能字

进给功能也称F功能，由地址码F及其后续的数字组成，用于指定刀具的进给速度。进给功能字应写在相应轴尺寸字之后，对于几个轴合成运动的进给功能字，应写在最后一个尺寸字之后。

进给速度的指定方法有直接指定法和代码指定法两种。直接指定法即按有关数控切削用量手册的数据或经验数据直接选用，用F后面的数值直接指定进给速度，一般单位为mm/min，切削螺纹时用mm/r，在英制单位中用in（英寸）表示。例如，F300表示进给速度为300mm/min。目前的数控系统大多数采用直接指定法。用代码指定法指定进给速度时，F后面的数值表示进给速度代码，代码按一定规律与进给速度对应。常用的有1、2、3、4、5位代码法及进给速率数（FRN）法等。例如，2位代码法，即规定00～99相对应的100种分级进给速度，编程时只指定代码值，通过查表或计算可得出实际进给速度值。

5. 主轴转速功能字

S指令用以指定主轴转速，由地址码S及后续的若干位数字组成，单位为r/min。S地址后的数值也有直接指定法和代码指定法两种。如今数控机床的主轴都用高性能的伺服驱动，可用直接指定法指定任何一种转速，例如，用直接指定法时，S3000表示主轴转速为3000r/min。而代码指定法现在已很少应用。

6. 刀具功能字

T指令用以指定刀具号及其补偿号，由地址码T及后续的若干位数字组成，用于更换刀具时指定刀具或显示待换刀号。如T01表示1号刀；T0102中，“01”表示选择1号刀具，“02”为刀具补偿值组号，调用第02号刀具补偿值，即从02号刀补寄存器中取出事先存入的补偿数据进行刀具补偿。刀具补偿用于对换刀、刀具磨损、编程等产生的误差进行补偿，一般编程时常取刀号与补偿号的数字相同（如T0101），这样会显得直观一些。

7. 辅助功能字

辅助功能由M代码表示，控制机床某一辅助动作的通—断（开—关）指令，如主轴的开与停、冷却液的开与关、转位部件的夹紧与松开等。常用M代码的用法详见后述。

数控加工指令一般分为模态和非模态指令两种。模态指令是具有延续性的指令，即在同组其他指令未出现以前一直有效，不受程序段多少的限制。而非模态指令只在当前程序段有效。

（二）M功能指令及其用法

M功能指令及其所执行的功能如表3-2所示。

表3-2 M功能指令及其所执行的功能

指令	功能	功能持续时间
M00	强制程序终止	单段有效
M01	可选程序停止	单段有效
M02	程序结束	单段有效
M30	程序结束并返回起始位置	单段有效
M03	主轴顺时针旋转	取消或替代前一直有效
M04	主轴逆时针旋转	取消或替代前一直有效
M05	主轴停止	取消或替代前一直有效
M08	冷却液开	取消或替代前一直有效
M09	冷却液关	取消或替代前一直有效
M98	子程序调用	取消或替代前一直有效
M99	子程序调用返回	取消或替代前一直有效

1. M00与M01

M00与M01虽然都起停止程序的作用，但它们在使用时存在区别。M00无条件关闭机床所有的自动操作（如轴的运动、主轴旋转等），模态信息（如进给速度、主轴速度等）保持不变，按下控制面板上的循环启动键，程序能够恢复自动执行。M01与机床控制面板上可选择的停止按钮配合使用，按钮“开”时，执行暂停；按钮“关”时，则不起作用，程序继续执行。

2．M02与M30

执行M02与M30后，程序结束，取消所有轴的运动、冷却液等功能，并将系统重新设置到缺省状态。所不同的是，M02执行后，若程序需再次运行，需要手动将光标移动到程序开始；M30则可直接再次运行。

3．M98与M99

M98与M99用于调用子程序。子程序是为缩短代码而在一个加工程序中，将多次重复出现的程序段抽出，编成的一个供调用的程序。子程序与主程序唯一的区别是程序结束符不同，子程序结束符为M99，表示调用结束返回继续执行主程序。

（三）S功能指令及其用法

S功能指令必须由M03/M04指令指定旋转方向后主轴才转动。

主轴转速的单位由G96/G97确定：G96——m/min；G97——r/min。例如：G96 S500 M03；G97 S500 M04。

当用指令G96指定恒切削速度时，越接近旋转中心速度越快。为防止主轴转速过高而发生危险，可利用G50将主轴最高转速设置在某一个最高值。例如：G50 S2500；G96 S500 M03。

（四）F功能指令及其用法

F后跟数字指定进给速度，进给速度的单位由G98/G99指令指定。例如：G98 F0.3。G98指定每分钟进给模式，单位为mm/min；G99指定每转进给模式，单位为mm/r，如图3-16所示。

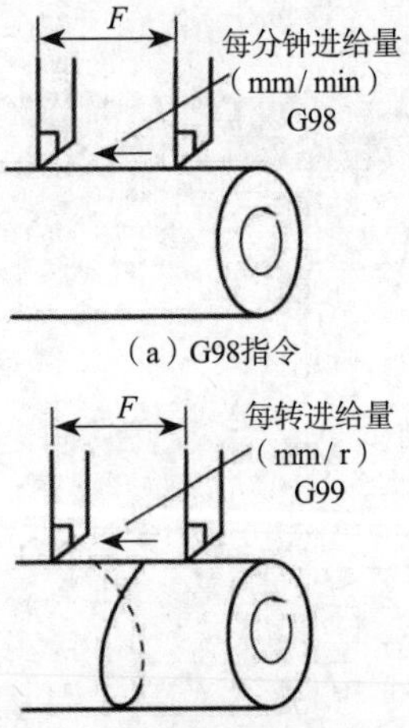

F
每分钟进给量
（mm/min）
G98

（a）G98指令

F
每转进给量
（mm/r）
G99

（b）G99指令

图3-16 F指令进给速度单位的指定

（五）T功能指令及其用法

刀具功能指令由T后跟数字组成，用于指定加工用刀具。该指令执行换刀动作。常用格式为T后跟4位数字，其中前两位代表刀具，后两位对应刀具的补偿寄存器号码。刀具补偿值需要事先通过对刀等操作存储于补偿寄存器。例如：T0606表示选用6号刀和6号补偿代码；T0600表示选用6号刀取消补偿。

（六）G功能指令及其用法

G代码是与插补过程有关的准备功能指令。G功能是数控加工中最为重要、最为复杂的编程指令，目前，不同数控系统的G代码并非完全一致，因此编程人员必须熟悉所用机床及数控系统的规定。常用的G功能指令主要包括坐标系设定指令、加工方式指令、固定循环指令等。下面分别予以介绍。

1．坐标系设定指令

（1）绝对坐标编程G90和增量坐标编程G91

指令格式：G90 X____Y____Z____；G91 X____Y____Z____。其中，G90——绝对坐标编程；G91——增量坐标编程；X____Y____Z____——坐标值，在G90中表示编程终点的坐标

值，在G91中表示编程移动的距离。

［例］如图3-17所示，分别用G90和G91编写程序。其中，*A*为起点，*B*为终点，快速从*A*到*B*。

［解］绝对值编程：G90 G00 X40 Y70；增量值编程：G91 G00 X-60 Y40。

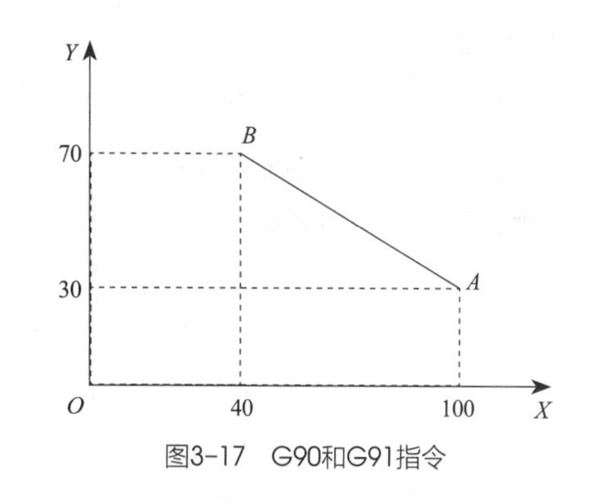

图3-17 G90和G91指令

（2）工件坐标系设定G92

G92指令的意义就是声明当前刀具刀位点在工件坐标系中的坐标，以此作为参照来确立工件原点的位置。G92指令是一条非模态指令，只能在绝对坐标G90状态下有效，但由该指令建立的工件坐标系却是模态的。在G92指令的程序段中尽管有位置指令值，但不产生刀具与工件的相对运动。

指令格式：G92 X___ Y___ Z___。其中，X___ Y___ Z___——刀具当前刀位点在工件坐标系中的绝对坐标值。

G92指令用起来很方便，把刀移到起刀点或一个比较方便定位的点，然后把这一点在工件坐标系中的坐标值编入G92，工件坐标系就建立起来了。

单件或小批量加工，由于几乎每次加工的工件坐标系都不一样，因此G54 ~ G59指令用起来反而更麻烦，这时通常使用G92指令。

（3）编程原点偏置G54 ~ G59指令

在编程过程中，为了避免尺寸换算，需要多次把工件坐标系平移。其方法是将机床原点（参考点）与要设定的工件零点间的偏置坐标值，即工件坐标原点在机床坐标系中的数值用手动数据输入方式输入，事先存储在机床存储器内，然后用G54 ~ G59的任一指令调用。这些坐标系的原点在机床重开机时仍然存在。用此方法可将工件坐标系原点平移至工件基准处，如图3-18所示。

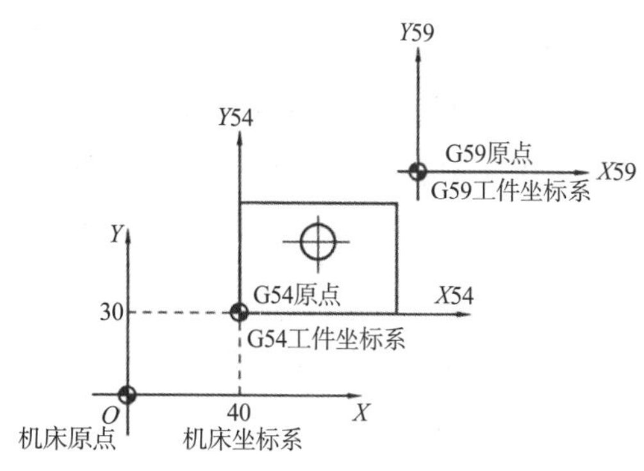

图3-18 工件坐标系的设定

在编程过程中，一旦指定了G54 ~ G59其中之一，则该工件坐标系原点即为当前程序原点，后续程序段中的工件绝对坐标均为相对此程序原点的值。例如：N01 G54 G00 G90 X30 Y20；N02 G55；N03 G00 X40 Y30。

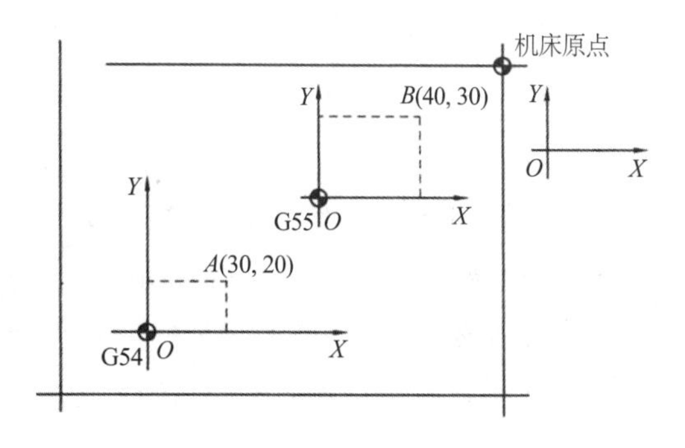

图3-19 工件坐标系的使用

如图3-19所示，执行N01时，系统会选定G54坐标系作为当前工件坐标系，然后再执行

G00，机床移动到该坐标系中的*A*点；执行N02时，系统又会选择G55坐标系作为当前工件坐标系；执行N03时，机床就会移动到刚指定的G55坐标系中的*B*点。

G54～G59指令与G92指令的使用方法不同。使用G54～G59指令建立工件坐标系时，该指令可单独指定（如前文所述的程序N02），也可与其他程序指令同段指定（如前文所述的程序N01），如果该程序段中有位置指令就会产生运动。可使用定位指令自动定位到加工起始点。

若在工作台上同时加工多个相同工件时，可设定不同的程序零点（图3-18），共可建立G54～G59共六个加工坐标系。其坐标原点（程序零点）可设在便于编程的某一固定点上，则只需按选择的坐标系编程即可。因此，对于多程序原点偏移，采用G54～G59原点偏置寄存器存储所有程序原点与机床参考点的偏移量，然后在程序中直接调用G54～G59进行原点偏移是很方便的。采用程序原点偏移的方法还能够实现零件的空运行试切加工，即在实际应用时，将程序原点向刀轴（*Z*轴）方向偏移，使刀具在加工过程中抬起一个安全高度即可。

G92指令与G54～G59指令都是用于设定工件坐标系的，但它们在使用时是有区别的。G92指令通过程序设定工件坐标系，它所设定的加工坐标原点是与当前刀具所在位置有关的，这一加工原点在机床坐标系中的位置是随当前刀具位置的不同而改变的。G54～G59指令通过CRT/MDI在设置参数方式下设定工件坐标系，一经设定，加工坐标原点在机床坐标系中的位置是不变的，与刀具的当前位置无关，除非再通过CRT/MDI方式更改。G92指令程序段只是设定工件坐标系，而不产生任何动作；G54～G59指令程序段则可与G00、G01指令组合，在选定的工件坐标系中进行位移。

（4）坐标平面选择指令G17、G18、G19

G17、G18、G19指令分别指定在*XY*、*ZX*、*YZ*平面上加工。对于三坐标的铣床和加工中心，常用这些指令命令机床按哪一个平面运动。当机床只有一个坐标平面时，例如，车床总是在*ZX*平面内运动，无须编写平面选择指令。在*XY*平面内加工，一般G17可省略不写。这些指令在进行圆弧插补和刀具补偿时必须使用。例如：G18 G03 X____Z____I____K____F____，该指令表示加工*ZX*平面的逆圆弧。

2．加工方式指令

（1）快速移动指令G00

指令格式：G00 X（U）____Z（W）____。

G00指令使刀具快速移动到指定的位置，实现快速定位，减少非生产或者空行程时间。X、Z和U、W为移动目标点的坐标字符，其中，X、Z表示绝对坐标字符，U、W表示增量坐标字符。

执行该指令时，移动速度由参数设定，不受F功能指令指定的进给速度影响。各轴以各自设定的速度快速移动，互不影响。执行该指令时，应注意避免刀具与工件及夹具发生碰撞。

［例］如图3-20所示，写出刀具由*A*点快速移动至*D*点的程序段。

［解］绝对坐标方式：G00 X40 Z5；增量坐标方式：G00 U-100 W-80。

（2）直线插补指令G01

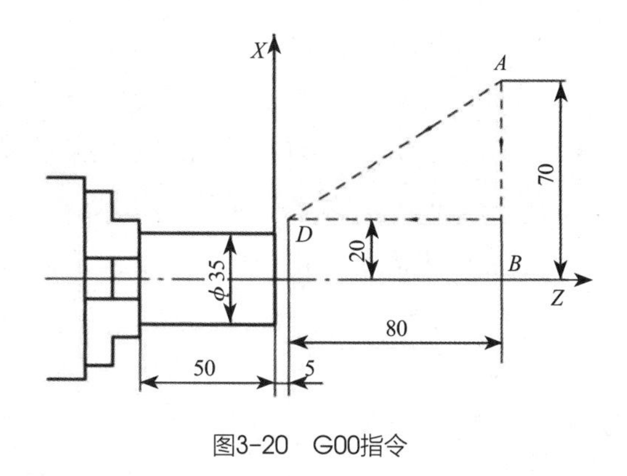

图3-20　G00指令

指令格式：G01 X（U）____Z（W）____ F____。其中，X（U）____Z（W）____ ——目标点坐标；F____——通常用每转进给率表示。

注意：

必须在G01程序段中或其前面由F指令指定进给速度，否则机床不运动。

在进行车端面、沟槽等与*X*轴平行的加工时，只需单独指定*X*（或*U*）坐标即可；而在车外圆、内孔等与*Z*轴平行的加工时，只需单独指定*Z*（或*W*）坐标即可。

［例］如图3-21所示，编写以*F*=0.25mm/r的进给速度加工外圆面的程序。

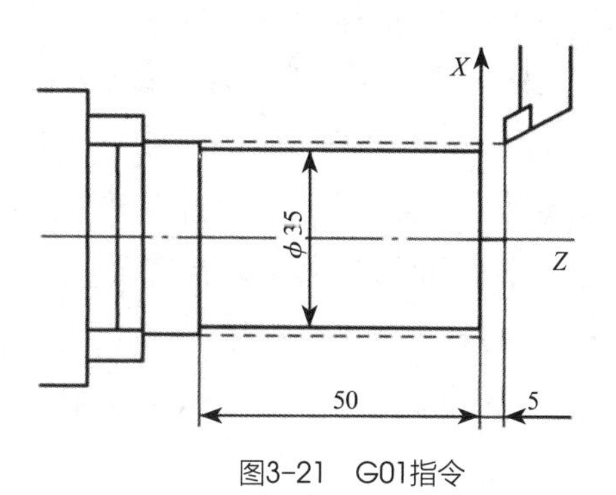

图3-21　G01指令

［解］编程如下：

O001；…N09 G00 X40 Z5；N15 X35；N20 G99 G01 Z-50 F0.25；N30 M30。

（3）圆弧插补指令G02/G03

G02为顺时针圆弧加工，G03为逆时针圆弧加工。圆弧顺时针与逆时针方向的判断方法：向垂直于圆弧所在平面的坐标轴的负方向看过去，以确定圆弧为顺时针方向或者逆时针方向。例如，圆弧在*XZ*平面上，则垂直于*XZ*平面的坐标轴为*Y*，向*Y*轴的负方向看过去，从而确定圆弧的方向。当车床只有*X*、*Z*轴时，先按右手螺旋定则确定出*Y*轴，然后判断圆弧的顺逆时针方向。

指令格式：G02/G03 X（U）____Z（W）____R____F____；G02/G03 X（U）____Z（W）____ I____K____F____。其中，R为待加工圆弧的半径字符，由其值和圆弧的起点、终点坐标可唯一确定圆弧的圆心位置。用其负值可描述圆心角大于180°的圆弧，但不能描述整圆。I、K为待加工圆弧起点指向圆心的矢量沿*XZ*轴向的分矢量字符，当方向与坐标轴的方向不一致时其值取负值。该指令可用于整圆的加工。

［例］判断如图3-22所示圆弧的顺逆时针方向，并编写其加工程序（*F*= 0.25mm/r）。

［解］根据顺逆时针圆弧方向判断方法，可知待加工圆弧为顺时针方向。编程如下：

N02 G00 Z2；N03 X20；N04 G01 Z-30 F0.25；N05 G02 X40 Z-40 I10 K0或N05 G02 X40 Z-40 R10。

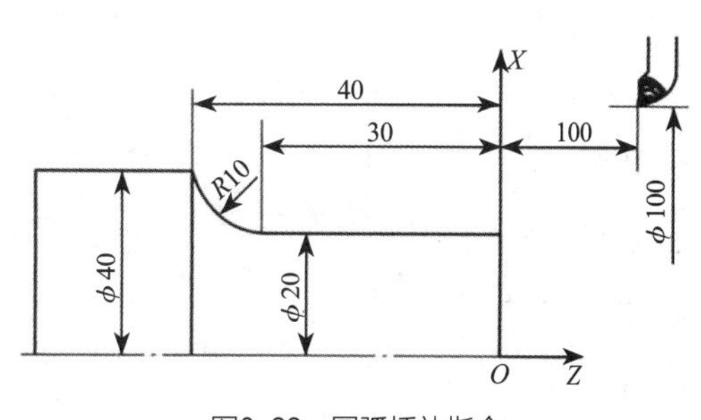

图3-22　圆弧插补指令

（4）暂停指令G04

G04指令使刀具短暂停留，以获得圆整而光滑的表面。该指令多用在车槽、钻孔等加工中。例如，在车削环形槽时使工件空转几秒钟，使环形槽外形更光整。

指令格式：G04 X____（单位：s）；G04 U____（单位：s，只用于车）；G04 P____（单位：ms）。

［例］用三种格式编写加工程序，使刀具暂停1s。

［解］编程如下：

G04 X1.0；G04 U1.0；G04 P1000。

3．固定循环指令

在数控加工中，为了简化编程，通常将多个程序段的指令按规定的执行顺序用一个程序段表示，即用一个固定循环指令可产生几个固定、有序的动作。在现代数控系统中，特别是数控车床、数控铣床、加工中心都具有多种固定循环功能。例如，车削螺纹的过程中，将快速引进、切螺纹、径向或斜向退出、快速返回四个动作综合成一个程序段。对于典型的、经常应用的固定动作，可预先编好程序并存储在系统中，用一个固定循环G指令去调用执行，从而使编程简短、方便，同时还能提高编程质量。

不同的数控系统所具有的固定循环指令各不相同。例如，FANUC0系统的G81～G89为孔加工固定循环；G70～G76为车削加工固定循环。一般在G代码中，常用G70～G79和G80～G89等不指定代码作为固定循环指令。对于循环次数指令，常用某一字母（如L或H）表示，由数控系统设计者自行规定，使用时可查阅机床数控系统使用说明书。

第五节　计算机辅助设计与制造一体化技术（CAD/CAM）

一、计算机辅助设计与制造概述

CAD/CAM（Computer Aided Design and Computer Aided Manufacturing）即计算机辅助设计与计算机辅助制造，是一项以计算机为主要技术手段，通过生成和运用各种数字信息与图形信息，帮助人们完成产品设计与制造的技术。CAD主要是指使用计算机和信息技术来辅助完成产品的全部设计过程（指从接受产品的功能定义到设计完成产品的材料信息、结构形状和技术要求等，并最终以图形信息的形式表达出来的过程）。CAM一般有广义和狭义两种理解，广义的CAM包括利用计算机进行生产的规划管理和控制产品制造的全过程；狭义的CAM是指计算机辅助编制数控加工的程序，包括刀具路径的规划、刀位文件的生成、刀具轨迹仿真以及NC代码的生成等。目前，CAD/CAM技术的发展和应用水平已成为衡量一个国家科技现代化和工业现代化水平的重要标志之一。CAD/CAM技术的应用，提高了产品设计的质量，缩短了产品设计的制造周期，产生了显著的社会经济效益。目前，CAD/CAM技术广泛应用于机械、汽车、航空航天、电子、建筑工程、轻工、纺织及家电等领域。

二、典型CAD/CAM软件介绍

（一）Pro/Engineer

Pro/Engineer系统是美国参数技术公司（Parametric Technology Corporation，PTC）的产品。PTC公司提出的单一数据库、参数化、基于特征、全相关的概念改变了机械CAD/CAE/CAM的传统观念，这种全新的概念已成为当今世界机械CAD/CAE/CAM领域的新标准。利用该概念开发出来的第三代机械CAD/CAE/CAM产品Pro/Engineer能将产品设计至生产全过程集成到一起，让所有的用户能够同时进行同一产品的设计、制造工作，即实现所谓的并行工程。

Pro/Engineer系统用户界面简洁、概念清晰，符合工程人员的设计思想与习惯。整个系统建立在统一的数据库上，具有完整而统一的模型。Pro/Engineer建立在工作站上，系统独立于硬件，便于移植。

（二）Unigraphics（UG）

Unigraphics（UG）是Unigraphics Solutions公司（简称UGS）的主导产品。该公司首次突破传统CAD/CAM模式，为用户提供了一个全面的产品建模系统。在UG中优越的参数化和变量化技术与传统的实体线框和表面功能结合在一起，实践证明，这一结合是强有力的。因此，UG也被大多数CAD/CAM 软件厂商所采用。

（三）SolidWorks

SolidWorks是达索系统（Dassault Systemes）下的子公司推出的基于Windows的机械设计软件。该公司提出的“基于Windows的CAD/CAE/CAM/PDM桌面集成系统”是以Windows为平台、以SolidWorks为核心的各种应用的集成，包括结构分析、运动分析、工程数据管理和数控加工等，为企业提供了系统解决方案。

SolidWorks是微机版参数化特征造型软件的新秀。该软件旨在以工作站版的相应软件价格的1/5~1/4向广大机械设计人员提供用户界面更友好、运行环境更大众化的实体造型实用功能。SolidWorks是基于Windows平台的全参数化特征造型软件，它可以十分方便地实现复杂的三维零件实体造型、复杂装配和生成工程图。其图形界面友好，用户上手快。该软件可应用于以规则几何形体为主的机械产品设计及生产准备工作中。

（四）CATIA

CATIA是法国达索飞机公司开发的CAD/CAM软件。CATIA软件以其强大的曲面设计功能而在飞机、汽车、轮船等设计领域享有很高的声誉。CATIA的曲面造型功能体现在它提供了极丰富的造型工具来支持用户的造型需求。其特有的高次Bezier曲线曲面功能，次数能达到15，能满足特殊行业对曲面光滑性的苛刻要求。

CATIA V5版本能够运行于多种平台，特别是微机平台。这一特性使用户能够节省大量的硬件成本，同时，其友好的用户界面，使用户更容易操作。从CATIA软件的发展历程中，不难发现，当前的CAD/CAM软件更多地向智能化、支持数字化制造企业和产品的整个生命周期的方向发展。

（五）Mastercam

Mastercam是美国CNC Software Inc. 公司开发的CAD/ CAM软件。它具有方便直观的几何造型，提供了设计零件外形所需的理想环境。其强大稳定的造型功能可设计出复杂的曲线、曲面零件，是经济且高效的全方位软件系统。

Mastercam是一套全面服务于制造业的数控加工软件，它包括设计（Design）、车削（Lathe）、铣削（Mill）、线切割（Wire）四个模块。设计模块主要用于绘图和加工零件的造型；车削模块主要用于生成车削加工的刀具路径；铣削模块主要用于生成铣削加工的刀具路径；线切割模块主要用于生成电火花线切割的加工路径。其中后三个加工模块内也包括设计模块中的完整设计功能。

Mastercam具有强大的曲面粗加工功能，它提供了多种先进的粗加工技术，以提高零件加工的效率和质量。Mastercam还具有丰富的曲面精加工功能，可以从中选择最优的方法，加工最复杂的零件。此外，Mastercam的多轴加工功能为零件的加工提供了更多的灵活性。Mastercam还可以模拟零件加工的整个过程，模拟中不但能显示刀具和夹具，还能检查刀具和夹具与被加工零件的干涉、碰撞情况。

（六）CAXA系列软件

CAXA是中国领先的CAD和PLM软件供应商，拥有完全自主知识产权的系列化的CAD、CAPP、CAM、DNC、PDM等软件产品和解决方案，覆盖了设计、工艺、制造和管理四大领域，公司客户覆盖航空航天、机械装备、汽车、电子电器、建筑、教育等行业。

1．CAXA CAD

CAXA CAD拥有自主的3D和2D软件、自主的CAD内核和平台及自主的文件格式，具备开放API，支持第三方应用开发。它具有一体化的鲜明特色，即3D/2D一体化、CAD/CAPP/CAM一体化、生态一体化。CAXA CAD易学易用，并兼容其他CAD数据和操作习惯，可提供二维CAD、三维CAD、工艺CAPP以及二至五轴CAM数控铣、数控车和线切割软件，能够满足企业营销报价、方案评审、研发设计、分析仿真、工艺设计、数控编程、维修运维等应用场景。

2．CAXA PLM

CAXA PLM拥有自主的PLM平台，具有设计工艺制造全流程贯通的鲜明特色。它能够抽取和管理各类CAD/ECAD/CAPP数据，并与ERP/MES实现双向集成。同时，可以提供图文档管理EDM、产品数据管理PDM、工艺数据管理CAPP、产品全生命周期管理PLM产品及方案，并支撑云端PLM应用场景。CAXA PLM重点解决企业跨部门协同、区域协同以及企业产品数据全局共享的应用需求，实现企业数据流程和业务流程的全面集成贯通应用。

3．CAXA MES

CAXA MES是以自主的DNC/IoT设备物联为基础、与CAPP/CAM贯通融合的新型系统。它聚焦多品种小批量生产模式，支持云化及跨平台应用场景。CAXA MES打通了PDM、ERP、MES信息化孤岛，联通了设备、生产、工艺、产品全域数据，实现了设计制造贯通，形成了产品研发设计闭环优化及生产制造闭环优化，能够支持产品运维服务新模式，帮助企业实现生产装备的智能控制，实现生产过程的智能化改造以及整个企业的数字化转型升级，实现企业提质、降本、增效。

三、数控加工技术的发展趋势

（一）向开放式方向发展

计算机技术的飞速发展，推动数控技术更快地更新换代。许多数控系统生产厂家利用计算机丰富的软、硬件资源开发开放式体系结构的新一代数控系统。开放式体系结构使数控系统具有更好的通用性、柔性、适应性、可扩展性，并可以较容易地实现智能化、网络化。开放式体系结构可以大量采用计算机技术，使编程、操作以及技术升级和更新变得更加简单快捷。开放式体系结构的新一代数控系统，其硬件、软件和总线规范都是对外开放的，数控系统制造商和用户可以根据这些开放的资源进行系统集成。同时，它也为用户根据实际需要灵活配置数控系统带来了极大的方便，促进了数控系统多档次、多品种的开发和广泛应用，使开发生产周期大大缩短。此外，这种数控系统可随CPU升级而升级，而其结构可以保持不变。

1．机床数控系统向未来技术开放

由于数控系统的软、硬件接口都遵循公认的标准协议，因此只需进行少量的重新设计和调整，新一代的通用软、硬件资源就可能被现有系统所采纳、吸收和兼容，这就意味着系统的开发费用将大大降低，而系统性能与可靠性将不断改善，并处于长生命周期。

2．机床数控系统向用户特殊要求开放

机床数控系统将不断更新产品，扩充功能，提供软、硬件产品的各种组合以满足特殊应用要求。

3．机床数控系统数控标准的建立

机床数控系统标准提供了一种不依赖于具体系统的中性机制，能够描述产品整个生命周期内的统一数据模型，从而实现整个制造过程乃至各个工业领域产品信息的标准化。标准化的编程语言，既方便用户使用，又降低了与操作效率直接相关的劳动消耗。

（二）向智能化方向发展

随着人工智能技术的发展，为了满足制造业生产柔性化、制造自动化的发展需求，数控机床的智能化程度不断提高。

1．加工过程自适应控制技术

数控系统能够通过监测加工过程中的切削力、主轴和进给电动机的功率、电流、电压等信息，利用传统的或现代的算法进行识别，以辨识出刀具的受力、磨损、破损状态及机床加工的稳定性状态，并根据这些状态实时调整加工参数，即主轴转速、进给速度和加工指令，使设备处于最佳运行状态，以提高加工精度、降低加工表面粗糙度并提高设备运行的安全性。

2．加工参数的智能优化与选择

数控系统能够将工艺专家或技师的经验、零件加工的一般与特殊规律，用现代智能方法构造成基于专家系统或基于模型的“加工参数的智能优化与选择器”，利用它获得优化的加工参数，从而达到提高编程效率和加工工艺水平、缩短生产准备时间的目的。

3．智能故障自诊断与自修复技术

数控系统能够根据已有的故障信息，应用现代智能方法实现故障的快速准确定位。

4．智能故障回放和故障仿真技术

数控系统能够完整记录系统的各种信息，对数控机床发生的各种错误和事故进行回放和仿真，用以确定引起错误的原因，找出解决问题的办法，积累生产经验。

5．智能化交流伺服驱动装置

数控系统能够自动识别负载，并自动调整参数的智能化伺服系统，包括智能主轴交流驱动装置和智能化进给伺服装置。这种驱动装置能自动识别电机及负载的转动惯量，并自动对控制系统参数进行优化和调整，使驱动系统获得最佳运行条件。

6．智能“4M”数控系统

在制造过程中，加工、检测一体化是实现快速制造、快速检测和快速响应的有效途径，将测量（Measurement）、建模（Modelling）、加工（Manufacturing）、机器操作（Manipulator）融合在一个系统中，即“4M”，以实现信息共享，促进测量、建模、加工、操作的一体化。

（三）向网络化方向发展

数控系统的网络化主要是指数控系统与外部的其他控制系统或上位计算机进行网络连接和网络控制。数控系统一般首先面向生产现场和企业内部的局域网，然后再经由互联网通向企业外部。随着网络技术的成熟和发展，又有了“数字制造”的概念，它是数字技术和制造技术的融合，是机械制造企业现代化的标志之一，也是国际先进机床制造商当今标准配置的供货方式。随着信息化技术的大量采用，越来越多的国内用户在进口数控机床时要求具有远程通信服务等功能。数控系统的网络化进一步促进了柔性自动化制造技术的发展，现代柔性制造系统从“点”（数控单机、加工中心和数控复合加工机床）、“线”（FMC、FMS、FML）向“面”（工段车间独立制造岛、FA）、“体”（CIMS、分布式网络集成制造系统）的方向发展。柔性自动化技术以易于联网和集成为目标，同时注重加强单元技术的开拓、完善，能方便地与CAD、CAM、CAPP、MTS连接，向信息集成方向发展，网络系统向开放、集成和智能化方向发展。

（四）向高可靠性方向发展

随着数控机床网络化应用的日趋广泛，数控系统的高可靠性已经成为数控系统制造商追求的目标。数控机床与传统机床相比，增加了数控系统和相应的监控装置等，应用了大量的电气、液压和机电装置，从而导致出现失效的概率增大。工业电网电压的波动和干扰对数控机床的可靠性极为不利，而数控机床加工的零件型面较为复杂，加工周期长，要求平均无故障时间在20000小时以上。为了保证数控机床有较高的可靠性，就要精心设计系统并明确可靠性目标以及通过维修分析故障模式并找出薄弱环节。

（五）向复合化方向发展

复合机床的含义是指在一台机床上实现或尽可能完成从毛坯至成品的多种要素加工。根据结构特点的不同，复合机床可分为工艺复合型和工序复合型两类。工艺复合型机床，如铣钻复合-加工中心、车铣复合-车削中心、铣钻车复合-复合加工中心等；工序复合型机床，如多面多轴联动加工的复合机床和双主轴车削中心等。采用复合机床进行加工，减少了工件装卸、更换和调整刀具的辅助时间以及中间过程中产生的误差，提高了零件加工精度，缩短了产品制造周期，提高了生产效率和制造商的市场反应能力，相对于传统的工序分散的生产方法具有明显的优势。

（六）向多轴联动化方向发展

在加工自由曲面时，三轴联动控制的机床无法避免切速接近于零的球头铣刀端部参与切削，进而对工件的加工质量造成破坏性影响。而五轴联动控制对球头铣刀的数控编程比较简单，并且能使球头铣刀在铣削三维曲面的过程中始终保持合理的切速，从而显著改善加工表面的粗糙度，大幅度提高加工效率。因此，多轴联动控制的加工中心和数控铣床已经成为当前的一个开发热点。

（七）向绿色化方向发展

随着日趋严格的环保要求与资源约束，制造加工的绿色化越来越重要。近年来，业界开展了节能降耗、提质增效等研究工作，以进一步降低制造环节的碳排放。绿色制造的大趋势将使各种节能环保机床加速发展。

（八）向多媒体技术应用方向发展

多媒体技术集计算机、声像和通信技术于一体，使计算机具有综合处理声音、文字、图像和视频信息的能力。因此，这也对用户界面提出了图形化的要求。合理的、人性化的用户界面极大地方便了非专业用户的使用，人们可以通过窗口和菜单进行操作，便于图形模拟、图形动态跟踪和仿真、不同方向的视图和局部显示比例缩放功能的实现。除此之外，在数控技术领域应用多媒体技术可以做到信息处理综合化、智能化，例如，将其应用于实时监控系统和生产现场设备的故障诊断、生产过程参数监测等。

第六节 家居制造用典型数控加工装备

随着家居产业智能制造水平的不断提升，数控设备的应用比例也逐年提高。数控设备的类型日趋丰富，既包括单一功能的数控设备，又包含具有多种加工功能的复合加工中心。单一功能的数控设备在前面已经做了相关介绍，本节重点介绍典型的家居制造用数控加工中心。

一、家居制造用数控加工中心类型

根据工作台面的不同，常见的家居制造用数控加工中心可分为横梁式、平台面和夹持式等类型，如图3-23所示。根据结构的不同，可分为门架式、悬臂式、龙门式和C形式等类型。根据联动轴数的不同，可分为三轴、四轴和五轴，如图3-24所示。不同的联动轴数适用于不同结构家具零部件的加工。根据工作台面数量的不同，可分为单工作台、双工作台以及三工作台等，目前市面上主要以单工作台和双工作台的加工中心为主。

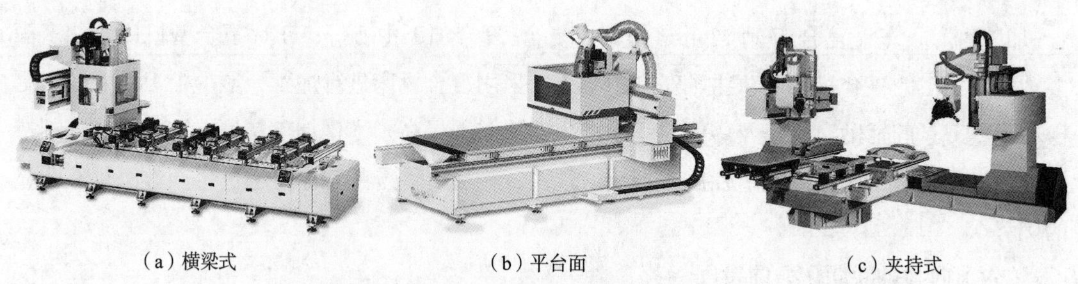
（a）横梁式 （b）平台面 （c）夹持式

图3-23 不同工作台面的家居制造用数控加工中心

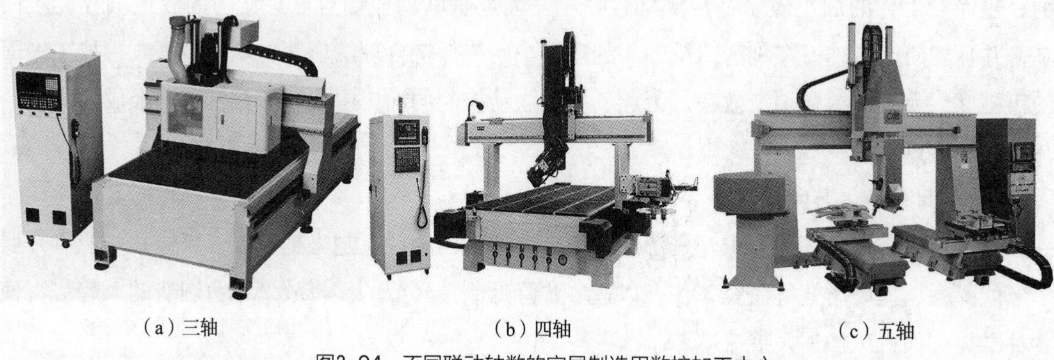
（a）三轴 （b）四轴 （c）五轴

图3-24 不同联动轴数的家居制造用数控加工中心

二、家居制造用数控加工中心结构

家居制造用数控加工中心的结构类型主要包括门架式、龙门式、悬臂式和C形式，如图3-25所示，常见不同结构的家居制造用数控加工中心如图3-26所示。

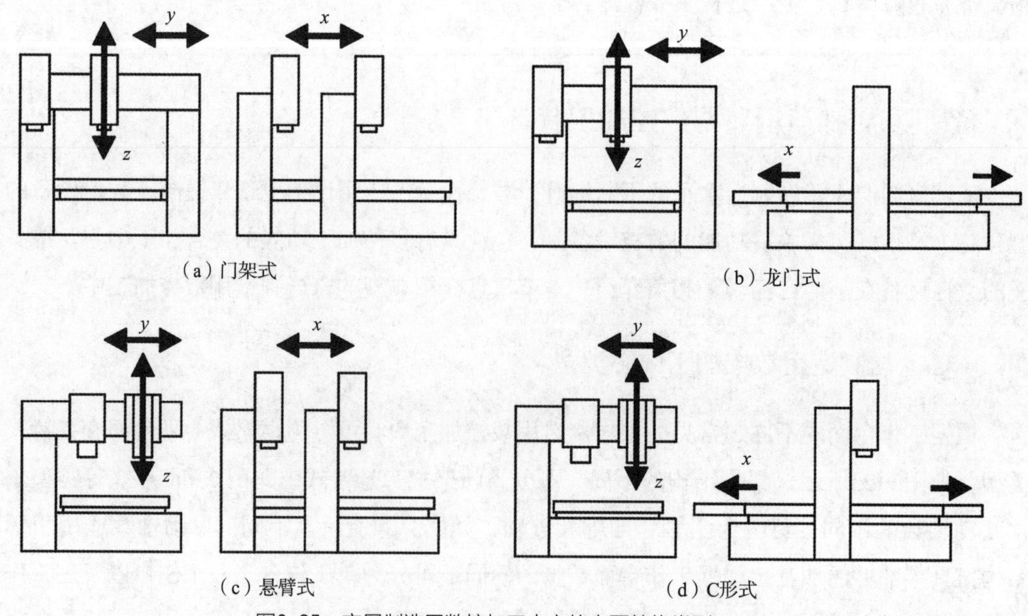

（a）门架式 （b）龙门式

（c）悬臂式 （d）C形式

图3-25 家居制造用数控加工中心的主要结构类型

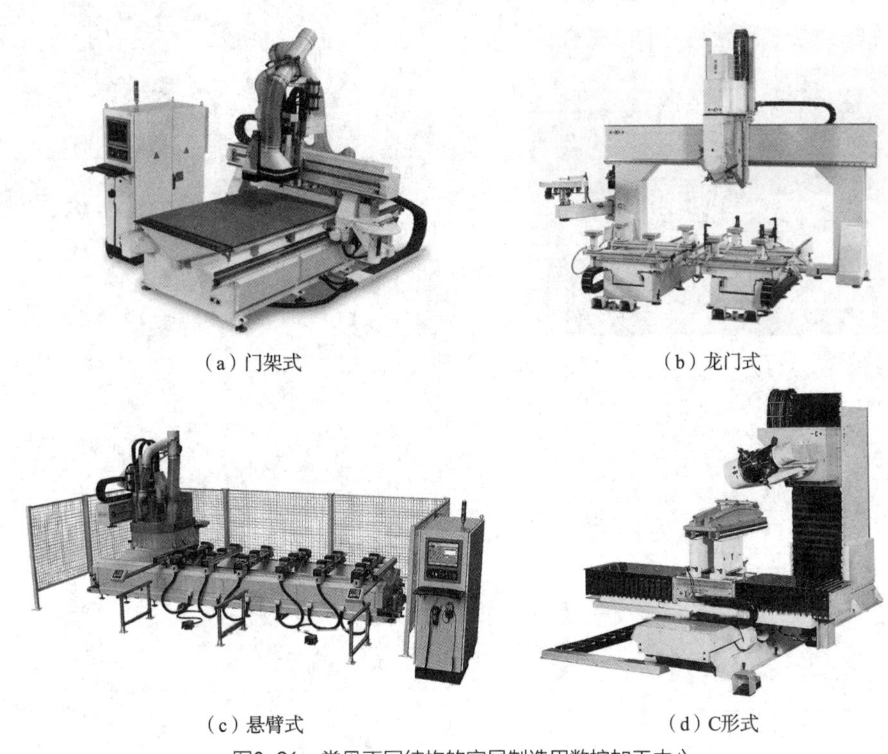

（a）门架式　（b）龙门式

（c）悬臂式　（d）C形式

图3-26 常见不同结构的家居制造用数控加工中心

1．门架式

门架式数控加工中心的机床工作台与基础固定连接，门架纵向运动，门架和工作台或机床基础之间发生相对运动。这种形式的床身结构特别适合纵向尺寸很长的工件的加工。通过两侧立柱的支承，在保持挠度很小和悬臂质量很小的条件下，实现较大的跨度。这种结构形式的优点是机床占地面积较小；缺点是门架加速度较大时，门架在其横轴方向有倾翻的可能，在纵向导轨和导轨支座上引起较大的弯曲力矩和变形，此外，其人工装料时可进入性较差。

2．龙门式

龙门式数控加工中心是刚度最好的一种机床结构形式，能够使*Y*轴滑座的惯性力作用在与基础相连的立柱上。这种结构形式的优点是工件的纵向运动发生在工作台上，作用在基础上的惯性力很小；缺点是占地面积较大，整台机床占用的场地大约为机床总工作面积的2倍。

3．悬臂式

悬臂式数控加工中心分为固定式和行走式两种。就操纵方便性而言，这种结构形式是可进入性最好的一种。固定悬臂式的优点是占用场地小，动力学性能好。而行走悬臂式需要增大刀架*Y*轴的运行空间，且难以消除动力惯量，所以*Y*轴刀架联动时，其动力学性能很差。

4．C形式

由于各轴的运动没有相互关联，因此，C形式数控加工中心的动力学性能较好。由于工作台直接在基础上，*Y*轴支持在立柱的臂上，其惯性力较小。此外，其占地面积较小，大约为工件尺寸的2倍。

第四章　工业机器人技术

学习目标

了解和掌握工业机器人定义、分类、特征、性能指标等基本知识；掌握工业机器人基本结构、工作原理和关键技术等内容；熟练掌握家居用工业机器人类型和用途。

第一节 工业机器人概述

一、工业机器人发展背景

工业机器人的研发、制造与应用是衡量一个国家科技创新和高端制造业水平的重要标志之一，它是综合计算机、控制论、机构学、信息和传感技术、人工智能等多学科而成的一种高新技术。随着数字化经济的提出，工业机器人在数字经济时代和智能制造领域中发挥着重要的作用，它改变了人们的生活方式和生产方式，能够促进科技创新、推动产业升级、保障国家安全，是制造业向自动化、网络化和智能化转变过程中的重要技术基础之一。

20世纪50年代，工业机器人首次用于汽车生产线中，经历了70多年的发展和技术迭代，现已广泛应用于自动化生产中。工业机器人的发展可以大致分为三个阶段：第一阶段的示教型工业机器人；第二阶段的感知型工业机器人；第三阶段的智能型工业机器人。

1．示教型工业机器人

示教型工业机器人可以分为直接示教型工业机器人和通过控制面板进行示教的工业机器人。直接示教型工业机器人能够记录人预先示教的轨迹、行为、顺序和速度，在生产中能够自动重复作业。对于通过控制面板进行示教的工业机器人，操作人员利用控制面板上的开关或键盘控制工业机器人的运动，工业机器人会自动记录每一步骤，然后重复执行。示教型工业机器人控制结构较为简单，只具有记忆、存储功能，能够按相应程序重复作业，但其对周围环境及自身状态没有感知和反馈控制的能力，难以适应多变化的复杂生产场景。

2．感知型工业机器人

感知型工业机器人配有各类传感器系统，使其具备对自身状态、工件以及周围环境的感知能力，如力觉、触觉、视觉等功能，通过反馈控制使其在一定程度上适应环境的变化。感知型工业机器人能够对其位置、姿态及轨迹运动做出合理规划，在实际生产中根据反馈器信息进一步做出补偿修正措施，获得更高的定位精度和加工精度。

3．智能型工业机器人

智能型工业机器人作为最高级的阶段，具备多种功能。它不仅可以感知自身的状态，如所处的位置、自身的故障情况等，还能够感知外部环境的状态，如自动发现路况、测出协作机器的相对位置等。此外，它能够针对复杂生产任务进行学习、逻辑判断和自主决策，能够独立发现问题并解决问题。智能型工业机器人的结构不会仅限于人形手臂固定于底座，而是根据实际生产配有移动机构，实现灵活移动作业。

二、工业机器人的定义

“机器人”一词出自捷克文，意为劳役或苦工。1920年，捷克斯洛伐克小说家、剧作家恰佩克在他写的科学幻想戏剧《罗素姆万能机器人》中第一次使用了“机器人”一词，此后该词被欧洲各国语言所吸收而成为专有名词，但工业机器人的定义尚未统一明确。

❶ 1987年，国际标准化组织对工业机器人进行了定义：工业机器人是一种具有自动控制的操作与移动功能，能够完成各种作业的可编程操作机。

❷ 美国机器人协会提出的工业机器人定义：工业机器人是一种用于移动各种材料、零件、工具或专用装置的，通过可编程动作来执行多种任务，并具备编程能力的多功能机械手。

❸ 我国科学家对工业机器人的定义：工业机器人是一种自动化的机器，所不同的是这种机器具备一些与人或生物相似的智能能力，如感知能力、规划能力、动作能力和协同能力，是一种具有高度灵活性的自动化机器。

三、工业机器人的分类

（一）按运动形式分类

工业机器人按运动形式的坐标系可以分为直角坐标系机器人、圆柱坐标系机器人、极坐标系机器人（关节型机器人）和并联机构机器人，如图4-1所示。

1．直角坐标系机器人

直角坐标系机器人在三维空间内的位置都是采用直线运动方式进行改变的，它可以是一轴（确定一维方向的运动）、两轴（确定二维平面内的运动）或三轴（确定三维空间内的运动）。

2．圆柱坐标系机器人

圆柱坐标系机器人连接支座的第一轴是直线运动轴，用于实现垂直或水平方向的直线运动，其他轴则均为回转轴，所有的轴共同决定了末端执行器的空间位置。连接支座的第一轴采用垂直安装的形式时，常用于垂直运动尺度较大的情况，如堆垛；采用水平安装的形式时，常用于需要做大跨度水平运动工位之间的工件传递，有时也会将这种水平安装的第一轴做成天轨或地轨。

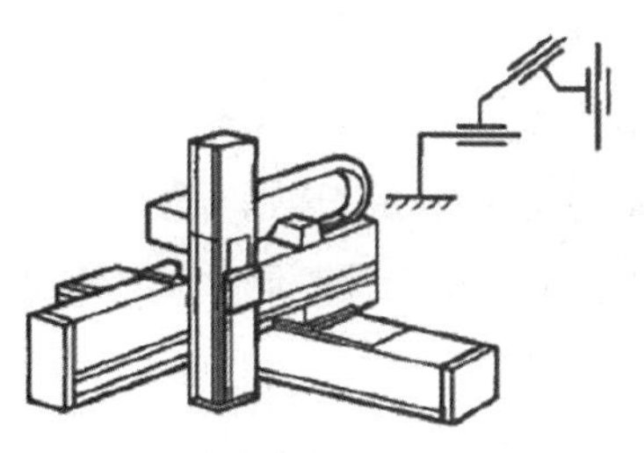

（a）直角坐标系

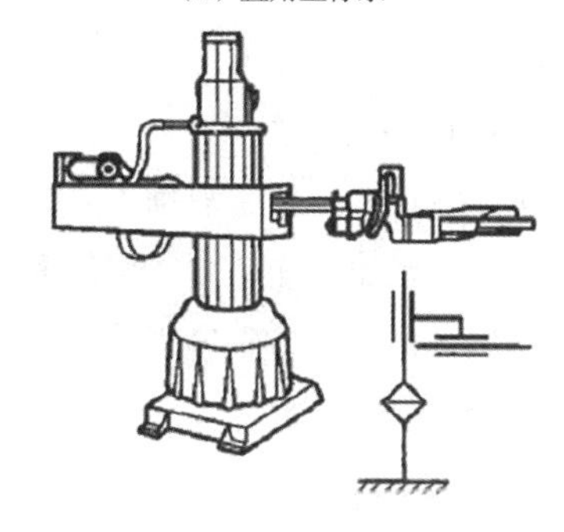

（b）圆柱坐标系

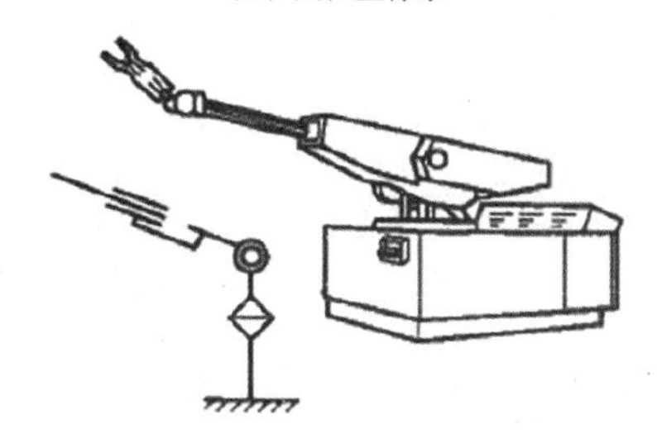

（c）极坐标系

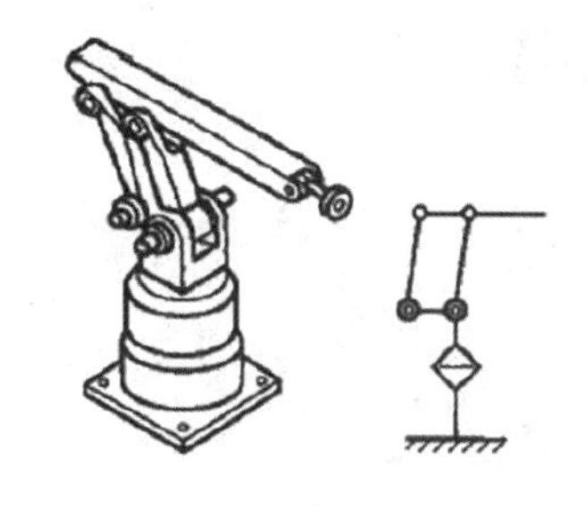

（d）关节型

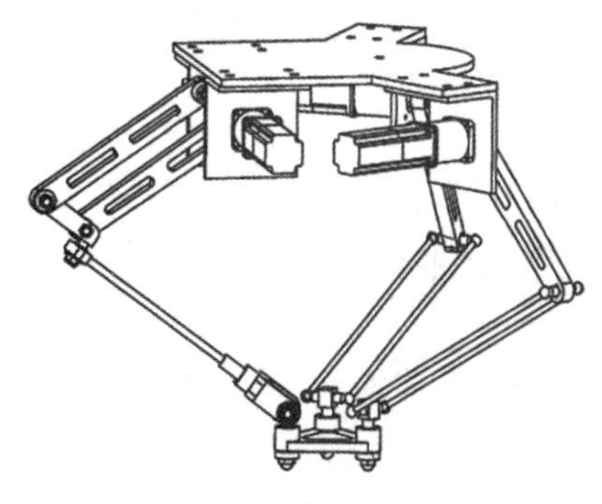

（e）并联机构

图4-1　工业机器人按运动形式的坐标系分类

3．极坐标系机器人

真正意义上的极坐标系机器人应该是球关节驱动机器人，机械结构较难实现球关节驱动，而关节轴的运动则容易实现，通过串联三组关节轴的运动就能完全实现球关节的运动结果。极坐标系机器人的机座回转轴是垂直放置的，做回转运动，而其他关节回转轴都是水平放置的。其他关节回转轴的运动在一个立面内进行，且只有当机座回转轴转过一个角度后，其他关节回转轴才会进行运动。

4．并联机构机器人

末端执行机构的空间位置由两个以上的运动并联共同确定，称为并联机构。由于安装末端执行机构的端面必须由三点确定，所以并联机构都是由三个以上的并联运动实现的。并联机构机器人在活动范围上小于直角坐标系机器人和极坐标系机器人，但由于其运动是多个并联机构运动的结果，所以定位精度更高。

（二）按用途分类

工业机器人按照在家居产品制造过程中的用途，可分为焊接机器人、打磨机器人、喷涂机器人、自动引导车、组装机器人、堆垛机器人等，如图4-2所示。

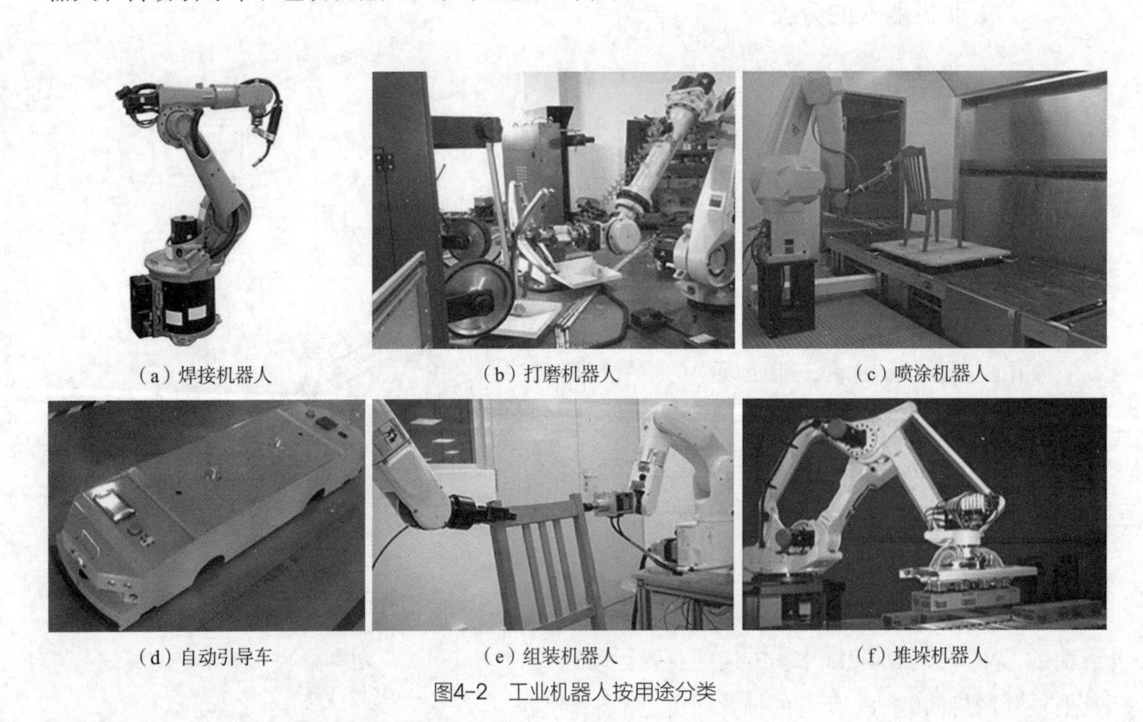

（a）焊接机器人 （b）打磨机器人 （c）喷涂机器人

（d）自动引导车 （e）组装机器人 （f）堆垛机器人

图4-2 工业机器人按用途分类

四、工业机器人的特征

（一）柔性化

随着生产自动化向柔性化转变，工业机器人具有随其工作环境变化的需要而再编程的特征，在小批量、多品种、具有均衡高效率的柔性制造过程中能发挥很好的作用，是日后柔性制造系统中的一个重要组成部分。

（二）拟人化

工业机器人在机械结构上有类似人的大臂、小臂、手腕和手爪等部分，在控制系统上由微型芯片组成。随着传感器技术的不断发展，智能化工业机器人还具备了类似人类的“生物传感器”，如皮肤接触传感器、力传感器、负载传感器、视觉传感器等，多传感器融合技术提升了工业机器人对周围环境和作业任务需求的自适应能力。

（三）通用化

除了专用工业机器人外，一般工业机器人在执行不同的作业任务时具有较好的通用性，这与工业机器人的机械结构组成密不可分。工业机器人的末端执行器多种多样，能够胜任各种作业需求，只需装配工具快换装置（换接器），便能实现末端执行器的快速更换，具有更高的生产效率。

（四）机电一体化

智能型机器人不仅具有一般工业机器人的功能，具备获取外部环境信息的各种传感器、记忆存储装置，还结合了人工智能技术，具备语言理解能力、图像识别能力和推理判断以及决策能力等，能够实现独立自主作业和自诊断。这些功能的实现和微电子技术与计算机技术的应用密切相关。

五、工业机器人性能指标（基本参数）

（一）自由度

工业机器人的自由度是指机器人机构相对于基坐标系进行独立运动的数目，是衡量工业机器人动作灵活性的重要指标。工业机器人本体都是由若干关节和连杆组成的开链机构，可以通过直线运动、摆动和旋转的数目来表示。工业机器人自由度的构成与它的工作任务相关。在三维空间中无约束的物体，具有6个自由度。而工业机器人若想在一个三维空间内任意操纵物体的位置与姿态，也必须至少具有6个自由度，7个以上的自由度则为冗余自由度，能够用于避开障碍物或奇异位形。

（二）工作范围

工作范围又称作业空间，是工业机器人在未安装末端执行器时，以手腕中心为基准点所能达到的空间范围，是衡量工业机器人作业能力的重要指标之一。工作范围的大小取决于工业机器人各关节的运动极限范围，与机器人构件尺寸、总体构形有关。工作范围的确定不仅需要考虑机构自身的干涉，也需考虑构件与工件的位置关系。

此外，工业机器人的工作范围内可能存在奇异点。奇异点是指由于结构的约束，导致关节失去某些特定方向的自由度的点，通常存在于作业空间的边缘。工业机器人运动到奇异点附近时，由于自由度的逐步丧失，关节的姿态急剧变化，这将导致驱动系统承受很大的负载而产生过载。

（三）承载能力

承载能力是指工业机器人在工作范围内的任何位置和姿态上所能承受的最大重量，承载能力的大小与负载的质量、工业机器人运行速度以及加速度的大小和方向有关。对于搬运、装配、包装类工业机器人，其承载能力一般是指不考虑末端执行器的结构和形状，假设负载重心位于参考点（手腕基准点）时，机器人高速运转时可抓取的物品质量。当负载重心位于其他位置时，则须以允许转矩或重心变化图来表示重心在不同位置时的承载能力。

（四）运动速度与加速度

工业机器人的运动速度一般是指工业机器人在空载、稳态运动时所能够达到的最大运动速度，用参考点在单位时间内能够移动的距离（mm/s）、转过的角度或弧度［（°）/s或rad/s］表示。在实际应用中，单纯考虑最大稳定速度是不够的，由于驱动器输出功率的限制，从启动到最大稳定速度或从最大稳定速度到停止运动，都需要一定的时间。如果最大稳定速度高，允许的极限加速度小，则加减速的时间就会长一些，对应用而言的有效速度就要低一些；反之，如果最大稳定速度低，允许的极限加速度大，则加减速的时间就会短一些，将有利于有效速度的提高。值得注意的是，如果加减速过快，会引起定位时超调或振荡加剧，使到达目标位置后需要等待振荡衰减的时间增加，反而可能使有效速度降低。因此，除注意最大稳定速度外，还应注意最大允许的加速度。

（五）定位精度

工业机器人定位精度是指工业机器人定位时，末端执行器实际到达的位置和目标位置间的误差值，主要包括绝对定位精度和重复定位精度。绝对定位精度反映了机器人在达到制定位姿时的精确程度，通常由确定性原始误差产生。重复定位精度是指在相同条件下工业机器人重复执行相同运动时，实际运动间的离散程度，通常由随机性原始误差产生。工业机器人的定位需要通过运动学模型来确定末端执行器的位置，其理论位置和实际位置之间本身就存在误差，加上结构刚性、传动结构、位姿控制方式、减速装置等多方面原因，其定位精度和数控机床、三坐标测量机等精密加工、检测设备相比，存在较大的差距，一般只能作为零件搬运、装卸、码垛和装配的生产辅助设备。

六、工业机器人产业发展趋势

（一）发展人机协同的工业机器人生产模式

随着人工智能、5G、大数据、云计算等新兴技术的出现，工业机器人技术与这些技术的融合已成为行业发展的趋势。机器人仿生感知与认知技术、电子皮肤技术、机器人生机电融合技术、人机自然交互技术、情感识别技术、仿生机电融合技术等前沿技术成为工业机器人的重点关注领域，旨在提高机器人智能化和网络化水平，强化功能安全、网络安全和数据安全。

（二）开发高性能的智能零部件

工业机器人中的核心部件的性能、功能和可靠性决定了机器人的制造质量。开发工业机器人控制软件、核心算法等，能够有效提高机器人控制系统的功能和智能化水平。开发高性能的工业机器人核心零部件包括高性能减速器、高性能伺服驱动系统、智能控制器、智能一体化关节、新型传感器以及智能末端执行器等。研发RV减速器、谐波减速器等高性能减速器的先进制造技术和工艺，能够提高减速器的精度保持性和可靠性，降低噪声，实现规模生产。研制机构/驱动/感知/控制一体化、模块化的机器人关节，能够实现伺服电机驱动、高精度谐波传动动态补偿和复合型传感器高精度实时数据融合的集成化应用，实现高速实时通信、关节力/力矩保护等功能。研制三维视觉传感器、六维力传感器和关节力矩传感器等力觉传感器、大视场单线和多线激光雷达、智能听觉传感器以及高精度编码器等产品，能够推动工业机器人向智能化发展。

第二节 工业机器人基本结构

工业机器人的基本结构由机械本体、驱动装置、检测装置以及控制系统组成。为对机械本体进行精确控制，传感器应提供机器人本体或其所处环境的信息，控制系统依据控制程序产生指令信号，通过控制各关节运动坐标的驱动器，使各臂杆端点按照要求的轨迹、速度和加速度，以一定的姿态达到空间指定的位置。驱动器将控制系统输出的信号变换成大功率的信号，以驱动执行器工作。

一、机械本体

工业机器人是由若干机械构件组合而成的，构件与构件之间形成运动副，进而形成可相对运动的开链或闭链机构。运动副（转动副和移动副）常称为关节，关节的个数通常就是机器人的自由度数。工业机器人的类型十分丰富，根据其结构的开、闭链形式，可以分为串联工业机器人、并联工业机器人和混联工业机器人，其中，串联关节型工业机器人是最为常见的一类典型机器人。典型工业机器人的机械本体一般由基座、腰部、臂部（大臂和小臂）、腕部和手部（也叫末端执行器）构成。图4-3所示为工业机械臂，本节将重点介绍工业机器人手部、腕部、臂部和机身的机械结构。

（一）手部结构

工业机器人的手部结构通过机械或接口（电、气、液）与工业机器人的腕部进行连接，实现抓握工件或按照程序指令执行作业任务。根据作业任务需求的不同，被握持工件的形状、尺寸、质量、材质及表面状态的不同，末端执行器种类的不同，大致可以分为夹钳式末端执行器、吸附式末端执行器和专用末端执行器等。

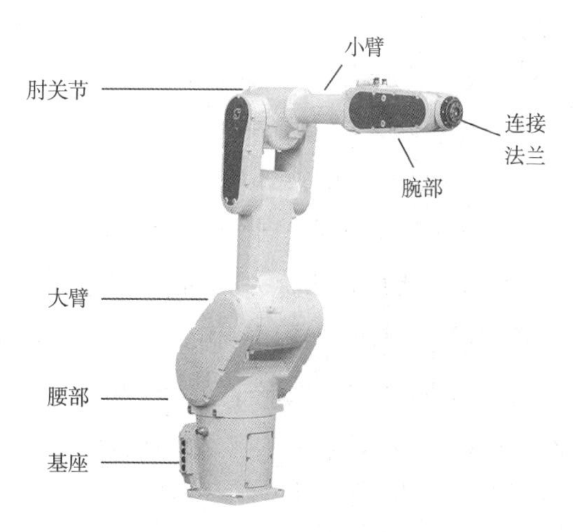

图4-3 工业机械臂

1. 夹钳式末端执行器

夹钳式末端执行器又称为钳爪式手部，如图4-4所示。它是工业机器人应用较为广泛的一种末端执行器，一般由手爪、驱动机构和传动机构组成，能够对工件进行抓握和夹持。按夹取方式的不同，可以分为外夹式和内撑式两种，二者夹持的工件位置不同，夹持的动作方向相反。夹钳式末端执行器的手爪直接与工件进行接触，通过手爪的张开或闭合实现对工件的松开和夹紧。

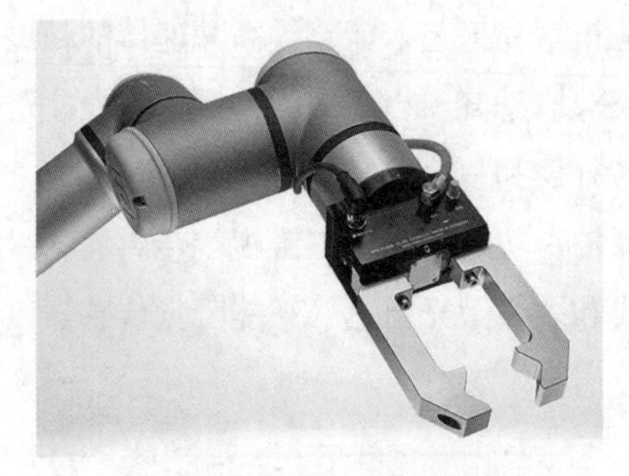

图4-4 夹钳式末端执行器

2．吸附式末端执行器

吸附式末端执行器依靠吸附力实现对大平面、平整物体的控制，其使用场景较为广泛。根据吸附力形式的不同，可以分为真空吸附式和磁力吸附式两种，如图4-5所示。真空吸附式末端执行器是利用塑胶材质制成的碗状体，通过抽空与工件表面接触的平面密封性型腔的空气而产生负压真空吸力来抓取和搬运工件。与夹钳式末端执行器相比，真空吸附式末端执行器具有结构简单、质量轻、不损伤工件、被吸持工件预定的位置精度要求不高、使用便捷等优点。磁力吸附式末端执行器利用电磁铁通电产生的磁场对工件进行吸附。与真空吸附相比，磁力吸附有较大的单位面积吸附力，对工件的表面粗糙度、沟槽、空隙等无特殊要求，但被吸附的工件和吸附头易带有剩磁吸附磁性屑，从而影响作业。在家居产品制造过程中，由于原材料特性的不同，磁力吸附式末端执行器在木质零部件加工中不适用，但在部分金属五金分拣和抓取中可以合理应用。

（a）真空吸附式

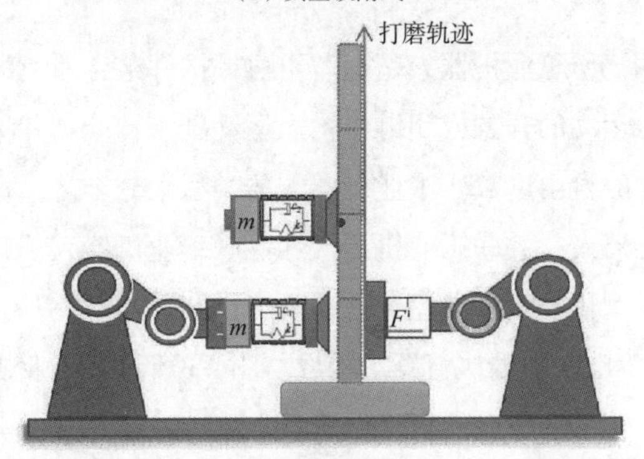

（b）磁力吸附式

图4-5 吸附式末端执行器

3．专用末端执行器

专用末端执行器根据作业任务需求，通过换接器快速装卸不同的专用末端执行器实现对工件的切割、打磨、焊接等作业。专用末端执行器的关键部件是换接器，如图4-6所示，由换接器插座和换接器插头组成，分别安装在工业机器人腕部和手部上。换接器能够同时具备气源、电源和信号的快速连接功能，能够承受

图4-6 换接器

手部的工作载荷。此外，工业机器人发生故障时，换接器不会自行脱离，能够避免对人员产生危害。

（二）腕部结构

工业机器人的腕部处于操作机的最末端，用以连接工业机器人臂部和手部，并对手部的位置和姿态进行调整。工业机器人的腕部结构依据自由度的数量可以实现扭转、俯仰和偏转功能，每一个功能对应一个自由度。扭转又称臂转，即腕部沿*X*轴即工业机器人上臂旋转，对应一个R形关节（回转关节）；俯仰又称腕摆，即腕部沿*Y*轴旋转，对应一个B形关节（摆动关节）；偏转又称手转，即腕部沿*Z*轴旋转，对应一个B形关节，如图4-7所示。

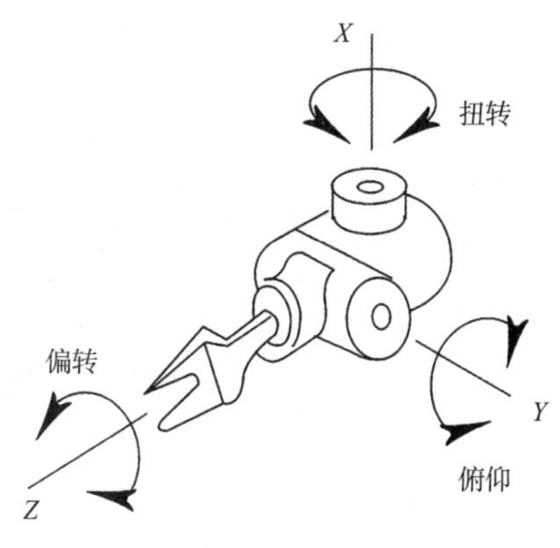

图4-7　腕部自由度示意图

根据自由度数目的不同，工业机器人的腕部可分为单自由度手腕、2自由度手腕和3自由度手腕，腕部的结构设计应按照工作任务的实际需求和性能来安排自由度数，做到结构紧凑、重量轻，适应各类工作环境。根据驱动方式的不同，工业机器人的腕部结构可以分为直接驱动和间接驱动。直接驱动将驱动器直接安装在腕部关节附近，直接驱动关节运动，具有传动线路短、传动刚性强的特点，但其腕部整重大，运动惯量大，对驱动器的质量和体积要求较高。间接驱动将驱动器安装在工业机器人下臂或基座等远端部位，其腕部的结构更紧凑轻巧，但在传动性能上有所损失。

（三）臂部结构

工业机器人臂部结构是重要的执行机构，主要包括大臂、小臂以及与其伸缩、回转和俯仰等运动有关的构件等部分，通过液压、气动或电动驱动实现工业机器人的三维空间位姿变化，确定手部的位置、姿态及轨迹。工业机器人臂部结构的自由度数通常为2～3个，用以实现回转、俯仰、摆动等运动。其臂部结构具有良好的刚性和承载性能，能够满足作业时的动、静载荷以及自身各机构高速运动时的惯性要求，同时臂部结构也是工业机器人控制系统和驱动系统的载体。工业机器人臂部按照运动形式可以分为直线运动型臂部结构和回转运动型臂部结构。

1. 直线运动型臂部结构

直线运动通常指臂部的伸缩、升降运动，以往复式直线运动形式实现，通常应用于搬运、堆垛等作业场景。直线运动臂的驱动形式有滚珠丝杆驱动和同步带驱动两种。滚珠丝杆驱动具有运动精度高、传递推力大等优点，但由于丝杆距离受限在15m以内且制造成本较高，因此在直线臂过长的场景中不宜使用。而同步带驱动更适合于直线臂过长的场景，其制造成本较低，可根据实际任务需求进行合理设计。图4-8所示为直线桁架机器人，这种机器人广泛应用于家居原材料仓储搬运环节。

2. 回转运动型臂部结构

工业机器人臂部结构的回转和俯仰运动，一般借助铰链或回转驱动电动机来实现，而回转驱动电动机主要分布在上臂、下臂以及基座上，从而控制工业机器人实现转向、俯仰等位姿变化。这一类的运动臂型常见于关节型机器人，通过齿轮传动、链轮传动、气压传动等机构实现臂部的俯仰、翻转和横摆，灵活性较强。图4-9所示为回转型臂部。

（四）机身结构

工业机器人机身又称立柱，是工业机器人支承臂部的部件，直接连接臂部结构及运动机构，并作为控制器、驱动器的连接载体，通常将工业机器人机身与基座做成一体，固定于工作台上。机身可以是固定式，也可以是移动式，具体采用哪种形式取决于机身和基座的安装形式。机身通常为1～2个自由度，用以实现回转和升降运动。

工业机器人机身与臂部的结合形式可以分为横梁式、立柱式和机座式，如图4-10所示。横梁式结构工业机器人臂部处于悬挂状态，这类机器人多以直线运动为主，具有占地面积小、空间利用率高、机构简单高效等优点。立柱式工业机器人的手臂可在水平面内进行回转，具有占地面积小、工作范围大、较为灵活等优点。机座式工业机器人是较为常见的结构形式，它具有独立的集成控制系统，能够进行回转、屈伸等运动。

机座式工业机器人按照其安装位置，又可以分为地面安装式、倒置式和壁挂式三种。地面安装式工业机器人，因其工作范围较大，机座面积相对较小，为增强工业机器人作业时的稳定性，须在地基和基座之间安装过渡板，避免工业机器人运行过程中出现晃动、松动现象。倒置式和壁挂式工业机器人在安装时，须额外加装防坠落架，避免工业机器人坠落。

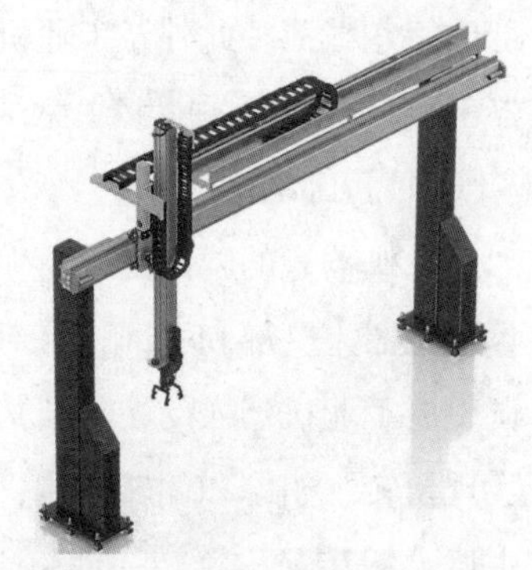

（a）直线桁架机器人

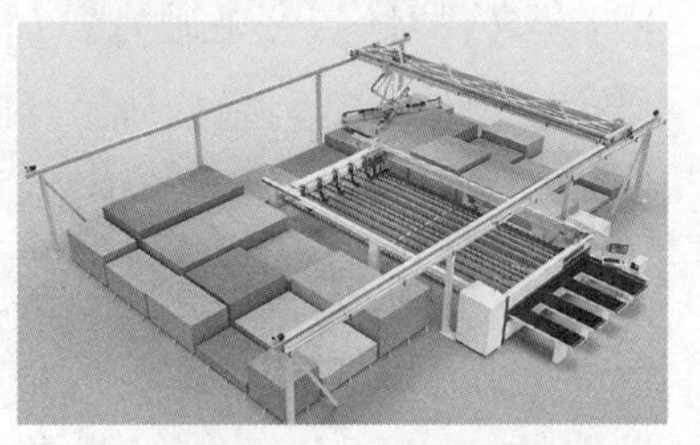

（b）人造板开料工段自动直线桁架机器人

图4-8 直线桁架机器人

图4-9 回转型臂部

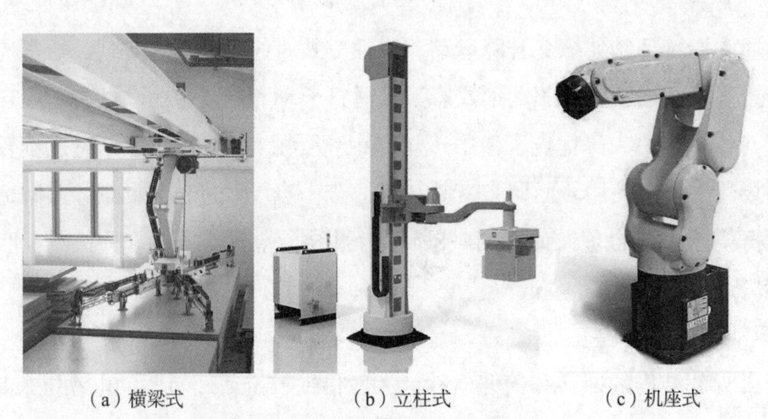

（a）横梁式 （b）立柱式 （c）机座式

图4-10 不同机身结构的工业机器人

二、驱动装置

工业机器人的驱动装置也称为执行器，能够驱动执行机构运动，实现末端执行器的位姿改变以及工件的抓握、吸附。其结构主要包括原动机、传动机构以及执行机构。工业机器人的控制系统在接收相关指令后下达给驱动装置，由其负责执行，同时反馈执行情况数据并做相应的补偿调整。工业机器人常见的驱动装置按照动力源可以分为液压驱动、气压驱动以及电动机驱动。执行机构在前面已有介绍，本节将重点介绍原动机类型以及传动机构类型。

（一）原动机

原动机是带动执行机构到达指定位置的动力源，可分为液压驱动、气压驱动和电动机驱动。

1．液压驱动

液压驱动是一种成熟的动力输出技术，主要包括液压泵、液压油缸、液压阀和调压器等。液压驱动控制精度高、可无级调速，能够实现连续轨迹控制；其操作功率大、惯量比大，适合大负载和低速驱动场景；液压驱动对密封性要求较高，但其速度响应较低，能源利用效率较低，生产噪声大，容易出现污染且生产维护成本较高。

2．气压驱动

气压驱动是三类驱动方式中最简单的，其驱动原理和液压驱动相似，其工作介质变成了高压空气。气压驱动操作简单、易于编程；驱动器质量轻，维护成本较低；气动控制阀简单，能够实现模块化组件拓展，且其使用无环境污染。然而，高压空气介质难以实现高精度伺服且输出力矩较小，因此气压驱动的稳定性较差。

3．电动机驱动

工业机器人电动机驱动可以分为直流电动机驱动、步进电动机驱动和伺服电动机驱动，现有工业机器人的驱动方式多以电动机驱动方式为主，它是影响性能指标的核心部件，是实现工业机器人智能化的一项重要载体。

直流电动机是将直流电能转换为机械能的电动机，主要由定子部分、转子部分和空气隙组成。直流电动机分为有刷电动机和无刷电动机，有刷电动机寿命较短，转子在换向时容易产生火花；而无刷电动机在重量上较轻，惯量小，机械特性和调节特性好，调速范围广，寿命长，维护方便且噪声小。

步进电动机又称脉冲电动机，其原理是基于电磁铁作用。步进电动机的外圈是固定在机壳上的定子，由两个空间上呈90°的交叉电磁铁组成；其内圈是转子，由三个永久磁铁呈60°交叉固定，形成一个似齿轮的多级磁铁。依据定子和转子的磁矩对数的差异，定子循环切换通电电流方向产生旋转磁场，从而驱动电机转子旋转。

步进电动机依据发出的步进脉冲数量，进而前进相应的步距。其速度由步距和脉冲频率决定，步进电动机更适合于轻型负载、连续旋转和位移精确控制场景，其耐用性较好。步进电动机系统由步进电动机、步进电动机驱动器和控制器组成，能够利用数字信号进行开环控制。其位移和输入的脉冲信号数一一对应，误差累积小，定位精度高。此外，步进电动机易于启动、停止、正反转，响应速度快；步距选择范围大，且小步距能在超低速下高转矩稳定运行，但其负载能力差。

与步进电动机相比，伺服电动机具备反馈装置。伺服电动机在接收相应数量的脉冲时，会旋转对应的角度，同时再发出对应旋转角度的脉冲数量，从而形成闭环。伺服系统能够掌握接收与发出的脉冲数量，从而能够精确地控制电动机转动角度。伺服电动机具备反馈传感器，适用于轻、中负载的连续转动位移及速度的精密控制。伺服电动机具有体积小、重量轻、部署灵活、成本低、能够高效进行算法处理与信息通信等优点，能够实现与控制系统集成一体化。工业机器人一般采用交流伺服系统作为执行单元，通过位置、速度和转矩三种方式对工业机器人的位置、姿态和运动轨迹进行调整。

（二）传动机构

工业机器人需要传动机构进行动力传导的原因如下：

❶ 原动机的转速过快，不符合工作任务所要求的速度且调速不便，通常依赖于减速器进行减速。

❷ 原动机的输出运动形式多为回转式，而手部所需要的运动形式则是多种多样的。

❸ 受限于工作环境与机械外轮廓尺寸，原动机与执行器直接相连，会妨碍工业机器人工作的稳定性和灵活性。

工业机器人常用的传动机构包括交叉滚子轴承传动机构、同步带传动机构、链传动机构、滚动导轨传动机构和齿轮传动机构等。

1. 交叉滚子轴承传动机构

工业机器人使用的交叉滚子轴承传动机构如图4-11所示，它是将相邻的滚子在90°的V形槽内通过隔离块相互垂直排列，能够承受来自径向、轴向的力矩和载荷。交叉滚子轴承传动机构具有体积小、节省安装空间、刚性强、旋转精度高等优点，广泛应用于工业机器人臂部、基座等部位，以实现回转运动。

2. 同步带传动机构

同步带传动机构综合了齿轮、链条等不同传动方式的优点，能够做到带体和传动轮之间的精确啮合和高度同步运转，且二者之间不存在相对滑移，能够实现任意时刻的同步传动。同步带传动机构具有传动效率高（可达98%以上）、经济节能、同步带与带轮之间的反向间隙小、不打滑、能够实现精密传动、无须润滑剂、减少污染、结构紧凑、传动平稳高效等优点。

同步带由胶层、强力层、带齿和包布层组成，根据齿形的不同可以分为梯形齿同步带和弧齿同步带，如图4-12所示。同步带轮如图4-13所示，它一般由金属材料制成，经表面处理与同步带一同使用。

3. 链传动机构

链传动机构由主动链轮、从动链轮和链条组成，如图4-14所示，它是通过链条将带有齿形的主动链轮的动力传递到从动链轮的一种传动形式。链传动机构能够在低速、重载以及高温

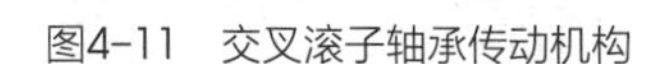
图4-11　交叉滚子轴承传动机构

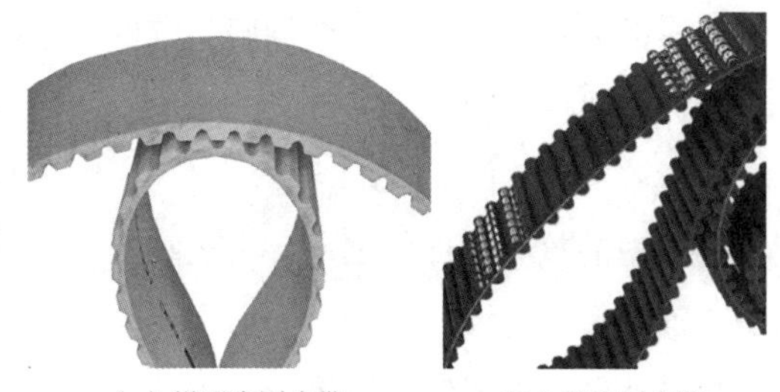
（a）梯形齿同步带　　（b）弧齿同步带
图4-12　同步带

图4-13　同步带轮

等各类不良环境中工作，但其传递功率较大，因此不适合精密传动机械。链传动机构更适合两轴平行、中心距离较远，对传动精度要求不高的工作环境。

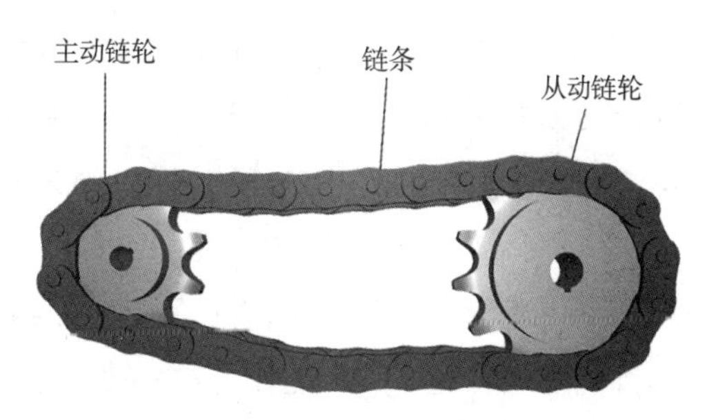

图4-14　链传动机构

4．滚动导轨传动机构

滚动导轨传动机构的导轨副是一种具有独特力学性能的新型滚动支承，由导轨、滑块、滚珠、保持器、端盖等组成，如图4-15所示。在滚动导轨运动部件与支承部件之间放置的滚动体，如滚珠、滚柱等，使得支承体能够在导轨副上进行运动。滚动导轨传动机构具有摩擦因数小、磨损小、传动精度高、传动速度快以及节能环保等优点。目前，滚动导轨传动机构在工业机器人的运用上以第七轴为主，即用于工业机器人在水平面内的直线移动，如图4-16所示。

图4-15　导轨副

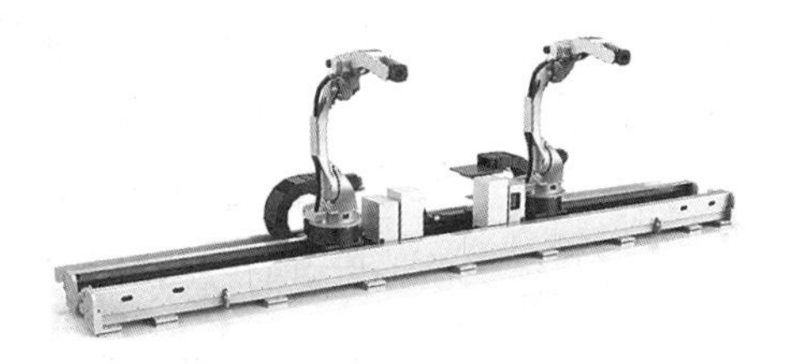
图4-16　直线移动式机器人

5．齿轮传动机构

齿轮传动机构如图4-17所示，它是现代机械应用中较为广泛的一类传动机构，能够用于传递空间内任意两轴或多轴的运动和力矩。齿轮传动机构具有传动效率高、结构紧凑、工作可靠、寿命长、传动比准确等优点，广泛应用于支座轴承、腕部关节等部位。根据齿轮方向可以分为直齿轮、斜齿轮和人字齿轮等，其中，直齿轮和斜齿轮主要应用在腕部传动结构上。通过齿轮进行的传动行为有齿轮与齿轮之间、齿轮和齿链之间等，这些传动行为能够有

图4-17　齿轮传动机构

效消除齿隙间滑移，但过多的齿轮啮合会对整个伺服系统的精度造成影响，不适用于两轴间距大的应用场景。

（三）减速器

减速器作为工业机器人中的核心零部件之一，在运动的传动、降速和增加力矩方面发挥着重要的作用。目前常见的各类减速器主要包括行星减速器、摆线针轮行星减速器、谐波减速器、RV减速器等。

图4-18 行星减速器

1. 行星减速器

行星减速器是一种用途广泛的工业产品，其体积小、重量轻、承载能力高、使用寿命长、运转平稳、噪声低，具有功率分流、多齿啮合独用的特性。行星减速器的主要结构为行星轮、太阳轮、外齿圈和行星架，如图4-18所示。根据固定部件和活动部件的不同，行星减速器的减速比也各不相同，如外齿圈固定，太阳轮作为输入轴，行星架和行星轮作为输出（被动）轴，其传动比为2.5～5，为减速状态；太阳轮固定，外齿圈作为输入轴，行星架和行星轮作为输出轴，其传动比为1.25～1.67。

2. 摆线针轮行星减速器

摆线针轮行星减速器是行星减速器的另一种机型，由摆线轮、针轮、偏心轴、外壳等部分构成，如图4-19所示。它是根据少齿差行星传动原理设计而成的。行星轮，即摆线轮，其轮齿为摆线齿；太阳轮，即针轮，其轮齿为针齿，两者组成摆线针轮合副，针轮齿数与摆线轮齿数的差为1。在传动过程中，偏心轴将输入运动传递给摆线轮，由于固定针轮的作用，摆线轮产生与输入运动相反的低速自转运动，再通过机构输出。与同功率减速器相比，摆线针轮行星减速器具有质量轻、体积小、传动平稳、效率高、精度高、拆修简单、易保养、寿命长、噪声小等优点。

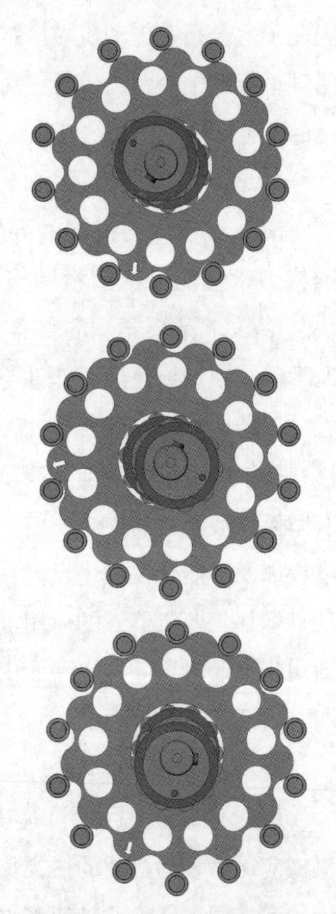
图4-19 摆线针轮行星减速器

3. 谐波减速器

谐波减速器又称少齿差行星减速器，由谐波发生器、柔轮和钢轮组成，如图4-20所示。与行星减速器依靠齿轮组减速原理不同，谐波减速器依靠控制柔轮的弹性变形实现机械运动的传递和减速。谐波发生器由椭圆状凸轮与滚珠轴承组成，安装在输入轴上，凸轮装入滚珠轴承后，轴承产生弹性形变成椭圆状。柔轮由弹性薄壁金属制成的带齿轮的杯状体

图4-20 谐波减速器

组成，其齿轮数少于钢轮齿数，所以称为少齿差齿轮。钢轮内周刻有齿轮且不会产生变形，刚性较强。

谐波减速器的特点如下：

❶ 承载力强，传动精度高。

❷ 谐波减速器在传动时啮合的齿数（可达30%）多于普通齿轮传动时的啮合数（2%~7%），传递功率大，承载能力强。

❸ 传动比大，传动效率高。

❹ 结构简单、体积小、重量轻，使用寿命较长，传动平稳，无噪声。

4. RV减速器

RV减速器是由一个渐开线行星齿轮减速机构的前级和一个摆线针轮减速机构的后级组成的两级串联减速机构，由输入轴、行星齿轮、曲柄轴、RV齿轮、输出轴以及针轮六部分组成，如图4-21所示。RV减速器第一级减速机构的输入轴从太阳轮传递到行星轮，按齿数比进行减速；第二级减速机构的输入轴从上一级的行星轮通过曲柄轴传递到RV齿轮进行减速。RV减速器的结构紧凑，体积小，重量轻；传动效率高，传动比大；结构刚性好，传动稳定。

图4-21 RV减速器

三、检测装置

检测装置是工业机器人的重要组成部分之一，用以实时检测工业机器人的运动及作业情况，并根据需要将各类执行参数反馈给控制系统，使其与预定信息进行误差比较后，再对执行机构进行调整，保证工业机器人位姿和运动轨迹的精度。在工业机器人中，检测装置通常为各类传感器组成的检测系统，用于获取工业机器人自身及外部环境的数据。根据传感器在检测系统中的作用可以分为内部传感器和外部传感器两大类。内部传感器主要用来检测工业机器人自身的状态参数，为工业机器人的运动控制提供必要的本体状态信息，如位置传感器、角度传感器、速度传感器、加速度传感器等；外部传感器主要采集工业机器人与外部环境及作业对象之间相互作用的信息，如力觉传感器、视觉传感器、触觉传感器等，其中，视觉传感器又分为二维视觉传感器和三维视觉传感器。

（一）内部传感器

1. 位置传感器

工业机器人对关节的位置、姿态及位移的检测是实现作业任务的最基本检测需求。位置传感器能够用于测量工业机器人各执行机构（关节、末端执行器）中的机械位移，并通过编码器将位移物理量转化为数字量反馈给控制系统。常见的位置传感器包括电位计式位移传感器、光栅尺位移传感器、光电式位移传感器等。电位计式位移传感器分为直线形电位计和旋转式电位计，直线形电位计式位移传感器用于直线位移检测，因其易磨损，使用寿命短，已逐渐被旋转编码器所代替。

2．角度传感器

工业机器人的运动多以角度变化控制实现，应用最多的角度传感器为旋转编码器类的传感器。这类传感器一般安装在工业机器人的各关节上，用以测量关节转轴的角度，进而确定工业机器人的位置和姿态。角度传感器包括光电式绝对型旋转编码器和光电式增量型旋转编码器。光电式绝对型旋转编码器可以直接将被测的角度转化为相应代码，用以指示绝对位置而无累计误差，且断电不会失去位置信息。光电式增量型旋转编码器能够记录旋转轴的相对角度变化，以获取角度的增量或减少量。

3．速度传感器

速度传感器多用于测量工业机器人关节的运行速度，通过测量旋转速度来确定关节或执行器的速度值。常见的速度传感器包括测速发电机和增量型旋转编码器两种。测速发电机是将机械转速转化为压电信号，机械转速与发电机输出电压成正比，通过测量输出电动势，获得被测机构的转速值，它具有良好的实时性。增量型旋转编码器是将被测机构的旋转角度进行离散化和量化处理后，通过一圈圈的同心编码盘对旋转角度数值进行编码，从而输出旋转角度参数。

4．加速度传感器

随着工业机器人不断向高速化、高精度化发展，机械本体的各机构在运动时产生的振动对作业精度和定位精度的影响越来越大。通过在工业机器人的杆件和末端执行器上安装加速度传感器，能够将测得的数据反馈给控制系统以改善机器性能。常见的加速度传感器有应变片加速度传感器和压电加速度传感器等。应变片加速度传感器有一个载有应变片的板簧支承重锤所构成的一个振动系统，振动通过重锤传导，使得应变片发生变形而通过电路转化为输出电压，从而检测出加速度。压电加速度传感器利用具有压电效应的物质，将产生的加速度转换为电压，它通常由酸铅材料制成。

（二）外部传感器

1．力觉传感器

力觉传感器主要有光纤压力传感器和压电式传感器。光纤压力传感器基于全内反射破坏原理，外部受力影响光纤压力传感器中的膜片从而破坏全内反射，使得接收光纤接收的光强发生改变，进而测得力的大小。压电式传感器是一种基于压电效应的传感器。力觉传感器主要用于测量工业机器人在运动过程中关节、腕部、基座等机构所受力及力矩的大小，能够防止过载发生，意外碰撞时，能够做到立即停机，避免对机械结构造成损害，同时也大大降低了发生事故的风险。根据被测对象的不同，力觉传感器可分为单轴力传感器、单轴力矩传感器、手指传感器、关节力传感器以及六轴力觉传感器。其中，关节力传感器结构较为简单，只测量单一信息，安装在关节驱动器上，直接获取驱动器输出的力与力矩并反馈给控制系统。六轴力觉传感器又称腕力传感器，安装在末端执行器和腕部之间，直接获取作用于末端执行器的力及力矩，主要有筒式和十字式。

2．视觉传感器

（1）二维视觉检测系统

工业机器人中二维视觉传感器应用较为广泛的是二维视觉检测系统，通过二维平面的识别，对物体的运动进行检测和定位，同时能够协调工业机器人的路径规划，通过反馈系统进行位置和姿态的调整。二维视觉检测系统主要由光源、相机、图像传感器及检测系统组成，其光源为二维检测系统提供照明，相机检测被摄物体并成像于图像传感器，通过一系列图像处理对物体进行检测。二维视觉检测系统具有实时性强、视场大、光条信息易于提取和鲁棒性高等特点。

（2）三维视觉检测系统

由于二维视觉检测系统只能针对物体的二维平面进行检测，无法反映其深度信息，在高速或复杂的应用场景中进行识别、拣选仍有较大的难度，此时可采用三维视觉传感器中的三维视觉检测系统。三维视觉检测系统包括双目立体视觉和结构光三维视觉。

双目立体视觉通过两个摄像头获得图像信息，计算出视差，从而使计算机能够感知到图像中各物体的前后位置关系及深度信息。双目立体视觉实现三维深度检测的关键在于双日相机的标定，只有确定了投影点的匹配关系，才能进行视差计算，从而获取图像中各物体的位置关系。双目立体视觉视差原理如图4-22所示。

结构光三维视觉基于结构光三角测量原理，由投影仪、摄像机和图像处理系统三部分组成。投影仪将结构光投射到被检测物体表面上，从而形成由被检测物体的表面形状调制的三维图像。投射器在另一个位置检测三维图像，从而获得灯条的二维失真图像。当投影仪和投射器之间的相对位置固定时，扭曲的二维失真图像坐标可以再现物体表面的三维轮廓。

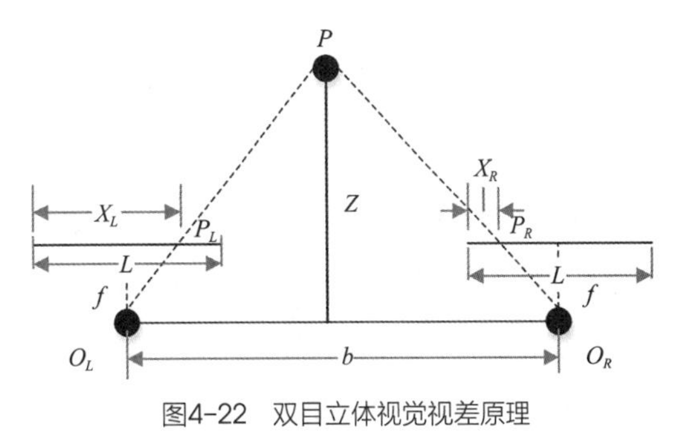

图4-22 双目立体视觉视差原理

3．触觉传感器

触觉传感器用于工业机器人感知是否与物体接触，并感知物体的物理属性，如坚硬、柔软等。工业机器人的触觉传感器能够通过作用力反馈来优化操作运动，识别物体的物理属性及形状，躲避障碍物或危险，防止碰撞事故的发生。

四、控制系统

控制系统负责作业指令信息、内外环境信息的处理，并依据预定的本体模型、环境模型和控制程序做出决策，产生相应的控制信号，通过驱动器驱动执行机构的各个关节按所需的顺序并沿确定的位置或轨迹运动，完成特定的作业。

（一）控制系统的组成及原理

控制系统主要由控制器、示教器、存储器、I/O接口、网络通信接口等部分组成。控制器一般由微型处理器构成，负责指令的接收、处理与下达；示教器用于示教型工业机器人的轨迹参数，给工业机器人下达作业指令；存储器负责存储相关指令、程序、传感器数据等信息；I/O接口用于各种状态和控制命令的输入和输出；网络通信接口负责工业机器人与其他设备之间的通信及联网。

工业机器人的控制原理如下：

❶ 通过示教器下达作业任务指令，告诉工业机器人所需执行的工作内容。

❷ 工业机器人在接收指令后通过控制器转换为程序代码，将其存储于存储器中并制定相关控制决策。

❸ 通过I/O、数据、网络通信等接口交由驱动器执行工业机器人的位置、姿态、轨迹、操作顺序及动作时间指令。

❹ 通过相应的传感器系统，对前馈、补偿进行反馈修正，检测工业机器人的作业装填，最终完成控制任务。

1. 控制系统的基本功能

❶ 记忆功能。工业机器人的控制系统应能够对作业顺序、操作时间、运动路径、运动方式、速度和生产工艺相关数据进行存储。

❷ 示教功能。工业机器人的控制系统应能够实现示教编程、离线编程，将作业指令转化为机器执行程序。

❸ 坐标设置。工业机器人的控制系统应能够实现关节坐标、绝对坐标、工具坐标以及用户坐标的实时变换运算。

❹ 位置伺服。工业机器人的控制系统应具备多轴联动、运动控制、速度与加速度控制、动态补偿功能，以实现工业机器人高速、高精度运动。

❺ 故障诊断与安全保护。工业机器人的控制系统应具备实时系统运动状态检测功能以及故障状态下的自诊断和保护功能。

2. 控制系统的特点

❶ 多关节联动驱动。工业机器人多为串联多关节联动控制，每个关节由一个伺服系统（伺服驱动器、伺服电动机、减速器）控制，多个关节的运动需要各个伺服控制系统协同工作以实现联动控制。

❷ 基于坐标变换的运动控制。工业机器人的作业任务要求其末端执行器在三维空间内进行点位运动或连续轨迹运动，而运动控制需要进行复杂的坐标变换运算，这是实现工业机器人运动学和动力学分析的基础。

❸ 复杂非线性数学模型。工业机器人的数学模型是一个多变量、非线性和变参数的复杂模型，变量之间存在着耦合关系，仅仅利用位置闭环是不够的，还要利用速度闭环、加速度闭环。在控制任务时，需要根据反馈信息，进行前馈、补偿、解耦和自适应等控制修正。

（二）控制系统分类与控制方法

1. 控制系统分类

根据架构的不同，控制系统可分为集中式控制系统和分布式控制系统。

集中式控制系统利用计算机实现工业机器人的全部控制功能，具有结构简单、硬件成本低、便于信息采集和分析、易于实现系统的最优控制、整体性和协调性较好、基于计算机的系统硬件扩展较为方便等优点。由于工业机器人控制在位置、姿态、速度控制方面的实时性较差，所以集中式控制系统常用于早期的工业机器人控制系统。

分布式控制系统通过分散控制，集中管理，对总体目标和任务进行综合协调和分配，并通过子系统的协调工作来完成控制任务。分布式控制系统具有集中监控和管理，管理与现场分离，管理更加综合化和系统化；控制系统的各功能模块的设计、装配、调试、维护等工作相互独立，系统控制的风险性分散，可靠性提升；通信网络技术如现场总线和以太网，为分布式控制系统扩展性提供了良好的接口。

2．控制系统控制方法

工业机器人控制系统的经典控制方法包括PID控制器以及伺服控制模式。伺服控制模式根据被控对象可以进一步细分为位置控制、速度控制以及力与力矩控制。

（1）位置控制

工业机器人的位置控制方式包括点位控制和连续轨迹控制。通过伺服电机对关节、末端执行器进行驱动旋转，并通过旋转编码器获取旋转角度和位移数据。点位控制方式要求工业机器人的末端执行器以一定的姿态尽快而无超调地实现相邻点之间的运动，对两点之间的运动轨迹不做具体要求。连续轨迹控制方式要求末端执行器沿预定的轨迹进行运动，将运动轨迹分解成插补点序列，末端执行器可在运动轨迹上的任意特定数量的点处停留，进行位置控制。

（2）速度控制

工业机器人通过控制系统对电机的旋转速度进行检测，按照作业任务需求对运动部件进行一系列加速、减速控制。工业机器人的行程变化经过三个速度变化阶段，即加速阶段、稳速阶段和减速阶段。

（3）力与力矩控制

工业机器人控制的目的是执行作业任务，作业任务的细化则往往依赖于末端执行器，如装配、加工、切割、抓取等动作，末端执行器均应与工件直接接触并保持一定的力和力矩。这时就需要对力与力矩进行控制，通常借助力觉传感器实现，如六轴力觉传感器。

第三节　工业机器人工作原理

工业机器人作为一个复杂的系统，代表着多变量、非线性的自动控制系统，其运动速度、姿态、位置的最终结果取决于多方面因素共同作用，只有对其工作原理有一个清晰的认知，才能够理解工业机器人控制系统的实现基础。

一、工业机器人坐标系

要对工业机器人进行运动学和动力学分析，其基础是坐标系的建立与转换。工业机器人的运动学问题，即确定工业机器人的关节、末端执行器的位置和姿态，需要在坐标系中进行描述。工业机器人的动力学问题，即工业机器人的运动轨迹，同样需要在各坐标系中进行描述。

工业机器人的坐标系主要包括基础坐标系（世界坐标系、大地坐标系）、机器人坐标系（运动学坐标系）、工具坐标系和工件坐标系等，如图4-23所示。

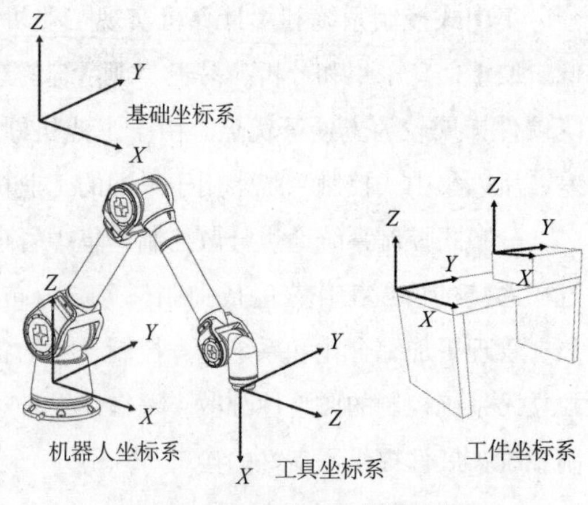

图4-23　工业机器人坐标系

基础坐标系是工业机器人在惯性空间的定位基础坐标系，也是其他笛卡尔坐标系，如机器人坐标系的参考坐标系。在默认的情况下，基础坐标系与机器人坐标系是重合的，即没有位置的偏置和姿态的变化，有助于工业机器人的自身定位和运动学建模。

机器人坐标系是用于对机器人进行正运动学和逆运动学建模的一种基础笛卡尔坐标系。在该坐标系下，操作人员可以通过示教器对工业机器人进行动作预设，机器人可以实现X、Y、Z轴的水平移动和X、Y、Z轴的旋转运动。

工具坐标系以工业机器人腕部的法兰连接盘所持工具（末端执行器）的有效方向为Z轴，以工具的中心点为原点。在该坐标系下，通过示教器控制工具的平移和旋转运动。

工件坐标系是用户自定义的坐标系，可以根据示教需求进行多个工件坐标系的定义。在该坐标系下，工业机器人会沿着新工件的坐标系进行运动，能够减轻示教工作的难度。

建立的坐标系能够在之后工业机器人运动学和动力学描述中发挥重要作用，各坐标系之间能够进行转换，从而能够根据需求选取合理的坐标系进行分析。

二、工业机器人位姿规划原理

工业机器人的运动学分析，即工业机器人的位置和姿态分析，包括两方面的内容：一方面是已知工业机器人的关节变量参数，求解末端执行器的位置和姿态，即正运动学分析；另一方面是已知末端执行器的位置和姿态变量，求解各关节的变量参数，即逆运动学分析。正运动学分析较为简单且答案唯一，逆运动学分析则存在多个答案，求解难度较大。

（一）工业机器人位置和姿态描述

以关节型工业机器人为例，它由一系列的刚性机构通过关节连接得到。为每一个机构建立坐标系，得到每个机构相对于其自身坐标系的位置和姿态，并通过引入齐次变化矩阵来描述这些坐标系之间的相对关系，从而得到每个机构相对于基础坐标系的位置和姿态。

1. 齐次坐标

以工业机器人末端执行器的中心点位置为例，在三维直角坐标系下，其齐次坐标采用一个4×1的列向量进行表示：

$$P=\begin{pmatrix}P_x\\P_y\\P_z\\1\end{pmatrix} \tag{4-1}$$

式中　P_x、P_y、P_z——点P在坐标系中的三个位置分量。

一个点的齐次坐标不唯一，当列向量的每一元素分别乘以一个非零因子λ时，则有：

$$P=\lambda\begin{pmatrix}P_x\\P_y\\P_z\\1\end{pmatrix}=\begin{pmatrix}\lambda P_x\\\lambda P_y\\\lambda P_z\\\lambda\end{pmatrix} \tag{4-2}$$

对于齐次坐标的使用有如下规定：

❶ 若4×1列向量（P_x，P_y，P_z，0）^{T}中的第四个元素为0，且（P_x）^{2}+（P_y）^{2}+（P_z）^{2}=1，则表示为单位矢量，即沿某轴的方向。

❷ 若4×1列向量（P_x，P_y，P_z，1）^{T}中的第四个元素不为0，则表示为该点在三维直角坐标系下的某一点。

2．齐次变换

工业机器人在三维坐标系下的运动可以分解为平移和旋转。通过对每一个分解的简单运动以变换矩阵的形式进行表示，工业机器人的多次运动就可以以多个变换矩阵的乘积进行表示，从而得到机构经多次变换后的位置和姿态矩阵，这一过程称为齐次变换。

3．平移变换

若已知点P（x，y，z），在空间直角坐标系中进行平移变换后得到点P'（x'，y'，z'），则有：

$$\begin{cases}x'=x+\Delta x\\y'=y+\Delta y\\z'=z+\Delta z\end{cases} \tag{4-3}$$

进一步改写为齐次矩阵的形式：

$$\begin{pmatrix}x'\\y'\\z'\\1\end{pmatrix}=\begin{pmatrix}1&0&0&\Delta x\\0&1&0&\Delta y\\0&0&1&\Delta z\\0&0&0&0\end{pmatrix}\begin{pmatrix}x\\y\\z\\1\end{pmatrix} \tag{4-4}$$

令：

$$\text{Trans}(\Delta x,\Delta y,\Delta z)=\begin{pmatrix}1&0&0&\Delta x\\0&1&0&\Delta y\\0&0&1&\Delta z\\0&0&0&0\end{pmatrix} \tag{4-5}$$

在式（4-5）中，Δx、Δy、Δz分别表示P点沿X，Y，Z轴的移动量，Trans（Δx，Δy，Δz）

称为齐次坐标变换的平移算子。若算子左乘，则表示P点相对于固定坐标系进行齐次变换；若算子右乘，则表示P点相对于动坐标系进行齐次变换。

4．旋转变换

若已知点P（x，y，z），在空间直角坐标系中绕Z轴旋转θ后得到点P'（x'，y'，z'），则有：

$$\begin{cases} x' = x\cos\theta - y\sin\theta \\ y' = x\sin\theta + y\cos\theta \\ z' = z \end{cases} \tag{4-6}$$

进一步改写为齐次矩阵的形式：

$$\begin{pmatrix} x' \\ y' \\ z' \\ 1 \end{pmatrix} = \begin{pmatrix} \cos\theta & -\sin\theta & 0 & 0 \\ \sin\theta & \cos\theta & 0 & 0 \\ 0 & 0 & 1 & 0 \\ 0 & 0 & 0 & 1 \end{pmatrix} \begin{pmatrix} x \\ y \\ z \\ 1 \end{pmatrix} \tag{4-7}$$

令：

$$\mathrm{Rot}(z,\ \theta) = \begin{pmatrix} \cos\theta & -\sin\theta & 0 & 0 \\ \sin\theta & \cos\theta & 0 & 0 \\ 0 & 0 & 1 & 0 \\ 0 & 0 & 0 & 1 \end{pmatrix} \tag{4-8}$$

在式（4-8）中，Rot（z，θ）称为点P绕Z轴的旋转算子。若算子左乘，则表示P点相对于固定坐标系进行齐次变换。同理，能够得到绕X轴和绕Y轴的旋转算子。

$$\mathrm{Rot}(x,\ \theta) = \begin{pmatrix} 1 & 0 & 0 & 0 \\ 0 & \cos\theta & -\sin\theta & 0 \\ 0 & \sin\theta & \cos\theta & 0 \\ 0 & 0 & 0 & 1 \end{pmatrix} \tag{4-9}$$

$$\mathrm{Rot}(y,\ \theta) = \begin{pmatrix} \cos\theta & 0 & \sin\theta & 0 \\ 0 & 1 & 0 & 0 \\ -\sin\theta & 0 & \cos\theta & 0 \\ 0 & 0 & 0 & 1 \end{pmatrix} \tag{4-10}$$

（二）工业机器人运动学方程

为工业机器人的每一机构连杆建立一个坐标系，用A_i变换矩阵表示一个连杆坐标系与下一个连杆坐标系之间的相对关系的齐次变换矩阵。如果A_1表示第一个连杆相对于基础坐标系的相对位置和姿态的齐次变换矩阵，A_2表示第二个连杆相对于第一个连杆的相对位置和姿态的齐次变换矩阵，则有：

$$T_2 = A_1 A_2 \tag{4-11}$$

以此类推，对于六连杆机器人，有T_6矩阵：

$$T_6=A_1A_2A_3A_4A_5A_6 \tag{4-12}$$

在式（4-12）中，等式右边是从固定坐标系到末端执行器坐标系的各连杆坐标系之间的变换矩阵连乘，等式左边是末端执行器坐标系相对于固定坐标系的位姿矩阵。进一步分析式（4-12）可得：

$$T_6=\begin{pmatrix} N_x & O_x & A_x & P_x \\ N_y & O_y & A_y & P_y \\ N_z & O_z & A_z & P_z \\ 0 & 0 & 0 & 1 \end{pmatrix} \tag{4-13}$$

式（4-13）称为工业机器人运动学方程。其中，前三列表示为末端执行器的姿态，第四列表示为末端执行器中心点的位置。这是运动学模型常用的一种建立方法。

三、工业机器人轨迹规划原理

工业机器人位置和姿态的改变依靠关节的力和力矩进行驱动，以获得预期的速度和加速度。工业机器人产生速度和加速度就会出现轨迹，所以工业机器人动力学分析就是运动轨迹分析，它同样包含两个方面：一方面是已知机器人各个关节的作用力或力矩，求解机器人各关节的位移、速度和加速度，即正动力学分析；另一方面是已知机器人各关节的位移、速度和加速度，求解各关节所需的力及力矩，即逆动力学分析。对工业机器人进行有效的动力学分析，能够更好地控制其运动，实现预期轨迹完成指定作业任务。常见的求解方法有牛顿-欧拉法、拉格朗日法和凯恩斯动力学法等。大部分工业机器人的动力学问题均采用拉格朗日法求解，借助关节坐标系、能量平衡定理进行建模。

工业机器人轨迹是其在作业过程中的运动轨迹，即考虑位移、速度和加速度等因素，运动点的起点位置和终点位置的系列点或曲线构成的路径。

工业机器人的轨迹规划步骤如下：

❶ 首先对工业机器人的作业进行描述，即运动轨迹的描述。

❷ 根据确定的轨迹参数，在计算机中进行模拟。

❸ 在运行时间内，按一定速率输出位置、速度、加速度参数，生成运动轨迹。

工业机器人的轨迹规划不是唯一的，根据前面对机器人运动学的分析可知，在求解逆运动学方程时，存在无解或多个解的情况，反映了机器人轨迹规划的多样性。

工业机器人轨迹规划的一项重要操作是位置插补算法，通过梯形速度、空间直线插补、空间圆弧插补等方式，能够对空间中复杂的曲线进行分段拟合。

（一）梯形速度

梯形速度是工业机器人进行轨迹规划的一种常用策略，能够确保工业机器人的起始、停止速度为零，减少机器人在运动过程中的振动。利用梯形速度曲线对轨迹进行规划时，轨迹、轨迹速度和加速度的曲线如图4-24所示。

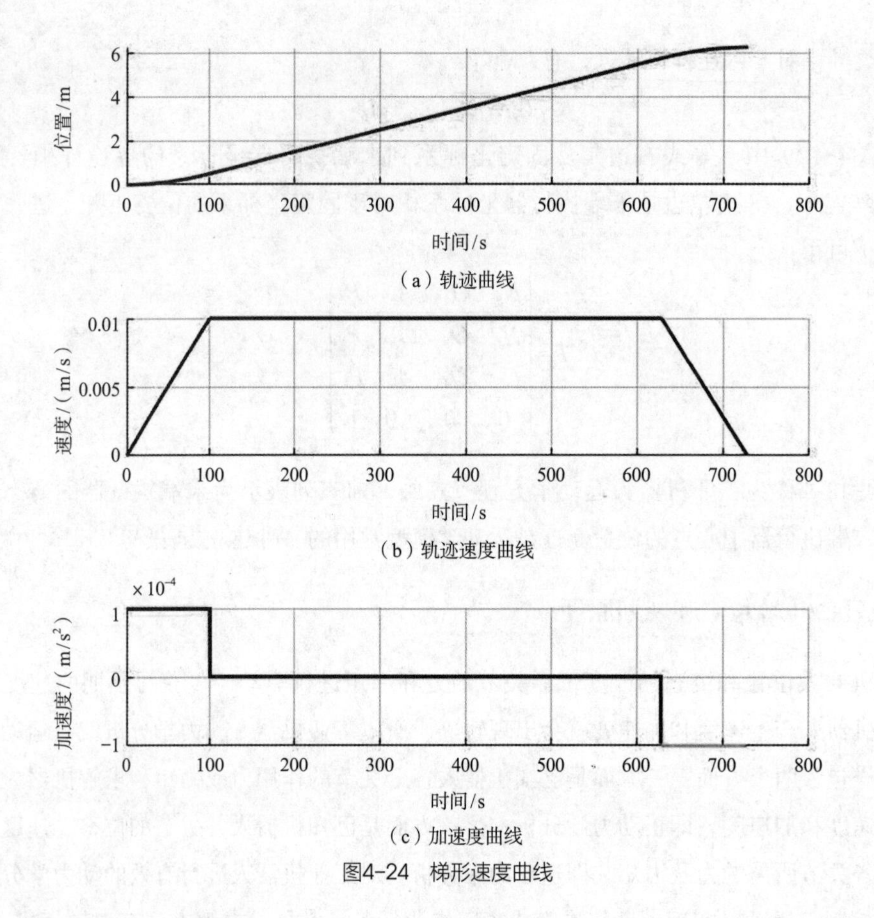

（a）轨迹曲线

（b）轨迹速度曲线

（c）加速度曲线

图4-24 梯形速度曲线

（二）空间直线插补

空间直线插补实现工业机器人末端执行器的连续直线运动轨迹，主要是对位置和姿态进行插补，是一种最简单和最重要的轨迹规划插补算法。空间直线插补通过在起始点和终止点的位置和姿态，计算出直线运动轨迹中间的各插补点的位置和工业机器人的姿态。

（三）空间圆弧插补

空间圆弧插补针对末端执行器不在同一直线上三点的位置和姿态，通过圆弧插补算法计算出运动轨迹中各插补点的位置和姿态，从而实现空间运动轨迹的拟合。空间圆弧插补算法采用了归一化的方法，首先将空间圆弧插补转化为平面曲线插补；然后在平面下计算出各插补点的位置；最后通过坐标系的变化计算出各插补点在空间坐标系下的位置。

第四节 工业机器人关键技术

一、工业机器人操作编程技术

工业机器人操作编程技术是为完成作业任务而生成的一系列动作顺序描述的指令和程序。工业机器人通过这些指令代码的输入，理解转化为机器人控制系统的语言，再驱动其相关机械结构运动，完成作业任务。根据工业机器人结构、配置、控制系统组成的不同，编程技术可以分为示教编程和离线编程两种。

（一）示教编程

示教编程通过示教编程器，由操作人员现场操作示教器的按钮或直接手握机器人末端进行人机交互示教，这一阶段称为“示教阶段”。机器人负责记录并存储相关的位置、姿势和轨迹信息数据，在之后的加工工序中，机器人从存储器中调取该数据进行再现，完成作业，这一阶段称为“再现阶段”。示教编程是目前机器人应用中较为广泛的一种编程技术，其操作简单、学习成本低、可随时修正错误、能够快速部署和使用，但示教编程在精度上难以保证，且时间上花费较大，操作劳动强度较大，示教过程中因操作不当容易产生事故。

示教编程将机器人运动的命令直接编程为相关程序，由操作人员直接对这些移动命令进行调用和排序。在这些移动命令中，常用位置坐标、插补方式、再现速度、作业点、空走点等参数进行描述。位置坐标用于描述末端执行器、关节等机构的中心位置点和姿态，即对机器人自由度的描述。插补方式用于细化和拟合机器人在两位置点之间的具体路线，常用的有直线插补、空间圆弧插补、B样条插补等方式。再现速度是机器人在再现阶段，按照轨迹所需运行的速度。作业点决定了机器人从该位置点到下一位置点需要实施作业任务。空走点则代表从当前位置点到下一位置点不需要进行作业操作。

（二）离线编程

示教编程适合简单的动作指令，在面对复杂形式的工件中进行打磨、切削等指令时，由于其精度不够难以很好地达到作业要求。离线编程通过计算机技术建立加工工件与机器人的数字模型，再根据加工需求，对加工工件的尺寸、形状进行加工模拟，并自动生成机器人实际运行轨迹的控制命令和代码。相较于示教编程，离线编程是面向计算机虚拟环境的仿真试验，它能够实现复杂轨迹的计算和规划。离线编程不会占用工业机器人的生产时间，同时，操作人员能够避免在工业机器人旁的各类危险。此外，在控制精度上，离线编程也要优于示教编程。

随着工业机器人技术和信息技术的发展，离线编程技术也在不断地更新并逐渐朝着集成化的应用方向发展，主要包括多传感器融合建模与仿真、规划算法优化、误差标定与精度补偿等方面。随着传感器技术的不断发展，其性能逐渐向智能化方向提高，在计算机建模和仿真过程中，需要逐步融合多传感器的建模，实现机器人基于传感器数据与通信的操作。规划算法的优化是不断地考虑复杂的、不确定性的加工生产环境，以提升位置、姿态和轨迹的最佳规划性能。误差标定和精度补偿是针对机器人运动过程中实际运动与预期值之间的差值进行校正，是提升机器人作业精度的一项重要支撑技术。

二、工业机器人智能传感器技术

智能传感器定义为“具有小内存和能与处理器和数据网络进行通信的标准物理连接的传感器，由具有信号调制的传感器、嵌入式算法和数字接口等三者相结合而成”。随着技术的不断发展，工业机器人的检测装置也更加智能化，使其具备自检测、自判断、自决策等功能。随着小巧、灵活成为工业机器人设计制造的趋势之一，智能传感器的发展也将会向着仿生化、微型化方向发展。

智能传感器和一般传感器在计算处理能力上有所不同。智能传感器能集感知、计算、通信为一体，能够自主进行计算和数据处理功能，从而获得相关不能直接测量的数据；智能传感器具备误差补偿和校准功能，传感器在使用过一段时间后在性能上会出现非线性的误差漂移，从而影响生产、定位的精度，而智能传感器能够自主进行误差标定和精度补偿；智能传感器能够进行自我故障诊断，在通电使用过程中发生故障、报错时，能够根据前期样本的学习，自主诊断错误类型和故障代码，从而便于快速检修。

1．人工触觉传感器

不同于工业机器人上一般的接触觉传感器，人工触觉传感器使用一种滑动传感器，使传感器系统具备模仿人类指纹的特征，在与物体表面进行接触时，能够有效捕捉振动刺激，从而识别物体表面纹理特征并判断材料类型。它在接触精度上更加细分，能够提高机器人手部的感知性能，甚至具备人类层级的手部感知，不仅可以识别是否与物体进行接触，同时能够识别物体表面材料，在产品表面质量检验和工件表面粗糙度检验场景中，能够发挥重要作用。

2．智能温度传感器

智能温度传感器采用热敏电阻作为传感器前端，获得高分辨率的温度，识别温度用于过热保护，如针对工业机器人的工作环境、控制芯片、工作电机等部位的温度进行检测。随着智能温度传感器的发展，出现了光纤温度传感器、石墨烯覆盖光纤的温度传感器以及具有补偿机制的高灵敏度温度传感器，这些传感器在工业机器人应用中能够实现高精度、高分辨率的温度识别和控制，从而精准捕捉工业机器人的实时生产状态，建立有效的故障隐患预测体系，保证生产效率的稳定性。

3．ToF激光雷达传感器

工业机器人在运行过程中对周围环境和物体距离的精确感知，能够确保其在作业任务过程中免于碰撞。传统的工业机器人测距传感器主要是光栅传感器、光电码传感器等，在识别精度、灵敏度和分辨率上有待提高，且存在无法检测到的区域。ToF激光雷达传感器利用发射的多束激光对周围物体进行连续回转扫描，对物体距离和物体细节的感知更加灵敏和准确，并且能够生成相关扫描区域的三维成像。ToF激光雷达传感器目前主要应用于自主移动机器人、仓储搬运机器人等装备，用于路径规划和距离检测。

三、工业机器人预测维护技术

随着现代工业的发展，制造业从数字化、网络化向智能化转变，在面对生产设备的传统性维护中，采用周期式的保养和维修，一方面无法精准定位工业设备的故障位置和原因，另一方面定期的巡检也会导致大量的人力物力资源的浪费。这表明现有的常规性维护检测手段已经无法满足制造业在向智能化转型中更高级的维护需求，针对该需求提出的预测性维护技术（PDM），作为工业4.0的关键支持技术之一，其依托智能感知装置，结合大数据分析、机器学习、人工智能等技术，在高度自动化和网络化的工厂环境中建立机器设备的预测模型，合理预估设备的剩余使用寿命，预测设备故障隐患，从而制订个性化的维护计划，能够提高生产效率并有效降低维修成本。

工业机器人作为现代制造业的一类重要制造装备，逐渐向智能化发展。装配相关智能传感器、反馈器以及自主分析控制系统，使得工业机器人具备自组织、自学习、自决策功能，不仅能够在工业生产中应对各类生产任务，而且能够自检测系统状态与硬件使用情况，从而合理预测剩余使用寿命以及制订维修计划，为后续技术人员的诊断和维护提供参考价值。

现有工业机器人预测维护技术包含设备管理和设备维护两方面内容。通过B/S架构搭建预测维护系统的设备管理人机交互界面，实现对工业机器人的远程控制管理；基于MQL数据库、Spark大数据架构、构建设备维护系统，实时监测工业机器人作业时的生产指标和性能，并针对不良指标提前制订维护计划。

（一）设备管理

面向工业机器人的预测维护技术中，对工业机器人的管理主要包括工业机器人状态监控、工业机器人数据表制作以及工业机器人报警干预控制。

在状态监控中，传统手段一般采用视频监控的方式，对工业机器人作业状态进行实时监控，这一方式存在一定的滞后性，当工业机器人作业发生故障后，技术维护人员须采取相应的修护和维护措施。而以预测维护为主的状态监控，依靠工业机器人内部和外部的各类传感器和智能传感器，检测收集各项指标数据，以数据的形式反馈工业机器人的生产状态，能够做到精准和快速反应。

在数据制表方面，工业机器人预测维护系统能够对采集的各类数据进行处理、分类和储存，利用各类数据软件形成相应的数据库集。形成的数据库一方面可以用来制作可视化的图表，以反馈工业机器人的生产状态；另一方面能够方便管理人员查询历史数据，获取工业机器人设备的生产运行情况，从而为后续设备管理措施的改进提供相关参考，以提高设备的使用效率。

在报警干预方面，传统设备管理一般是设备发生故障后发出报警信号，技术人员在获取信号后前往查看并维修，这一流程往往耗费人力，同时也会导致生产效率的下降。而面向预测维护的报警干预能够依据实时反馈的检测数据和设置报警阈值，提前做好设备干预措施，通过互联网向设备发送指令信息进行干预。

（二）设备维护

良好的设备管理基于高效率的设备维护系统。设备维护系统负责预测设备故障隐患并制订相应的预测维护计划，其功能依赖于数据的价值挖掘。在建立生产数据库的同时，结合机器学习、人工智能技术对工业机器人的使用寿命、机械性能进行预测。设备维护系统主要包括数据库建立、预测模型训练和预测维护计划制订等内容。

预测模型训练以基础数据库为支撑，建立工业机器人生产作业时的动态数据模型，对设备的剩余使用寿命指标进行预测，制订相关维护计划，达到预测维护的目的。预测模型的核心是工业大数据技术，它融合了智能算法、机器学习和人工智能等技术，对生产环境中的工业机器人建立虚拟的映射模型，依据大量的生产数据，对这些数据进行训练后对未来的生产状态做出合理的预测。对工业机器人生产状态进行预测后，须建立相应的响应措施，即维护计划，如更换工业机器人零部件、电路电气系统检修等安排，能够有效降低维护资源的浪费。

第五节 家居用工业机器人

机器人起初是应用于高端制造业的一类先进制造设备，随着制造业信息化、智能化技术的不断发展，以工业机器人、人工智能等为主体的先进技术与装备将成为制造业发展的强有力工具。小批量、多品种的定制化制造方式对家居制造装备提出了新要求，以数控加工设备和工业机器人为代表的先进制造装备不断引入家居制造的各个环节，对家居数字化与智能化制造水平提升起到至关重要的作用。

针对家居生产的不同工段，家居产业应用的工业机器人种类主要有砂光机器人、喷涂机器人、装配机器人、搬运机器人、机加工机器人、焊接工业机器人等。

一、砂光机器人

砂光是木家具产品生产中不可或缺的一项工序，其打磨质量的好坏很大程度上影响着产品的表面性能、美观性等指标。传统砂光多以人工作业形式为主，砂光过程中的粉尘污染严重，直接危害操作者身体健康；同时，粉尘容易发生爆炸等安全事故，安全隐患较大。随着机器人技术的不断成熟，砂光机器人逐渐在各制造领域得到广泛应用。砂光机器人是满足砂光功能的一类工业机器人，能够根据工件轮廓形状、表面粗糙度满足加工工艺要求，实现自动砂光。相较于人工砂光，机器人砂光具有速度快、质量高、柔性强、产品光洁度一致性好、可进行连续化生产等特点，可显著提高生产效率和产品合格率。

根据加工方式，可以将砂光机器人分为工具型砂光机器人和工件型砂光机器人，如图4-25所示。工具型砂光机器人通过末端执行器固定连接打磨工具，对工件进行砂光加工的过程，砂光工具一般包括抛光、粗砂、精砂等砂光单元。工件型砂光机器人通过机械手握持工件，分别送到各种固定式的磨床进行打磨加工。

二、喷涂机器人

涂装是家居产品生产的一个重要环节，它关系着产品的外观质量，不仅能够赋予产品优良的防护性能，而且也能提升产品附加价值。然而，传统的涂装车间环境较为恶劣，涂料中的挥发性有机物、粉尘严重影响工人身体健康；涂料中可挥发性有机物在密闭的喷涂房中形成具有潜在爆炸危险的气体环境，存在安全隐患；同时，人工喷涂的不确定因素较多，漆膜性能、喷涂效率、涂料利用率等指标难以稳定保持。因此，采用喷涂机器人替代人工喷涂是家居产业喷涂技术发展的必然趋势。

（a）工具型

（b）工件型

图4-25　砂光机器人

喷涂机器人如图4-26所示。相较于人工喷涂，喷涂机器人能够最大限度地提高涂料利用率，提高喷枪的运动速度和稳定性，确保产品喷涂工艺的一致性，提升产品的合格率。典型的喷涂机器人系统由操作机、机器人控制系统、供漆系统、自动化喷枪和防爆吹扫系统等组成。其中，供漆系统为整个系统的关键部件，它由流量调节器、气源、涂料混合器和供漆及供气管路组成，常见于空气喷涂机器人和高压无气喷涂机器人。

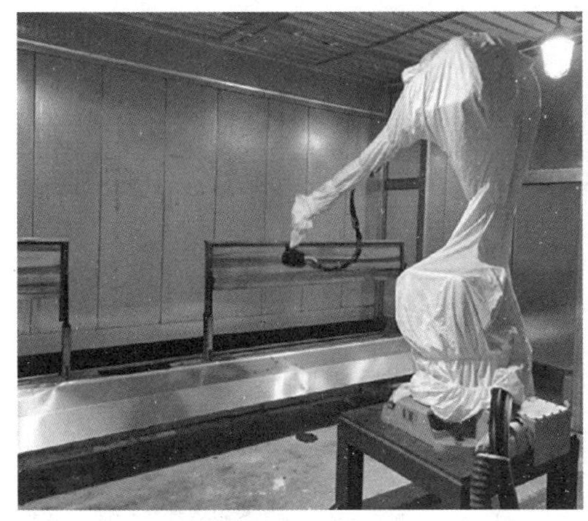
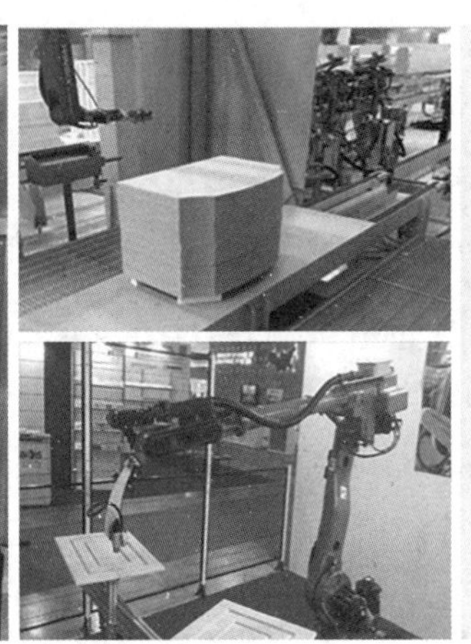
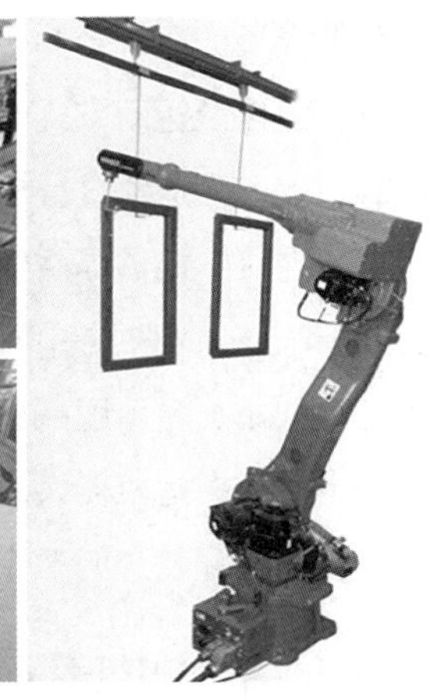

图4-26　喷涂机器人

三、装配机器人

装配机器人主要应用于家居装配生产线，它取代了传统手工装配模式，装配优势显著，精度高、柔性强、效率高，并能减轻工人的工作强度，在制造业生产中发挥着重要作用。

装配作为家居产品制造的后续环节，其人力、物力、财力消耗在产品制造全过程中占有较大比例。因此，家居装配机器人应运而生。家居装配机器人，即家居制造过程中用于对零件或部件进行装配的一类工业机器人，如椅类装配、木门框架装配等，如图4-27所示。装配机器人能够有效提高装配自动化程度与装配精度，在机械结构方面，可装备伺服电机，可自动编程，具有调整速度快、定位精度高等优点，可以适应不同尺寸规格产品的装配，能够有效提高装配生产线的柔性。

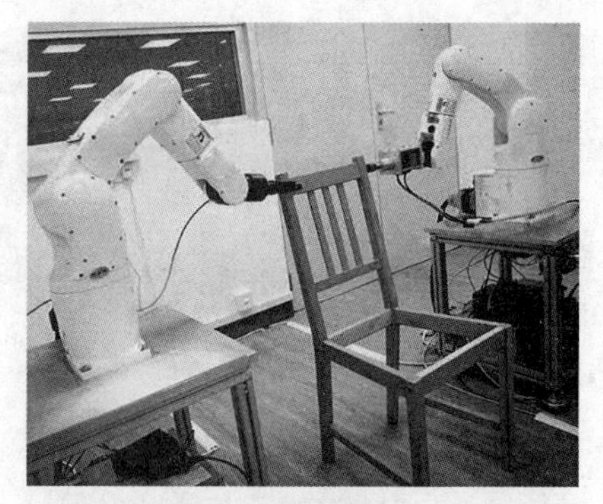

（a）椅类装配机器人

（b）木门框架装配机器人

图4-27 装配机器人

四、搬运机器人

搬运机器人，即应用机器人运动轨迹实现代替人工搬运的自动化产品，可用于各工段的上下料、各工序衔接及零部件分拣等过程，实现零部件转运自动化。它具有搬运稳定、准确性高、生产柔性高、适应性强、定位准确等优点，还能够降低制造成本，实现自动化生产。

根据结构形式的不同，搬运机器人可分为龙门式搬运机器人、悬臂式搬运机器人和关节型搬运机器人，分别如图4-28至图4-30所示。龙门式搬运机器人作为典型的直线坐标系机器人，在确定物料位置、负载情况以及运动方式上更快捷准确，适合大批量上下料过程，且能够进行模块化改进，将其直接与生产线进行对接，能够提高生产的自动化水平。关节型搬运机器人在工业生产中较为常见，它具有结构紧凑、占地空间小、自由度高、搬运分选速度快等优点，相较于龙门式搬运机器人，其布置更加灵活，且能够适应任何角度和轨迹的工作。

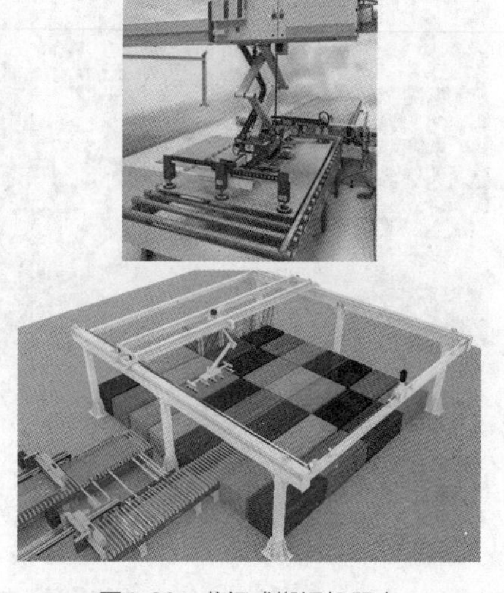

图4-28 龙门式搬运机器人

五、机加工机器人

机加工机器人把机器人的终端执行器变为具有铣削、钻削、雕刻等功能的主轴系统，使机器人成为机加工机床。机加工机器人与数控机床的结构完全不同，机器人的控制器、编程软件和数控机床的数控系

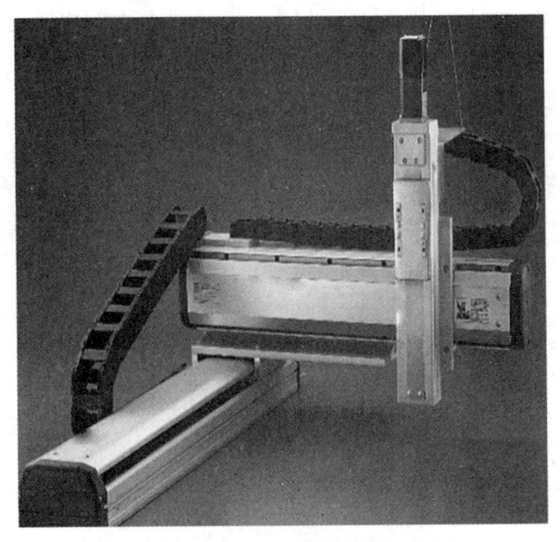

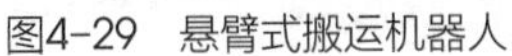
图4-29 悬臂式搬运机器人

图4-30 关节型搬运机器人

统也不同，因而导致机加工机器人与数控机床的用途不同。只要机器人的控制器和编程软件实现了与数控机床数控系统相同的功能，机加工机器人便能像数控机床一样具备多轴驱动功能。这类机器人适用于铣型、钻孔、去毛刺、雕刻等多类型的切削加工工艺；适合加工多种类型的材料，如木材、金属、塑料等。图4-31所示为几种典型的机加工机器人。

六、焊接工业机器人

焊接作为金属加工制造的主要方式之一，在生产中用于管材接口、结构点位等部位的焊接，而传统手工焊接方式生产效率低，加工质量不稳定，且焊接产生的光源污染会对操作工人的健康产生一定的危害。受劳动力减少、劳动力成本增加、焊工从业意愿降低以及焊接装备技术不断发展等各方面因素的影响，优质、绿色、高效、自动化的焊接工业机器人成为行业主流加工设备，广泛应用于各类金属加工制造行业，如图4-32所示。

根据焊接工艺的不同，焊接工业机器人可分为点焊工业机器人、弧焊工业机器人、激光钎焊工业机器人以及其他焊接工业机器人。点焊工业机器人的焊接装置为一体化的焊钳，焊钳的张开和闭合由伺服电机驱动，焊钳采用点焊工艺直接将两个或多个金属焊接在一起。点焊工业机器人通常具备6个自由度，灵活性高，定位精准，焊接速度快，常用于结构点位的准确焊接。弧焊工业机器人多采用气体保护焊，其焊接装置中多出送丝机部分，通过进给焊丝以及形成电弧，融化金属材料形成焊缝进行焊接。由于焊缝多为曲直线，弧焊工业机器人对姿态控制和轨道精度的要求更高，在焊接效率和准确性上不如点焊工业机器人。激光钎焊工业机器人利用激光光束的能量，将焊丝材料熔化浸润至需要连接的金属零件，采用激光钎焊不会产生焊渣飞溅，密封性更好，焊缝更美观。

（a）机加工机器人

（b）基于3D视觉的木材锯切机器人

图4-31 几种典型的机加工机器人

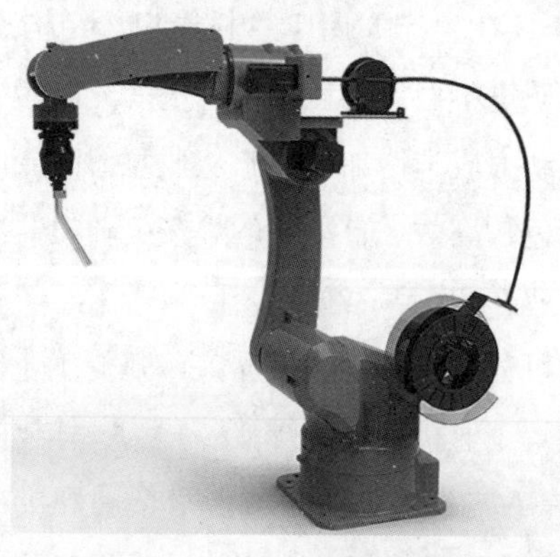

图4-32 焊接工业机器人

第五章 家居车间物流系统与智能包装装备

学习目标

了解和掌握车间智能物流概述、车间智能物流系统核心装备组成及类型；掌握家居产品智能包装工艺流程及其包装线核心装备配置。

第一节 车间智能物流概述

车间智能物流系统是指一种基于现代信息技术和自动化技术，将物流设备、物流操作及物流信息透明化、自动化的系统。该系统集成了各种物流设备，如输送线、传送带、机械手臂、自动引导车（Automated Guided Vehicle，AGV）、自主移动机器人（Autonomous Mobile Robot，AMR）等，并能够自动识别和处理各种物流信息。车间智能物流系统广泛应用于各种家居产品制造领域，其优点如下：

❶ 提高生产效率。自动化处理，效率高于人工操作，可以大大缩短物流时间。

❷ 提高生产质量。避免了人为误差，保证产品质量。

❸ 降低生产成本。可以避免人力资源浪费，降低物料成本。

❹ 提高生产安全。可以避免人为因素对安全的影响。

车间智能物流系统的实现需要集成多项技术，如自动识别技术、机器视觉技术、自动控制技术和信息管理技术等。其中，自动识别技术是关键技术之一，可以通过射频识别（RFID）、条形码、二维码等技术对物料进行追踪和管理。信息管理技术可以实现对整个物流过程的实时监控和控制。

车间智能物流系统如图5-1所示，它是智能制造的重要组成部分，也是实现智能制造的关键技术之一。智能工厂通过智能物流体系实现工厂内部的整合以及与供应商端和客户端之间的协同，从而实现订单交付全过程的打通。智能生产作为交付过程中的一个环节，是将智能生产设施嵌入到车间智能物流系统中，从而实现“制造工厂物流中心化”。车间智能物流系统构建的重点在于物流的集成和整合，以此实现对经营战略、经营计划、战略绩效和业务计划的有效支撑。智能工厂物流体系以企业经营战略与目标为导向，支撑智能工厂及其供应链达成交付的使命。智能工厂物流体系包含智能采购物流、智能生产物流、智能成品物流、智能回收物流，以及与之相关的智能工厂物流管理平台、物流计划、前后端协同、差异管理和可视化、物流数据资源和物流技术资源等。

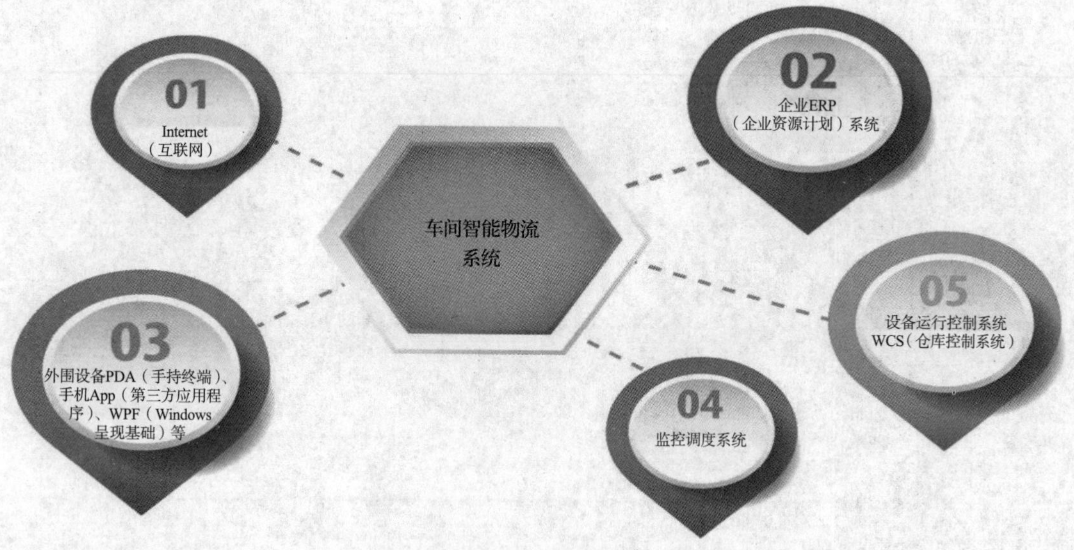

图5-1 车间智能物流系统

随着人工智能技术和物联网技术的不断发展，车间智能物流系统也将不断完善和升级，以实现更高的智能化和自动化水平。未来，车间智能物流系统也将逐渐拓展，以实现厂内和厂外物流的数字化和智能化。其中，智能化将物流配送系统与物联网技术、人工智能等技术手段结合起来，实现物流过程的自动化和简洁化。自动化运用自主导航、避障和智能测距等技术，在车间内和车间之间实现物流运输的自动化。

第二节 车间智能物流系统核心装备

一、仓储装备

以家居产品制造过程为例，原材料与半成品的仓储和管理是必不可少的流程，直接影响了生产效率、不同工序生产节拍匹配程度与物流差错率等指标。仓储对象包括原材料、五金、辅料以及加工半成品等。面向多样化的仓储对象以及个性化定制产品生产需求，仓储管理方法与仓储设备不断升级更新，仓储过程和装备的智能化是其发展的重要方向之一。

智能仓储利用集成智能化技术，使物流系统在流通过程中实时获取信息，从而分析信息并做出决策，使生产产品从源头开始被实施跟踪与管理。以物联网技术为基础，通过RFID、传感器、控制器、机器视觉技术和AGV、堆垛机、运输机等设备的应用，使物料流通过程更加自动化、信息化和网络化。智能仓储是连接供应、制造和客户的重要环节，不仅可以节省巨大的运营费用，还可以大幅度提高物流效率。本教材重点讨论家居产品制造过程的厂内物流的装备组成，目前主流的仓储模式与设备配置大致分为平面仓库和立体仓库两类。

（一）平面仓库

平面仓库主要由地面托盘和龙门式搬运机器人组成，通过物料管理软件、利用标准化接口将平面仓库与机器人连接到一起，可以优化运输路线，节省运输时间，实现高度灵活的智能物流。家居原材料平面仓库与管理系统如图5-2所示。平面仓库的仓储控制系统可将订单系统与订单处理相关联，有效管理剩余材料，优化物料移动。这类仓储系统的设备投入较低，长度和宽度在设计上的灵活性较高，但其占地面积较大。因此，产线规划时要综合考虑设备投入、生产模式、厂房资源以及使用成本等因素。

（二）立体仓库

立体仓库主体由货架、堆垛机、入（出）库工作台和自动运进（出）装置及操作控制系统（如WCS、WMS系统）等部分组成，采用计算机、条形码、RFID等技术实现存取自动化、操作简便化。除智能立体仓库外，家居生产过程中还有部分多层立体货架，配合机械手实现零部件的临时仓储，如环形仓和线边仓等。图5-3所示为不同类型的立体仓库。从功能角度来看，立体仓库可用于木制原材料、辅料以及五金等材料储存，图5-4所示为五金仓储货架。

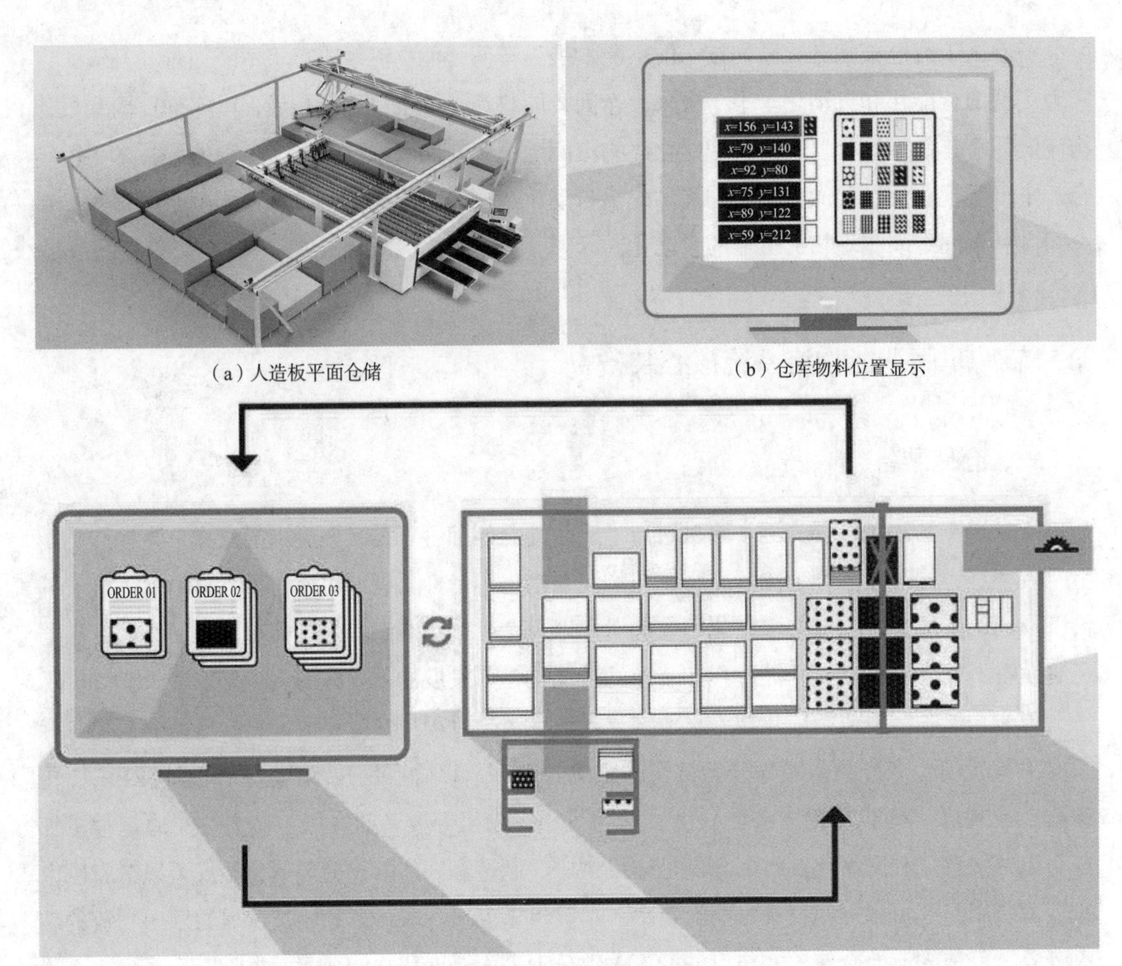

（a）人造板平面仓储

（b）仓库物料位置显示

（c）仓储控制系统数据交换

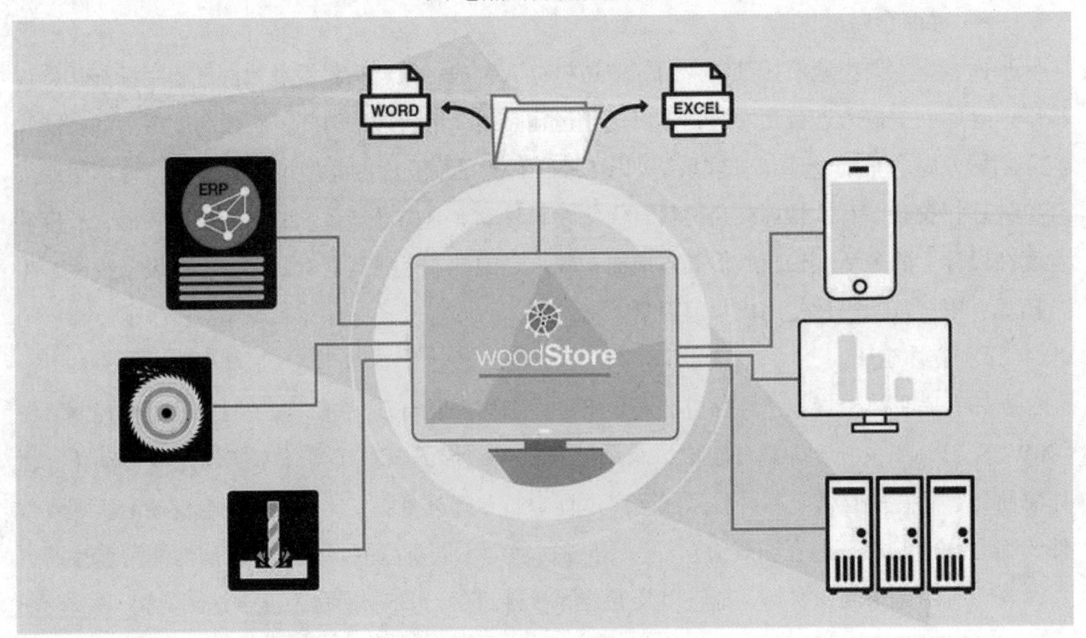

（d）仓储管理信息集成

图5-2　家居原材料平面仓库与管理系统

（a）智能立体仓库

（b）环形仓

（c）线边仓

图5-3　不同类型的立体仓库

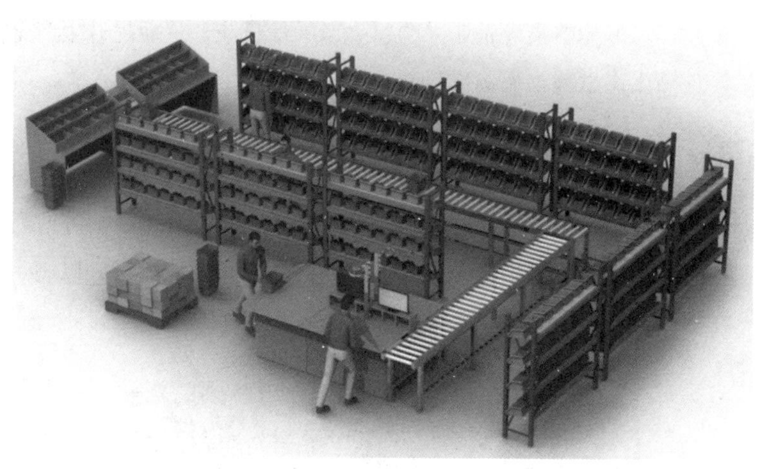

图5-4　五金仓储货架

相较于传统仓储货架，家居企业智能立体仓库的特点和优势如下：

❶ 提高生产与配送的效率和准确性。车间智能物流系统采用先进的信息管理系统，自动化物料存储、分拣和搬运设备等，使货物在仓库内按需自动存取与分拣。在工业生产环节，车间智能物流系统直接与生产线对接，根据生产需要，在指定的时间将物料自动输出至生产线，随时满足生产所需的原材料，使原材料的供给数量和生产所需的数量达到一个最佳值，从而提

高企业的生产效率。通过采用先进的识别技术与信息处理技术，可以有效地对物料进行管理，保证投料的准确性，同时还能够准确跟踪货物流向。在家居成品商业配送环节，车间智能物流系统根据接受的订单信息自动安排发货配送，通过使用自动拣选技术、电子标签技术、条形码技术等，可以大幅提高分拣与配送的效率和准确性。

❷ 提高物流管理水平。车间智能物流系统可以对库存的入库、出库、移库、盘点等操作进行全面的控制和管理，不仅能够反映物品进、销、存的全过程，还能对物品进行实时分析与控制，为企业管理者做出正确决策提供依据，平衡企业生产、储存、销售各个环节，将库存减至最优存储量，大幅提高资金流转速度与利用率，降低库存成本。

❸ 提高空间利用率，降低土地成本。车间智能物流系统采用高层货架存储货物，存储区可以向高空发展，能够减少库存占地面积，提高仓储空间利用率和库容。

❹ 减少人工需求，降低人工成本。车间智能物流系统可以减少对人工的需求及降低劳动强度，提高劳动效率。例如，同样吨位的货物存储时，车间智能物流系统需要配备的仓储物流人员数量可以节约2/3以上。然而，车间智能物流系统对人员的综合素质要求较传统仓储管理人员更高。因此，企业进行硬件技术升级的同时也要加强人才储备与人才培训，以取得理想的应用效果与经济效益。

❺ 便于实现企业信息一体化。物流信息化是企业信息化的重要组成部分。物流信息管理系统通过与企业其他管理系统无缝对接，实现信息在企业各个系统之间的自动传递与接收，使企业实现信息一体化，避免物流系统成为“信息孤岛”，对产供销全过程进行计划、控制和物料跟踪。在生产过程中，车间智能物流系统通过实时采集企业生产过程中所有最基层的物流信息，并不断向上汇总，形成能够指导企业采购、生产的信息流，从而提升生产全流程的信息集成与共享，进一步保障生产过程物流畅通。

二、分拣装备

传统人工分拣如图5-5所示，它存在分拣效率低下、分拣错误率高、占地面积大、劳动强度大等问题，亟须通过软件系统升级以及分拣硬件升级，实现智能分拣，以满足大规模定制化生产需求。

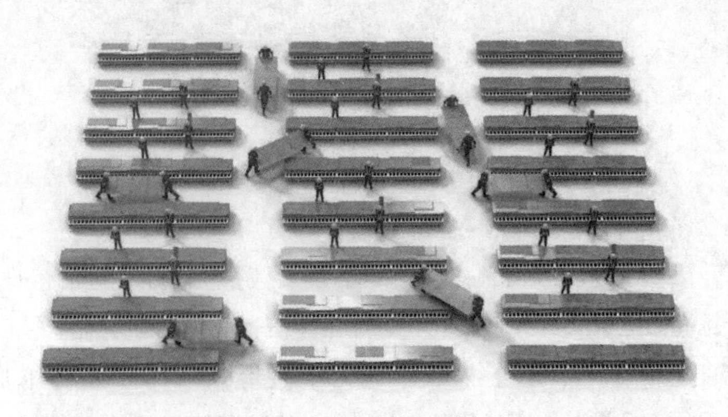

图5-5 传统人工分拣

智能分拣，即依靠智能识别技术和信息处理技术，对家居零部件进行高效、智能和自动化的分拣。与人工分拣相比，智能分拣整个分拣过程都是靠机器完成的，不需要人工操作，避免了人为差错导致的返工，分拣效率高，差错率低，生产成本低，交货周期短。

目前，板式定制家具生产过程中，板件分拣线主要有两种形式，即立体分拣系统和平面分拣系统，分别如图5-6和图5-7所示。立体分拣系统主要由立体缓存货架、机械手、动力辊筒输送线等组成。钻孔完成后的工件通过分拣机器人进行抓取，然后插入书架式立体货架，再从书架式立体货架上抓取另一块板件下架，根据板件尺寸和包装逻辑，自动有序分拣出料，出料后可直接在线封箱打包，能够减少错误率，免去周转环节。平面分拣系统主要由动力辊筒输送线、智能平移机等组成。相同批次的板件通过动力辊筒输送线不断向前输送，根据包装逻辑，智能平移机抬起，将不同板件平移到不同物料小车上，完成板件分拣，送入包装工序。

图5-6　立体分拣系统

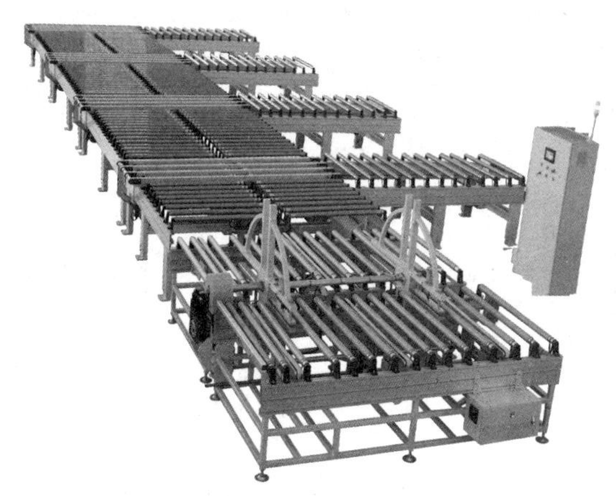

图5-7　平面分拣系统

由于板式定制家具结构、尺寸等特征的差异性，不同订单所需五金件种类、数量也各不相同。因此，五金分选是板式定制家具发货前必需的工段。准确的五金分拣是保证订单内每个家具完整安装的前提，同时精准配送相应五金件也能避免浪费。图5-8所示为板式定制家具五金自动分拣包装流水线，它主要由振动盘、料盘支架、计数组件、水平输送带、包装膜等组成。

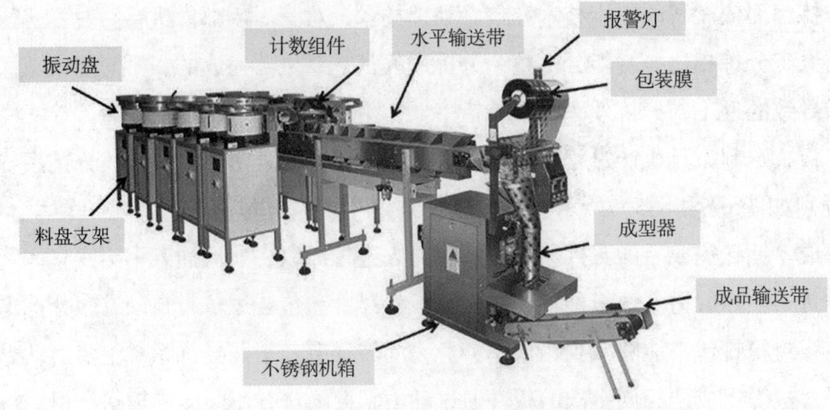

图5-8 板式定制家具五金自动分拣包装流水线

三、输送装备

输送装备是一种利用摩擦驱动以连续方式运输物料或通过移动小车方式进行点对点的运送物料的一类机械。这类设备可以将物料在一定的输送线路上，从最初的供料点到最终的卸料点间形成一种物料的输送流程。物流输送的速度、准确性直接影响了生产流程的连续性、效率等。

因输送物品的表面与输送装备直接接触，因此物品的特性直接影响设备的选择及系统的设计。输送物品的特性包括尺寸、重量、表面特性（软或硬）、处理速率、包装方式及重心等，它们都是需要考虑的因素。车间物流线路规划时，应将欲输送的所有物品列出，包括最小的及最大的、最重的及最轻的、有密封的及无密封的等。并非只有最大的或最重的物品会影响设备的设计，有时较轻的物品可能无法使传感器工作，较小的物品也可能影响设备类型的选择。在规划时，主系统并不需要处理所有的物品，可以由第二套系统或人工的方式处理不常用的物品，这样可能会带来更加经济的效果。家居产品制造车间常用的物流输送装备包括辊筒运输机、皮带运输机、AGV以及AMR等。

（一）辊筒运输机

辊筒运输机，即通过辊筒旋转实现物料定向移动。根据辊筒动力来源的不同，可分为动力辊筒和无动力辊筒，如图5-9所示。根据布置形式的不同，可分为水平输送辊筒线、转弯输送辊筒线和倾斜输送辊筒线，如图5-10所示。

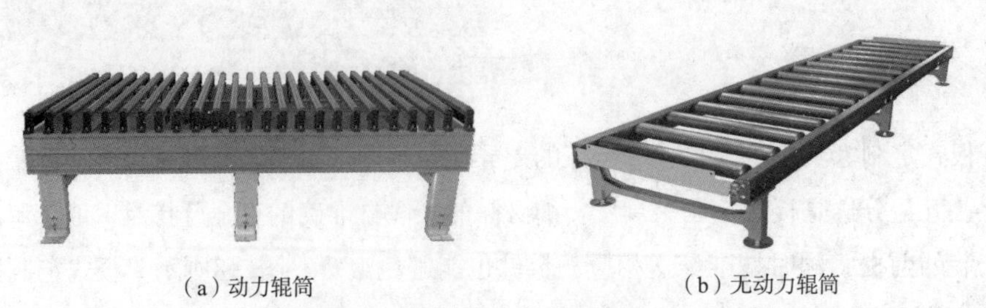

（a）动力辊筒　（b）无动力辊筒

图5-9 不同动力来源的辊筒运输机

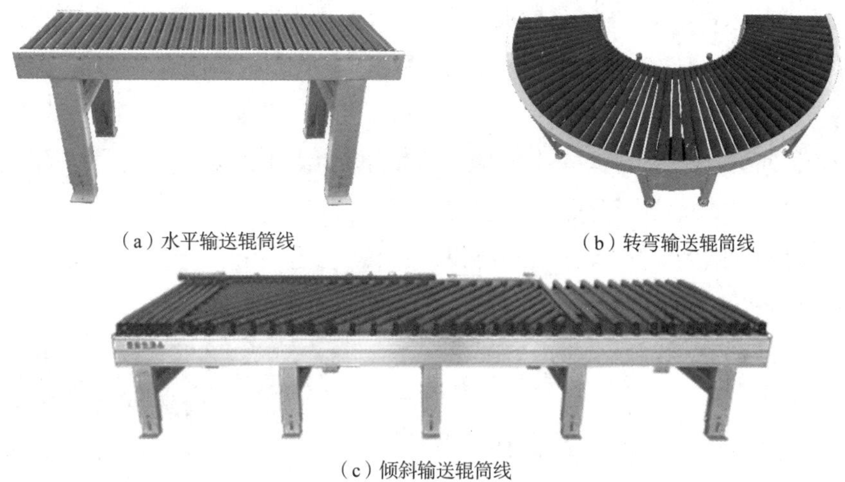

（a）水平输送辊筒线　（b）转弯输送辊筒线

（c）倾斜输送辊筒线

图5-10　不同布置形式的辊筒运输机

动力辊筒运输机是辊筒运输机中重要的一种，主要由传动辊筒、机架、支架、驱动部件等部分组成。驱动装置将动力传给辊筒，使其旋转，通过辊筒表面与输送物品表面间的摩擦力输送物品。按驱动方式有单独驱动与成组驱动之分。单独驱动的每个辊筒都配有单独的驱动装置，以便于拆卸。成组驱动是若干辊筒作为一组，由一个驱动装置驱动，以降低设备造价。成组驱动的传动方式有齿轮传动、链传动和带传动。动力辊筒运输机一般用交流电动机驱动，根据需要也可用双速电动机和液压马达驱动。其传动方式包括单链轮、双链轮、O形皮带、平面摩擦传动带、同步带等。

无动力辊筒运输机是一种基于辊筒的物料输送设备，主要由辊筒、支承架、传动装置等组成。它通过辊筒的旋转实现物料的输送。无动力辊筒运输机不需要外部动力源，主要依靠物料自身的重力或人工推力等动力推动物料的运输。辊筒是无动力辊筒运输机的核心部件，它通常由金属或塑料制成，安装在支承架上，辊筒的表面通常采用橡胶或塑料覆层，以增加物料与辊筒之间的摩擦力，确保物料的稳定输送。

水平输送辊筒线用于物料的直线输送；转弯输送辊筒线将物料转弯，按照一定角度运输到下一个工段，满足不同空间的设备布置之间的联线需求；倾斜输送辊筒线将工件从一侧移动到另一侧，有序实现相对两侧的加工，在家居生产中，常用于封边机左右手联线。

辊筒运输机适用于各类箱、包、托盘、大板件等类型的货物的输送，散料、小尺寸零件或不规则的物品需要放在托盘上或周转箱内输送。它能够输送单件重量很大的物料，还能承受较大的冲击载荷。辊筒运输机的辊筒线之间易于衔接过渡，可用多条辊筒线及其他输送设备或专机组成复杂的物流输送系统，完成多方面的工艺需要。

（二）皮带运输机

皮带运输机是运用皮带的无级运动运输物料的机械，如图5-11所示。运输带绕经驱动辊筒和各种改向辊筒，由拉紧装置给以适当的张紧力，工作时在驱动装置的驱动下，通过辊筒与运输带之间的摩擦力和张紧力，使运输带运行。物料被连续地送到运输带上，并随着运输带一起运动，从而实现物料输送。皮带运输机主要部件包括驱动装置、辊筒组、垂直拉紧装置、托辊组、运输带、安全保护装置等，其中，驱动装置主要由电机、减速器、联轴器等组成；驱动辊筒是传递动力的主要部件，它由筒体、轴和轴承等组成，驱动辊筒为菱形沟槽铸胶面，运输带借助其与辊筒间的摩擦力运行。皮带运输机具有运输距离长、运输能力大、工作阻力小、便于安装、耗电量低、磨损较小等优点。在坡道运输时，要求倾角不能太大，否则会出现下滑的现象。这类设备常用于平板类构件的输送，如油漆线联线、砂光线联线等。

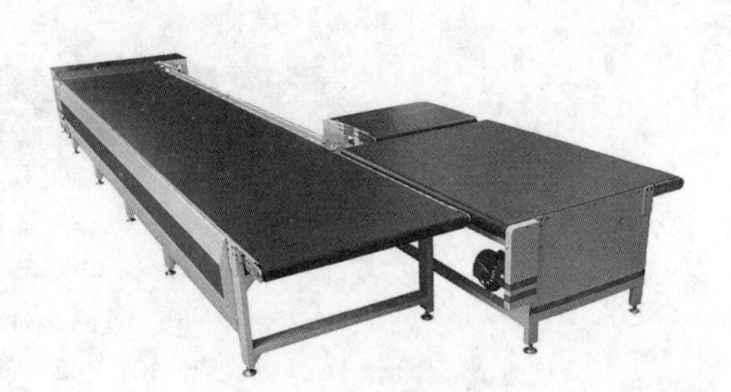

图5-11 皮带运输机

（三）AGV

AGV也称为自动导向车或自动导引车。根据AGV导向信息的来源，导向方式可分为外导式和内导式。外导式是指在车辆运行路径上设置导向信息媒体（如带有变频感应电磁场的导线、磁带或色带等），由车上的传感器检测导向信息的特性（如频率、磁场强度、光强度等），再将此信息经过处理，控制车辆沿导向路线行驶。内导式是指在车辆上预先设定运行路径坐标，在车辆运行中实时检测车辆当前位置坐标并与预先设定值相比较，控制车辆的运行方向，即采用所谓的坐标定位原理。外导式中的超声导向、激光导向和光学导向可以称为标志反射法，内导式方法可以称为参考位置设定法。AGV导向方法中，所采用的导向技术主要有电磁感应技术、激光检测技术、超声检测技术、光反射检测技术、惯性导航技术、图像识别技术和坐标识别技术等。另外，根据AGV导向线路的形式，导向方式又可分为有线式和无线式。

图5-12所示为磁导航AGV及其导航原理，图5-13所示为AGV常用的导航方式。

随着人工智能技术和物联网技术的不断发展，智能制造对AGV车间智能物流系统提出了数字化、网络化、高柔性的自动化和智能化等全新的要求。

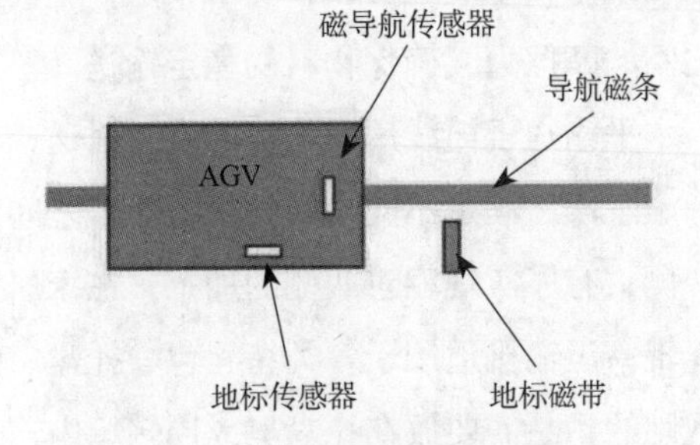

磁导航原理图

AGV专用磁条样式　　AGV专用磁导航传感器样式

图5-12 磁导航AGV及其导航原理

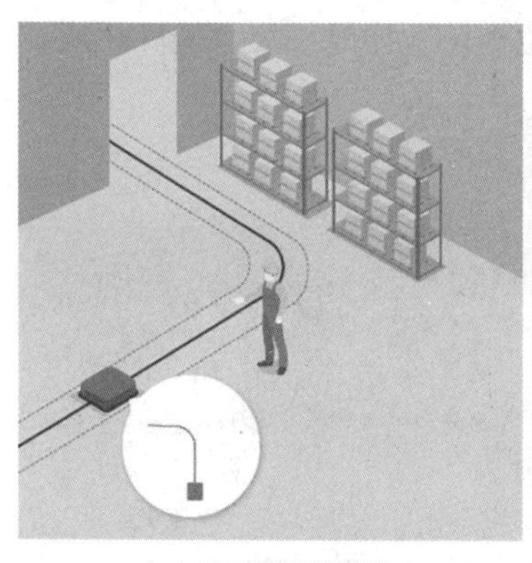

（a）地面铺设导引线
（电线、色带、磁条等）

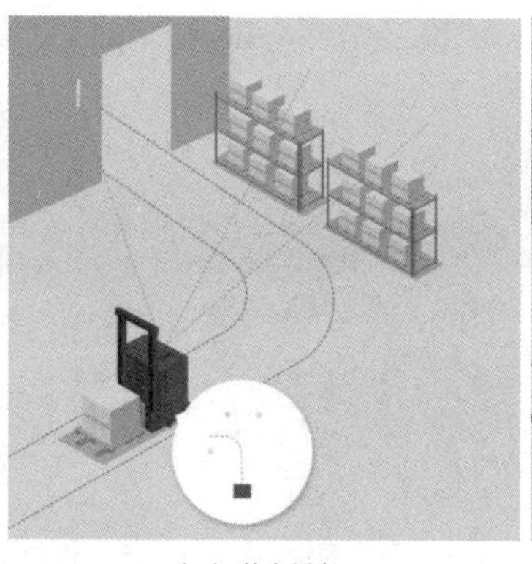

（b）激光导航

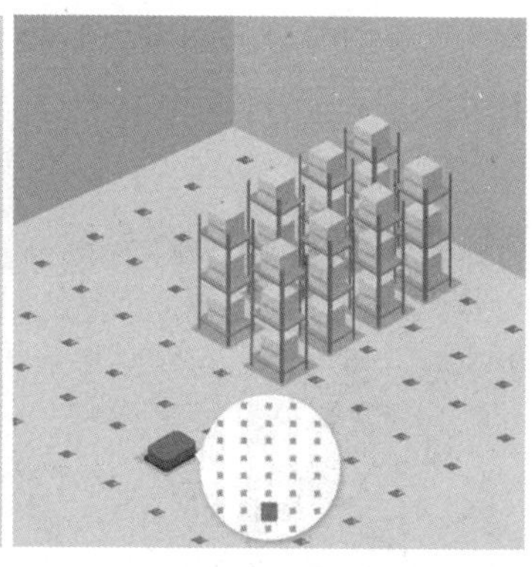

（c）地标技术

图5-13　AGV常用的导航方式

1．数字化

AGV车间智能物流系统能够智能地连接与集成企业内外部的全部物流流程，实现物流网络的全透明与离散式的实时控制，而实现这一目标的核心在于数字化。只有做到全流程数字化，才能使物流系统具有智能化的功能。

2．网络化

AGV车间智能物流系统中的各种设备不再是单独孤立地运行，它们通过物联网和互联网技术智能地连接在一起，构成一个全方位的网状结构，可以快速地进行信息交换和自主决策。这样的网状结构不仅保证了整个系统的高效率和透明性，同时也能够最大限度地发挥每台设备的作用。

3．高柔性的自动化

在大规模定制时代，生产本身是一种柔性化的生产。在自动化的基础上，要求对应的AGV车间智能物流系统具备更高的柔性。柔性化的AGV车间智能物流系统既包括了流程方面的要求，也包括了硬件上、布局上的柔性化要求。

4．智能化

智能化是AGV车间智能物流系统最核心的要求，它是AGV智能物流不同于以往的最大特点。面对大规模的定制需求，为了降低成本、优化效率，需要将生产中每个环节的智能化程度提高，将它们智慧相联，使其具有自主决策的能力，同时需要去中心化，使其不仅成为任务的执行者，也是任务的发起者。AGV车间智能物流系统作为智能制造生产环节中的关键，未来它将不仅仅实现货物自动搬运，还能够与大数据、5G等技术相融合，成为一个全新的智能工业设备，并且具备实时感应、多重避障、智能决策等功能。

（四）AMR

图5-14所示为两种典型用途的AMR。AMR是一种能够自主导航、自主避障和执行任务的移动机器人，用于自动化仓储中，由机器人进行搬运和拣选，包括入库、拣货、包装和运输。AMR能够通过激光雷达等传感器对环境进行感知，自主进行路径规划和避障，不需要像AGV

那样进行导引线路设置。AMR一般由多个模块组成，包括定位模块、导航模块、避障模块、控制模块和任务执行模块等。

（a）AMR叉车

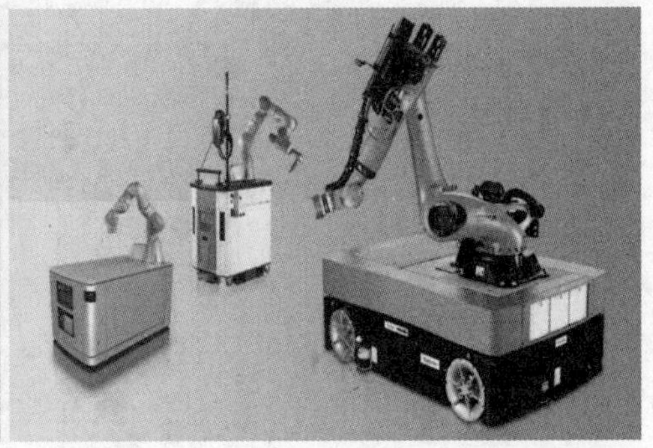

（b）AMR小车

图5-14 两种典型用途的AMR

AMR的主要特点如下：

❶ 多关节运动。AMR通常具有多个关节，可以实现较为灵活的运动和姿态调整。这使得AMR能够适应不同的工作场景和任务需求。例如，在复杂的生产线中进行自主导航和作业，或者在物流仓储中进行货物出入库管理。

❷ 较强的环境感知和适应性能力。AMR具有较强的环境感知和适应性能力，能够感知周围环境的变化并进行自主调整和适应。这使得AMR能够在不同的工作场景和任务中表现出更高的稳定性和可靠性。

❸ 人机协同。AMR需要与人类操作员进行协同操作，以完成特定的任务。例如，AMR可以根据人类操作员的指令进行自主导航和作业，或者在物流仓储中进行货物出入库管理。

❹ 自主决策和规划。AMR具有自主决策和规划能力，能够根据任务需求进行路径规划和决策。这使得AMR能够更好地适应复杂的环境变化和任务需求，并且能够更快地做出反应和决策。

❺ 多机协同和群体智能。当机器数量较多时，AMR具有更强的多机协同和群体智能能力。这使得AMR能够更好地处理大量的机器任务，并且可以根据需求灵活调整机器数量和工作负载。

AGV和AMR都是用于物流和生产线自动化的重要机器人技术，但它们的特点和应用场景有所不同。其主要区别如下：

❶ 导航方式。AGV通常使用激光雷达、全球定位系统（GPS）或视觉导航等技术进行自主导航。而AMR则使用更为先进的人工智能技术，如机器学习、深度学习、自然语言处理等，进行自主导航。

❷ 部署复杂度。AGV的部署相对简单，因为它们通常只需要在固定的导引线上行驶，并且可以在较小的空间内进行部署。而AMR则需要更为复杂的环境感知、动态路径规划和主动避障等能力，因此其部署更为复杂。

❸ 人机协同。AMR需要更强的人机协同能力，因为它们需要与人类操作员进行协同操

作，以完成特定的任务。传统的AGV通常不需要人机协同，因为它们通常是在封闭的环境中运行，并且不需要与人类进行交互。

❹ 适应性。AMR比AGV更能适应复杂的环境和任务需求。例如，AMR可以在更为复杂的生产线中进行自主导航和作业，因为它们可以更好地感知和适应环境变化。而AGV通常只能在封闭的环境中进行工作，它不太适应复杂的环境变化。

❺ 机器集群调度能力。当机器数量较多时，AMR具有更强的机器集群调度能力。传统的AGV通常需要人类操作员进行指导和调度，因为它们通常无法处理大量的机器任务。而AMR可以通过自主计算和协同操作来完成任务，并且可以根据需求灵活调整机器数量和工作负载。

第三节　智能包装工艺流程

家居产品包装指在家居产品运送、存放、出售等流通过程中，为了达到保护产品、方便储存与运输等目的，对其产品或零部件按一定的技术方法所用的容器、材料和辅助物等的总体名称；也指为达到上述目的在采用容器、材料和辅助物的过程中施加一定技术方法等的操作活动。

目前，家居产品包装主要有人工包装和机器自动包装两种。其中，人工包装具有包装效率低、包装材料使用无优化、包装场地占地面积大等缺点。如今，定制家居因能极大满足个性化使用需求而深受消费者喜爱；同时，由于产品形态各异，给行业和企业带来机遇的同时，必然也带来了挑战。就人工包装工序而言，同一订单，其人工分包可能会出现不同的分包结果，分拣员工对包装规则的理解不同，导致不符合要求的“包装”时有发生，难以做到装箱包明细与标准一致；同时，同一订单板件较多时，分包难度较大，人工分包耗费时间较长。因此，人工包装存在效率低、耗材成本高、运输成本高等问题，无法满足定制家居智能制造过程生产线自动化、柔性化的发展需求。因此，智能化、柔性化的包装设备是提高家居产品生产线整线自动化、智能化的关键装备之一，它直接影响了产品包装效率、包装成本以及包装质量。

家居智能包装工艺流程主要包括包装分包方案制订、包装板件合流码垛、包装件三维尺寸测量、包装纸箱裁切、折箱、缓冲材料摆放、封箱等工序。目前，一些自动化程度较高的家居工厂，可实现产品包装全自动化操作。智能包装设备具备成本有效控制、安全包装、可持续性等特点，通过特定的包装设计从而确保产品在运输过程中受到有效保护，应用大数据技术自动生成精确包装尺寸，提升材料使用效率并进一步降低仓储运输成本。

第四节　智能包装线核心装备

智能包装线具有很高的灵活性和性能，能够依据家居包装优化系统预先计算出每一个订单包装方案，如每一包的板件数量、每个板件的摆放位置等，控制纸箱裁切机实时裁切相应规格纸箱，并通过折箱机、封箱机等设备配合，实现家居产品自动包装。在传统包装系统中，对不同规格的产品整理包装，需要调整机械结构，甚至需要修改控制程序，过程较为复杂。而柔性智能包装生产线将应用的布局做了不同功能区域的划分，能够智能化适应多品种、多规格的高效率生产。在智能包装线中，从送板合流、辊筒运输到精准测量、数控裁纸等工序，到板件送箱、自动折盖、自动封箱等工序，均可以实现家居产品包装全流程智能化柔性化生产。图5-15所示为典型板式定制家具包装线工艺流程。

如图5-16所示，以定制家居智能包装线为例，它主要由测量站、板件输送线、智能叠板平移机、纸箱裁切机、折箱机以及封箱机等设备组成。定制家居智能包装线根据包装清单的明细，依次将由分拣工序分拣过来的板件进行板件合流组合，组合好后自动测量出尺寸数据并通过以太网传输至自动裁纸机进行裁纸，后续进入自动包装的线体。其典型工艺流程如下：

整叠板件合流→预测量→精准测量→数据传输至裁纸机→裁纸机裁纸→取纸皮→送箱机送板件入纸皮上→折盖机折箱→翻盖机折箱→放护角→放泡沫→转贴包件码→封箱机封箱→动力输送→视觉扫码处理→包件分拣→码垛（人工或者机器人自动堆垛）。

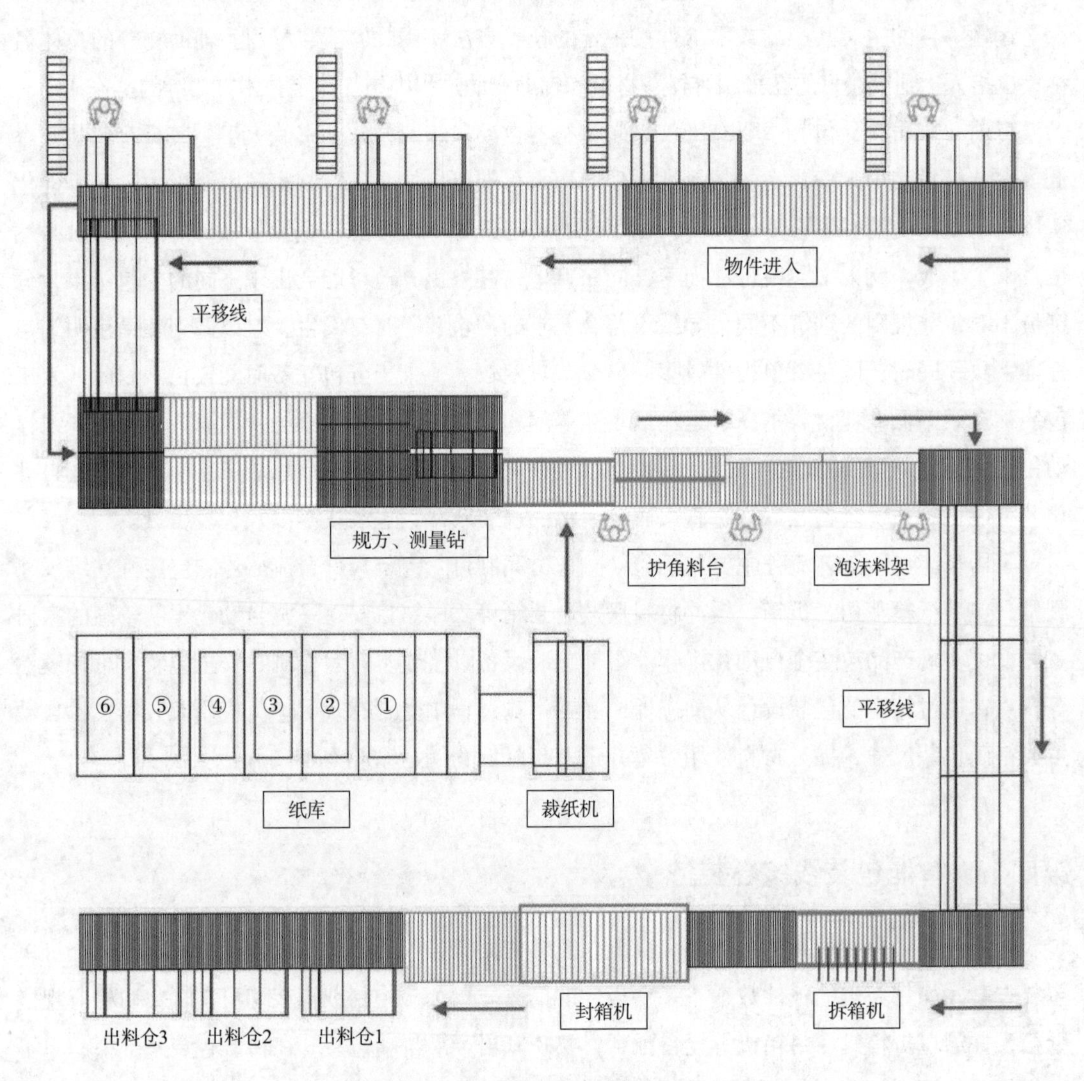

图5-15 典型板式定制家具包装线工艺流程

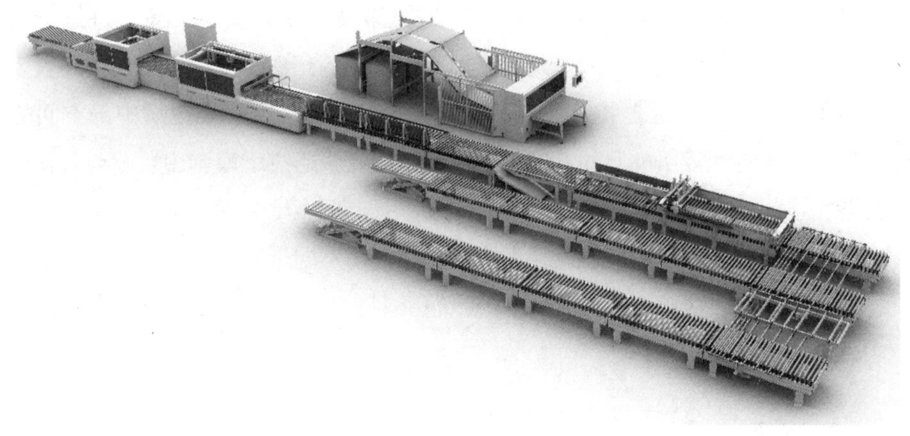

图5-16　定制家居智能包装线

测量站主要用于对每包板件包装前的堆叠长度、宽度、高度进行测量，为纸箱裁切机提供基础数据。一般测量站前端配备一台预测量站，通过红外扫描技术，测量出包装部件的最大值，然后将数据传输到精确测量站，驱动精确测量站移动到相应位置，做好测量准备，以减少精确测量的时间消耗。如图5-17所示的测量站，其结构包括宽度测量机构、长度测量机构、高度测量机构等。其中，宽度测量机构包括测宽输送辊筒线、固定测宽夹板、活动测宽夹板，固定测宽夹板或活动测宽夹板上设置有测宽激光传感器；长度测量机构包括测长输送辊筒线、活动测长挡板、固定测长挡板，活动测长挡板或固定测长挡板上设置有测长激光传感器。在宽度测量工位完成对板件的宽度测量之后，板件自动移动至长度测量工位，实现了在一台设备上进行包装长宽尺寸的自动测量，降低了劳动强度，大大提高了尺寸的测量效率。

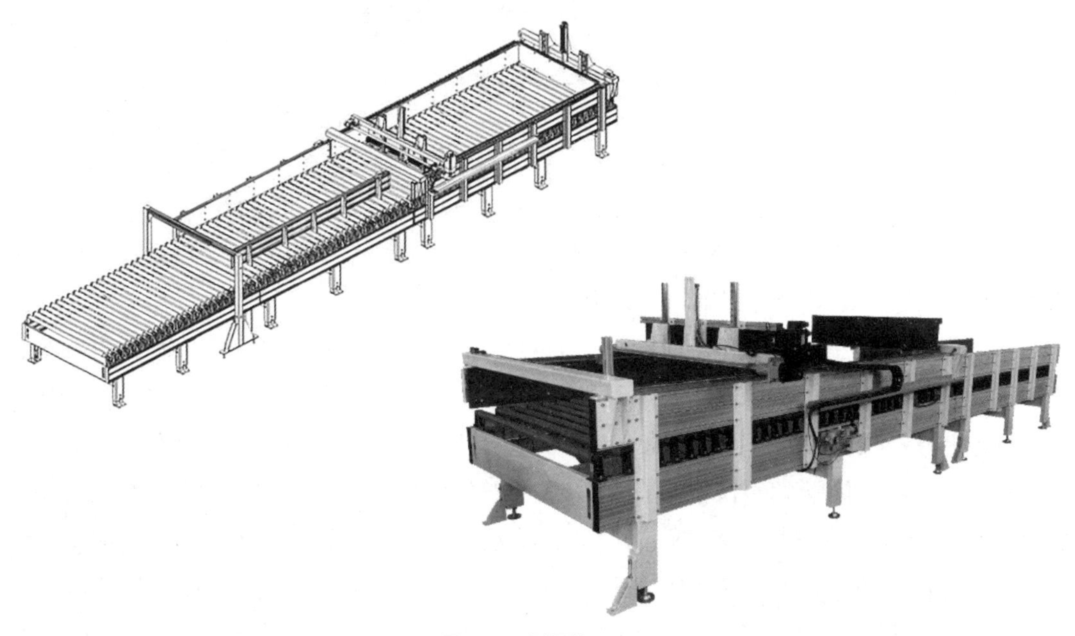

图5-17　测量站

包装纸箱裁切设备如图5-18所示，它主要由裁切机架、纸箱切割装置、进纸压辊装置、出纸压辊装置、动力送纸装置、纸库调用装置以及储纸库等部件组成。纸箱切割装置安装于裁切机架中部空间上侧，进纸压辊装置和出纸压辊装置分别安装在机架裁切中部空间的前后两侧，纸库调用装置安装于裁切机架的背部，储纸库内的纸张通过纸库调用装置与裁切机架上的动力送纸装置相连。通过将裁切机架、纸箱切割装置、进纸压辊装置、出纸压辊装置、动力送纸装置、纸库调用装置、储纸库彼此连接配合，通过调用不同纸库和切刀的快速自动排布将不同规格瓦楞纸自动快速裁切成不同尺寸规格的纸箱纸型，解决了现有生产中纸盒批量生产时不能个性化柔性定制的难题。

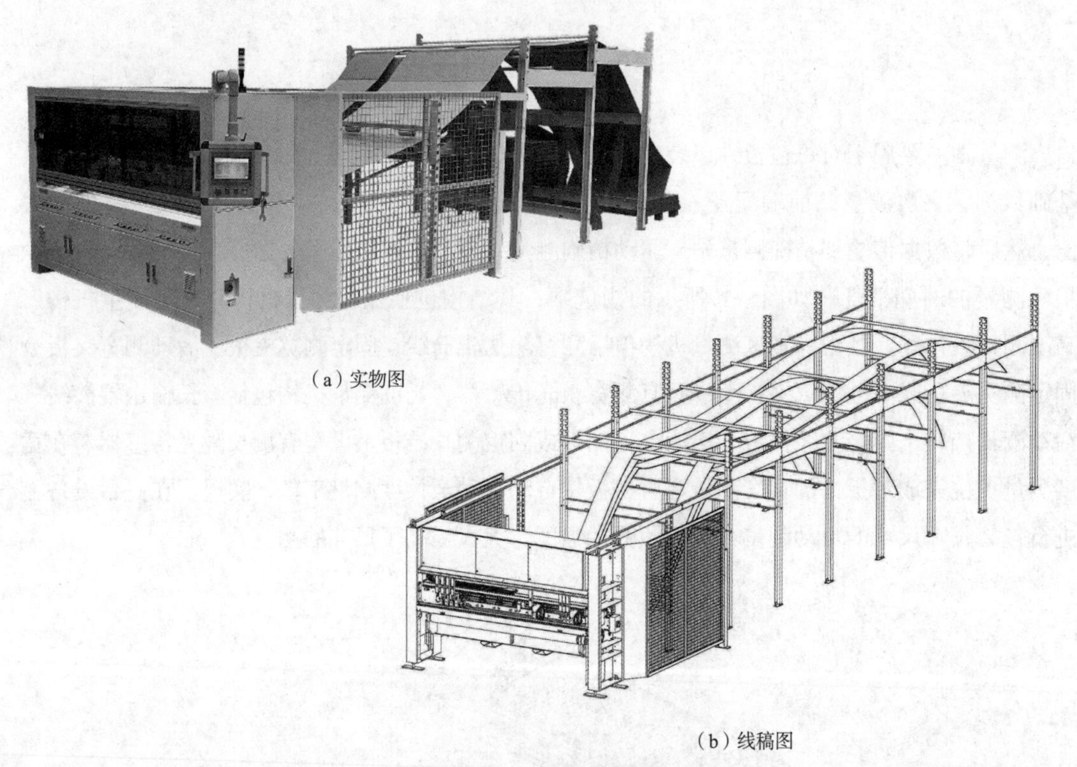

（a）实物图

（b）线稿图

图5-18 包装纸箱裁切设备

折箱机如图5-19所示，它将裁切好的包装纸板按照纸板上折痕压线位置将纸板翻折，以形成包裹，经过纵横向折叠，进而完成纸箱成型。

热熔胶封箱机主要包括进料辊筒机段、长边封机段、过渡机段、平移机段和短边封机段。图5-20所示为L形热熔胶封箱机。长边封机段主要由主机架、主梁板、压边机构、上皮带组件、折边机构、丝杆、水平滑轨、胶枪固定座、胶枪、上皮带和后挡板组成，主机架两侧安装主梁板，主机架上部的丝杆升降机向下连接上皮带组件，上皮带组件和下皮带组件装在压边机构上，下皮带组件通过丝杆连接水平滑轨，压边机构外侧装有折边机构，辊筒上方一侧装有后挡板，主梁板上装有胶枪固定座，胶枪固定座装有胶枪。过渡机段主要包括主梁板、辊筒、电机和传动轴，辊筒装设在主梁板围成的矩形框中，辊筒下方装有电机，电机通过传动轴驱动辊筒转动。平移机段主要包括主机架、主梁板、辊筒和平移机构，辊筒装设在主梁板围成的矩形框中，平移机构装于辊筒下方，平移机构在电机驱动下纵向往复平移。短边封机段主要包括主机架、左压边机构、右压边机构、下皮带组件、上皮带组件、横向移动机构、升降机构、胶枪安装座、胶枪、链条、丝杆、左折边机构和右折边机构，右压边机构和右折边机构均连接在右侧的下皮带组件上，右侧的上皮带组件和右侧的下皮带组件同装在右压边机构上，右侧的下皮带组件右侧连接横向移动机构，左压边机构和左折边机构上装有左侧的上皮带组件，左压边机构可沿固定在左侧主梁板的竖直轴上下滑动，两组上皮带组件连接升降机构，升降机构为四台联动的丝杆升降机安装在主机架上，横向移动机构通过齿轮齿条传动在主机架滑轨上移动，主梁板上装有胶枪安装座，胶枪安装座装有胶枪。

图5-19　折箱机

图5-20　L形热熔胶封箱机

第六章 实木家具典型生产线装备配置

学习目标

了解和掌握实木家具典型工艺流程以及各工段所需核心装备类型；掌握生产线规划相关原理与技术。

实木家具零部件的工艺过程是指通过各种加工设备改变原材料的形状、尺寸或物理性质，将原材料加工成符合技术要求的产品时，所进行的一系列工作的总和。它主要由若干个工序组成：干燥→配料→毛料加工→胶合加工→弯曲零部件加工→净料加工→部件装配→部件加工→总装配→涂饰与装饰等。

第一节 实木家具备料设备

一、木材干燥设备

实木家具备料阶段主要包括木材干燥与锯材配料两道工段。天然木材经过砍伐、制材后，以及锯材加工利用前均需要对其含水率进行控制，使木材的含水率保持在一定范围内。木材干燥是确保实木家具质量的先决条件，实木材料在进行加工之前必须进行适当的干燥处理，以便达到合理的含水率。

木材干燥是在热力的作用下，按照一定规程以蒸发或沸腾的汽化方式排除木材水分的物理过程，其方法可以概括为大气干燥和人工干燥两大类。人工干燥又可以分为常规窑干、太阳能干燥、真空干燥、高频干燥、微波干燥等，它们均在干燥窑中进行干燥。

（一）常规窑干

常规窑干是指在干燥窑内人为控制干燥介质参数对木材进行对流换热干燥的方法。按照干燥介质温度的不同，又可分为低温窑干（20～40℃）、常温窑干（40～100℃）、高温窑干（>100℃）。常规窑干法干燥质量好、干燥周期较短、干燥条件可调节、可达到任何要求的含水率，是目前木材含水率控制中常用的一种干燥方法。图6-1所示为常规窑干的木材干燥窑，其主要设施和设备包括干燥窑壳体、供热与调湿设备、气流循环设备、检测与控制设备、木材运载与装卸设备等。

图6-1 木材干燥窑

（二）真空干燥

真空干燥是指在密闭容器内，在负压（真空）条件下对木材进行干燥。真空干燥可以在较低的温度下加快干燥速度，保证干燥质量，尤其适合渗透性较好的硬阔叶材厚板或方材的干燥。高频真空干燥设备如图6-2所示，一般多为圆筒形的密闭容器，在低于大气压力（达到一定的真空度）的条件下对木材进行加热干燥。真空干燥法按其作业过程分为连续真空法和间歇真空法两种。连续真空法采用热板接触加热或高频加热，木材在连续真空条件下获得干燥；间歇真空法采用常压对流加热后再抽真空干燥，如此反复进行。由于降低了压力，会降低水的沸点，因此，真空干燥可以在较低的温度下加快干燥速度，其速率比任何一种干燥方法都快。

图6-2　高频真空干燥设备

图6-3　微波干燥设备

（三）微波干燥

微波干燥是指用高频振荡的电磁波使木材中的极性水分子（电介质）频繁摆动、反复极化、摩擦生热从而进行木材内热干燥的方法。由于电场强度越大、频率越高，水分子极化的摆动振幅越大，摩擦产生的热量就越多，因此通常用提高频率的方法来提高加热木材的速度。微波干燥设备如图6-3所示，与普通对流加热干燥相比，木材内外能同时均匀干燥，干燥速度快、干燥质量好、干燥的木料内部应力和开裂的危险性小，可以保持木材天然色泽，但其耗电量大、设备复杂、干燥成本高、需要专门的防护、设备产量低。

二、配料设备

实木家具零部件的主要原材料是锯材，锯材经配料后锯切成一定规格的毛料。配料工段是按照零部件的尺寸、规格和质量要求，将锯材锯制成各种规格和形状的毛料的加工过程。配料工段主要包括选料和锯制工序，选料工序须进行细致的选择和搭配，锯制工序须进行合理的横截和纵解。目前，现代化的锯制之前常配备智能扫描设备，以实现优化下锯，提高材料利用率和锯解效率。

（一）木材缺陷扫描设备

在对实木锯材进行横截、纵解工序时，须提前确定锯材的加工余量以及配料方式，从而规避木材上相应的缺陷，尽可能地最大化利用木材。传统的实木配料工序采用人工的方式进行，主要有单一配料法和综合配料法两种。单一配料法技术简单、生产效率高，但材料浪费大，因而适合产品单一、原料整齐的家具企业配料。综合配料法是将一种或几种产品的零部件进行混合，统一考虑用材，能够保证材料的利用率，但该方法对操作者的技术知识水平有一定要求。图6-4所示为木材缺陷全自动扫描仪。目前，木材缺陷扫描仪能够精准快速识别木材缺陷，代替人工划线；优选锯能够智能优选规格并去除木材缺陷，安全高效；选色机能够高速分选颜色，比人工高效、稳定、精细。

（二）纵解设备

纵解设备用于实木锯材的纵向剖分，以获得宽度或厚度规格要求的毛料。手动作业形式的纵解设备主要有纵剖圆锯机、精密推台锯等。在自动化生产中，纵向优选多片锯（图6-5）常用于木材的纵向剖分，可根据板材上缺陷的位置以及所需毛料的尺寸，自动调整锯片位置，其一次进料可将锯材剖分成多片板料。

（三）横截设备

横截设备用于实木锯材的横向截断，以获得长度规格要求的毛料。其类型较多，在自动加工中常见的横截设备有自动优选横截锯（图6-6）、自动横截锯等。手动作业形式的横截设备主要有摇臂式横截圆锯机、气动式横截圆锯机、简易推台锯、精密推台锯等。

（a）木材缺陷全自动扫描仪

（b）优选锯切方案　　（c）扫描区域局部视图

图6-4　木材缺陷全自动扫描仪

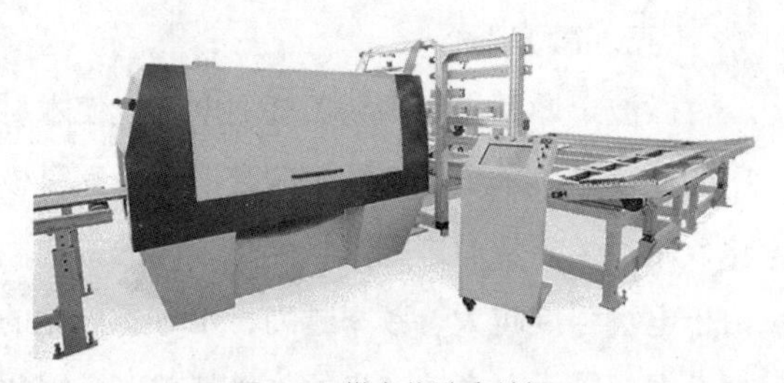

图6-5　纵向优选多片锯

图6-6　自动优选横截锯

（四）锯弯设备

锯弯设备用于实木锯材的曲线锯解，以获得曲线形规格要求的毛料，也可以使用样模划线后再锯解。锯弯设备主要以带锯机设备为主，如细木工带锯机。

第二节　实木零部件毛料加工设备

实木锯材经过配料工序后，成为按零件规格尺寸和技术要求的毛料。但毛料有时因干燥工艺问题而带有翘弯、扭曲等各种变形，再加上配料加工时使用的是粗基准，毛料的形状和尺寸总会有误差，表面是粗糙不平的。为了后续加工工序的质量，获得准确的尺寸、形状和光洁的表面，需要在毛料上加工出正确的基准面，作为后续规格尺寸加工时的精基准。

一、基准面加工设备

基准面包括平面（大面）、侧面（小面）和端面。对于各种不同的零件，按照加工要求的不同，不一定都需要三个基准面，有的只需将其中的一个或两个面精确加工后作为后续工序加工时的定位基准；有的零件加工精度要求不高，也可以在加工基准面的同时加工其他表面。直线形毛料是将平面加工成基准面；曲线形毛料可利用平面或曲面作为基准面。平面和侧面的基准面可以采用铣削方式加工，常在平刨床或铣床上完成；端面的基准面一般用推台圆锯机、悬臂式万能圆锯机或双头截断锯（双端锯）等横截锯加工。

（一）平刨床

平刨可以消除毛料的形状误差，为获得光洁平整的表面，应将平刨床的后工作台平面调整到与柱形刀头切削圆位于同一切线，前、后工作台须平行，两台面的高度差即为切削层的厚度，是一次走刀的切削量。在平刨床上加工侧基准面（基准边）时，应使其与基准面（平面）具有规定的角度，可以通过调整靠山（导尺）与工作台面的夹角实现。靠山一般与工作台垂直，其角度基本都是可调的。有些侧面与大平面不呈90°，需要调整靠山角度，以满足加工需求。

（二）铣床

下轴式铣床可以加工基准面、基准边及曲面。加工基准面是将毛料靠住靠山（导尺）进行加工，这种方法特别适合宽而薄或宽而长的板材侧边加工。其加工时可以放置稳固，操作安全。对于短料需要用相应的夹具；加工曲面则需要用夹具和模具，夹具样模的边缘必须与所要求加工的形状相同，且具有精确的形状和平整度，将毛料固定在夹具上，样模边缘紧靠挡环移动，即可加工出所需的基准面。侧基准面的加工也可以在铣床上完成，如果要求它与基准面之间呈一定角度，就必须通过使用具有倾斜刃口的铣刀，或通过刀轴、工作台面倾斜来实现。

（三）横截设备

对于有些实木零件需要做钻孔及打眼等加工时，往往要以端面作为基准。而在配料时，所用截断锯的精度较低、毛料的边部不规整等因素都影响端面的加工精度，因此，毛料经过刨削以后，一般还需要再截端（精截），也就是进行端基准面的加工，使它和其他表面具有规定的相对位置与角度，使零件具有精确的长度。

手动作业形式的横截设备主要有带移动工作台木工锯板机、普通圆锯机和悬臂式万能圆锯机。在批量化生产中可采用双端锯进行端面基准加工，其进料方式多采用履带式进料或移动工作台进料，适合两端面平行度要求较高的宽毛料，能够快速截断木材两端面，获得两端精准基准面。

二、相对面加工设备

为了满足零件规格尺寸和形状的要求，在加工出基准面之后还需要对毛料的其余表面进行加工，使之表面平整光洁，并与基准面之间具有正确的相对位置和准确的断面尺寸，以成为规格净料。相对面的加工，也称为规格尺寸加工，一般可在压刨床、四面刨床、铣床、多片锯等设备上完成。

（一）压刨床

在压刨床上加工相对面，可以得到精确的规格尺寸和较高的表面质量。用分段式进料辊进料，既能防止毛料由于厚度的不一致造成切削时的振动，又可以充分利用压刨工作台的宽度，提高生产率。值得注意的是，单面压刨床需要先经过平刨床加工基准面，而双面压刨床则不需要先加工基准面。

（二）四面刨床

随着加工设备自动化程度的提高和对生产率的要求，在平刨床加工出基准面后，可以再采用四面刨床加工相对面。这种方法能够提高加工精度，因为被加工零件的其他面与其基准面之间具有正确的相对位置，从而能准确地加工出所规定的断面尺寸及形状，而且表面光洁度、平整度都能满足零件要求。对于加工精度要求不太高的零件，则可在基准面加工以后，直接通过四面刨床加工其他表面，以达到较高的生产率。而对于某些次要的和精度要求不高的零件，还可以不经过平刨床加工基准面，直接通过四面刨床一次加工出来，达到零件表面的面和型要求，但这种方法加工精度稍差，同时对于材料自身的质量要求也较高，要求作为粗基准的表面应相对平整、材料不容易变形等。

（三）铣床

在铣床上加工相对面时，应根据零件的尺寸，调整样模和导尺之间的距离或采用夹具加工。这种方法安放稳固，操作安全，很适合宽毛料侧面的加工。与基准面呈一定角度的相对面加工，也可以在铣床上采用夹具进行，但因其是手动进料，所以生产率和加工质量均比压刨床低。

（四）多片锯

多片锯加工某些断面尺寸较小的零件，可以先配成倍数毛料，不经过平刨床加工基准面，而直接用双面压刨床（也可以采用四面刨床）对毛料的基准面和相对面进行一次同时加工，可以得到符合要求的两个大表面。然后，按厚度（或宽度）直接用多锯片纵剖圆锯机进行纵解剖分加工。这种方法虽然加工精度稍低，但出材率和劳动生产率大大提高，从节约木材角度考虑，这也是一种可取的加工方法，广泛应用于内框料、芯条料或特殊料的大批量加工。

三、方材胶合设备

方材胶合在实木家具生产中占有重要的地位，主要包括板方材长度上胶接（短料接长）、宽度上胶拼（窄料拼宽）和厚度上胶厚（薄料层积）等。长度上胶接主要有对接、斜接和指接等形式，宽度上胶拼则直接使用胶黏剂加压胶合成大幅面板材，厚度上胶厚则是通过不同的组合层积胶合成一定断面尺寸和形状的厚料集成材。

板方材在长度、宽度、厚度方向上进行接长、拼宽、胶厚，以节约用材和锯制，获得长度较大、形状弯曲或材面较宽、断面较大、强度较高的毛料。这样不仅可以提高材料的利用率，实现小材大用、劣材优用；还可以显著提升零部件尺寸及形状稳定性，降低开裂变形的概率，保证产品质量。

（一）指接设备

为了得到木材胶合的指接板方材（集成材），在实际生产中，由原木制材、干燥获得的干锯材（或短小料），经配料和毛料平面加工后，一般需要再进行指接加工，其工艺过程主要包括铣齿、涂胶、接长和截断等。

指接的主要设备由指形榫铣齿机、涂胶机、接长机（接木机）等组成。目前，随着自动化的发展，指接设备逐渐向着一体化的形式发展，形成了全自动铣齿、涂胶、接拼等工序的流水化生产。

1．铣齿机

小料方材的铣齿一般是在指形榫铣齿机上完成的（批量不大时也可在下轴式铣床上铣齿）。为了保证小料方材的端部指形能很好地接合，在铣齿机上一般先经精截圆锯片截端后，再用指形榫铣刀（整体式或组合式）铣齿，加工出符合要求的指形榫。根据连续生产的要求，可以选择左式铣齿机和右式铣齿机相互配合，依次对小料方材进行双端铣齿（批量不大时也可只用一台铣齿机）。

2．涂胶机

指形榫涂胶时，双端指榫齿面上都要进行涂胶（实际生产中为简化工序，也有采用单端涂胶的），要求涂胶均匀无遗漏。

3．接长机

指形榫的接长是在专用的接长机上将短料纵向依次相互插入指榫而逐渐完成的。周期式指接机可用气压、液压或螺旋加压机构进行加压接长，达到压力并接合紧密后卸下，再装入另一个指接件。在大批量生产中，连续式指接机常用进料履带或进料辊直接挤压的形式加压，同时也可使用高频加热以提高胶的固化速度。它还配有专用横截锯，能够根据需要的长度进行截断。

（二）拼宽设备

为了得到较宽幅面的板材，可以将四面刨削加工后的一定长度的方材直接涂胶拼宽，也可以通过指榫接长和四面刨光后再涂胶拼宽。其设备主要包括涂胶机和拼板机。常见的拼板机包括热压拼板机、风车式拼板机、旋转式拼板机、斜面式拼板机、连续式拼板机等。

1．热压拼板机

首先，将方材小料放置于上下两块热压板之间，先进行侧向加压；然后，闭合上下热压板进行热压，待胶液固化后再卸下拼板。

2．风车式拼板机

风车式拼板机又称扇形拼板机，一般由10～40个胶拼夹紧器组成，由电机驱动传送链回转，夹紧器也随之运转。风车式拼板机左端为装卸工作位置，当涂胶板坯装在夹紧器工作台面上时，可以利用工作台的气压旋具（气压扳手）旋紧丝杆螺母，完成板坯的夹紧加压。当工作台面转动一个角度后，另一层工作台面开始装板、夹紧，以此类推。

3．旋转式拼板机

旋转式拼板机一般由3～5块拼板架（或工作台面）均匀排布在同一圆周方向，并可绕圆心轴旋转。这种拼板机采用液压系统在胶接面和正面同时对涂胶板坯进行加压，以确保拼板的胶合质量。这种方法能够获得较高的胶合强度，还能提高生产效率。拼板在拼板架循环旋转一周回到装卸工作位置处胶层即固化，便可装卸板坯。同时，也可在旋转式拼板机附近装设加热管来加速胶合过程，以提高生产率。

4．斜面式拼板机

斜面式拼板机一般由2块拼板架（或工作台面）倾斜地安装在机架的正反两侧，除了拼板架不能旋转之外，其工作原理基本上与旋转式拼板机类似，但由于拼板架数量较少，故其生产率稍低。

5．连续式拼板机

连续式拼板机是细木工板芯板胶拼的常用设备，适用于芯板的大批量生产，所以又称芯板拼板机。任意长度的木条（小方材）由进料机构纵向一根接一根送进，侧边经喷胶口喷涂胶液。当进给到要求长度并碰到挡块时，木条停止进给和喷胶，圆锯片抬起将木条截断；然后，由液压（或气压）推板将木条横向推进加热箱，并与木芯板侧向胶拼，如此反复，木芯板逐渐通过加热箱并连续加热、加压。当木芯板胶液固化后在送出时碰到挡块时，往复锯将连续木芯板按要求锯成规格宽度的拼板。

（三）层积胶厚设备

为了得到较大断面或较厚尺寸的方材，可以将经拼宽后的规格板材涂胶层积胶厚。方材厚度上一般采用平面胶合，其加工过程为：小料方材接长→平面和侧边加工→宽度胶拼→厚度加工（宽面刨平）→厚度胶合→最后加工。厚度上层积胶厚的胶接方法及所用胶种都与宽度上胶拼基本相同。但由于工件在接长和拼宽时都使用了胶黏剂，因此厚度上胶合通常采用冷压胶合。一般可采用普通冷压机（平压法）进行胶压，如图6-7所示，也可以采用各种夹紧器进行胶压。

图6-7 冷压机

第三节 实木零部件净料加工设备

毛料经过刨削和锯截加工成为表面光洁平整和尺寸精确的净料后，还需要进行净料加工。净料加工是指按照设计要求，将净料进一步加工成各种接合用的榫眼、连接孔或铣出各种线形、型面、曲面以及进行表面砂光、修整加工等，使之符合设计要求。

一、榫头加工设备

榫接合是实木框架结构家具产品的一种基本接合方式。采用这种接合的部位，其相应零件就必须开出榫头和榫眼。榫头加工是方材净料加工的主要工序，其加工质量的好坏直接影响家具产品的接合强度和使用质量。榫头加工后就形成了新的定位基准和装配基准，因此，对于后续加工和装配的精度有直接的影响。榫头加工时，应根据榫头的形式、形状、数量、长度及在零件上的位置来选择加工方法和加工设备。

在常见的榫接合中，直角榫、燕尾榫一般为整体榫，主要采用单头或双头开榫机、下轴式铣床、上轴式铣床进行加工。椭圆榫也为整体榫，自动开榫机使得椭圆榫和圆榫的加工十分方便，被广泛应用于实木家具生产中。圆棒榫作为插入榫，多为标准件，其加工工艺流程为：板材经横截、刨光、纵解成方条，再经圆棒榫加工、截断而成为圆榫。

二、榫眼加工设备

榫眼及各种圆孔大多用于实木家具制品中零部件的接合部位，孔的位置精度及其尺寸精度对于整个制品的接合强度及质量都有很大的影响，因而榫眼和圆孔的加工也是整个加工工艺过程中一个很重要的工序。现代实木家具零部件上常见的榫眼和圆孔，按其形状可分为直角榫眼、椭圆榫眼、圆孔、沉头孔等。

（一）直角榫眼加工设备

直角榫眼又称长方形榫眼，是应用较广的传统榫眼。对于直角榫眼的加工，最好在打眼机上配合使用方形空心钻套和麻花钻芯。这种方法加工精度高，能保证配合紧密。对于尺寸较大的直角榫眼，也可采用链式打眼机加工，其生产率高，但尺寸精度较低，加工出的榫眼底部呈弧形，榫眼孔壁较粗糙。对于较狭长的直角榫眼，也可以在铣床或圆锯机上采用整体小直径的铣刀或锯片来加工，但此法加工的榫眼底部也呈弧形，须补充加工将底部两端加深，以满足工艺要求。

（二）椭圆榫眼加工设备

椭圆榫眼又称长圆形榫眼，可以在各种钻床（立式或卧式、单轴或多轴）及上轴式铣床上用钻头或端铣刀加工。椭圆榫眼的宽度和深度较小时，可以采用立式单轴木工钻床进行加工。为了适应工艺的需要，立式单轴木工钻床的工作台具有水平方向和垂直方向的移动，能在水平回转且倾斜一定角度。但在加工时应注意工作台与工件的移动速度不应太快，以免折断钻头。椭圆榫眼的零部件批量较小时，可以适当采用上轴式铣床进行加工，但在加工时应根据工件的加工部位确定所用上轴式铣床的靠尺或模具以及定位销，以保证加工时的精确度。椭圆榫眼的零部件批量较大时，宜采用专用的椭圆榫眼机加工。随着数控技术的不断进步，一些数控榫槽机可以适用于不同类型的榫眼加工，其设备具有柔性大、效率高、精度好等优点，如图6-8所示。

图6-8　数控榫槽机

三、榫槽与榫簧加工设备

在实木家具产品接合方式中，零部件除了采用端部榫接合外，有些零部件还须沿宽度方向实行横向接合或开出一些槽簧（企口），这时就要进行榫槽和榫簧加工。其主要设备一般有铣床类、锯机类和专用机床等。在铣床类中，下轴式铣床、上轴式铣床、数控铣床和双端铣床等都可以加工榫槽及榫簧。根据榫槽或榫簧的宽度、深度等不同，可选用不同类型的铣床。在锯机类中，圆锯机可以加工榫槽，这种加工主要采用铣刀头、多锯片或两锯片中夹有钩形铣刀等多种刀具进行加工；加工燕尾形槽口时，可将不同直径的圆锯片叠在一起，或采用镶刀片的铣刀头构成锥形组合刀具，分两次加工，加工时将刀轴倾斜一定的角度，以获得要求的燕尾形状。在专用机床中，可在专用的起槽机上进行加工，它包括两把刀具，一把刀具做上下垂直运动将纤维切断，一把水平切刀做水平往复运动将切断的木材铲下，从而得到所要求的加工表面。

四、型面与曲面加工设备

为了满足功能上和造型上的要求，有些产品的零部件需要做成各种型面或曲面。这些型面和曲面归纳起来大致有以下五种类型：

❶ 直线形型面。零件纵向呈直线形，横断面呈一定型面。

❷ 曲线形型面。零件纵向呈曲线形，横断面无特殊型面或呈简单曲线形（由平面与曲面构成简单曲线形体），如各种桌几腿、椅凳腿、扶手、望板、拉档等。

❸ 复杂外形型面。零件纵向和横断面均呈复杂的曲线形（由曲面与曲面构成的复杂曲线形体），如鹅冠脚、老虎脚、象鼻脚等。

❹ 回转体型面。将方、圆、多棱、球等几种几何体组合在一起，曲折多变，其基本特征是零件的横断面呈圆形或圆形开槽形式，如各种车削或旋制的腿、脚以及柱台形、回转体零件。

❺ 宽面及板件型面。它是较宽零部件以及板件的边缘或表面所铣削成的各种线形，能够达到美观的效果，如镜框、镶板、果盘，以及柜类的顶板、面板、旁板、门板和桌几的台面板等。

（一）直线形型面加工设备

直线形型面零件的加工设备主要有四面刨床、线条机、下轴式铣床。四面刨床或线条机采用相应的成型铣刀进行加工。直线形型面零件的铣型、裁口、开槽、起线等的加工，也可在下轴式铣床（立铣）上根据零件断面型面的形状，选择相应的成型铣刀，并调整好刀头伸出量（刀刃相对于导尺的伸出量即为需要加工型面的深度），使工件（或夹持工件的专用夹具）沿导尺移动进行切削加工。

（二）曲线形型面加工设备

曲线形型面零件的加工设备主要有下轴式铣床、卧式自动双轴仿形铣床、立式自动双侧仿形铣床、回转工作台式自动仿形铣床以及单轴式铣床等。

下轴式铣床按照线形和型面的要求，采用不同的成型铣刀或者借助于夹具、模具等的作用来完成加工。对于整个长度上厚度一致的曲线形型面零件，在加工批量较大时，可先用曲线锯锯出粗坯，然后在压刨床上采用相应的模夹具对两个弧面进行加工。

卧式自动双轴仿形铣床是生产实木桌椅、沙发和画框的专用设备，它含有两个可以装配成型铣刀的刀轴（两刀轴间距可自动变化），加工时，只需将工件放在相应的模具上，一起放进两个铣刀之间，工件与样模由两个水平橡胶进料辊（可调节高度）压紧和驱动，铣刀便可依照样模形状在工件两侧同时进行铣型。

对于批量较大的曲线形型面实木零件，可以采用回转工作台式自动仿形铣床进行型面铣削加工。该类铣床的加工原理和加工方法是利用工件随回转工作台（或转盘）做圆周运动，通过铣刀轴上的挡环靠紧工件下的模具完成。

（三）复杂外形型面加工设备

对于纵向和横断面均呈复杂外形型面或复杂曲线形体的零件，可在仿形铣床上进行仿形加工，也可采用数控铣型加工中心等设备进行加工。

杯形铣刀仿形铣床采用杯形铣刀（或碗形铣刀）对工件外表面或内表面进行立体仿形铣削加工，如弯腿、鞋楦、假肢等。柱形铣刀仿形铣床利用各种圆柱形雕刻铣刀（端铣刀），既可以对工件外表面进行立体仿形铣削加工，又可以根据样模形状，在板状工件的表面上铣削各种不同花纹图案或比较复杂的型面（即表面仿形铣削）等，通常又称为仿形雕刻机，如图6-9所示。

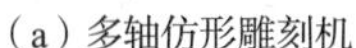

（a）多轴仿形雕刻机　　（b）仿形雕刻机及其加工工件

图6-9　仿形雕刻机

（四）回转体型面加工设备

在实木家具产品生产中，常常配有车削或旋制的腿脚、圆盘、柱台、挂衣棍、把柄、木珠等回转体零件，其基本特征是零件的横断面呈圆形或圆形开槽形式。这些回转体零件须在木工车床（普通木工车床、仿形木工车床、专用木工车床）及圆棒机上旋制而成，其加工基准为工件中心线。其中，专用木工车床采用各种成型车刀专用刀架，通过手动或机械进给，以及专用的装料机构和凸轮控制机构，组成半自动或自动车床，适用于大批量生产。

（五）宽面及板件型面加工设备

较宽零部件以及板件的边缘或表面如需铣削出各种线形和型面，如镜框、画框、镶板、桌几的台面板、椅凳的坐靠板等，一般可用回转工作台式自动仿形铣床、上轴式铣床、数控铣床等设备加工。其中，上轴式铣床主要用于零件外形曲线、内部仿形铣削、花纹雕刻、浮雕等加工。

上轴式铣床在木工机械中较早地采用了数控技术。它在实现数控技术后，其自动化程度、加工精度、操作性能、生产效率等都得到了进一步的提高。近年来，家具及木制品工业普遍使用数控铣床、数控加工中心等设备，可以通过刀架（一般有2～8个刀头）的水平或垂直方向的移动、工作台的多向移动以及刀头的转动等，根据已定的程序进行自动操作，在板件表面上加工出不同的图案与形状，既能降低工人的劳动强度，又能保证较高的加工质量和加工稳定性。

五、表面修整与砂光设备

实木零部件在经过刨削、铣削等切削加工后，由于刀具的安装精度、刀具的锋利程度、工艺系统的弹性变形、加工时的机床振动以及加工搬运过程的表面污染等因素的影响，会使工件表面出现微小的凹凸不平，或在开榫、打眼的过程中使工件表面出现撕裂、毛刺、压痕、木屑、灰尘和油污等，而且工件表面的光洁度一般只能达到粗光的要求。为使零部件外形尺寸正确、表面光洁，在尺寸加工及形状加工以后，还必须采用表面砂光设备，进行表面修整加工，以除去各种不平度、减少尺寸偏差、降低粗糙度，达到油漆涂饰与装饰表面的要求。

第四节　典型实木家具数字化制造生产线装备配置

根据实木家具加工工艺的特征，其典型生产线的装备配置方案主要包括：立体仓储设备、备料设备、毛料加工设备、净料加工设备（榫卯加工设备、钻孔设备、型面与曲面加工设备、仿形设备、砂光设备）以及涂装设备等。干燥后的实木锯材经过配料和毛料加工工段，成为一定规格尺寸和形状的净料后，进行榫头榫眼、型面与曲面以及异形仿形等加工，成为符合设计要求的零部件，最后进行砂光、开榫、装配以及涂饰等工序，完成实木家具的生产过程。

采用全自动扫描仪对原材料板材进行扫描，称为纵切扫描。通过全自动扫描仪对板材进行扫描检测，检测整块板材尺寸信息并扫描板材表面缺陷（节疤、开裂、夹皮等）位置，然后优化智能算法，结合工厂需要加工的部件长度、宽度尺寸及等级要求，利用优选锯切设备对每块板材制订最佳的锯切方案。对优选锯切后的短料、窄料采用接长机、全自动拼板机进行接长、拼宽处理，实现短材长用，小材大用。其中优选后的规格毛料则直接用于后续实木家具零部件的生产加工。

配料后的材料，需要根据材料表面质量和尺寸特性进行毛料加工，包括基准面加工、相对面加工等。毛料加工后，表面质量优良、尺寸精准的坯料进入净料加工环节。

对方材和板材进行净料加工，采用数控开榫机、燕尾榫箱榫开榫机等设备进行榫头的加工；利用数控曲线加工设备、上轴式铣床、雕刻机等设备进行零件的型面与曲面加工；针对部分曲线形零件，也可采用数控高频加热弯曲设备进行热压弯曲处理；利用数控榫槽机、上轴式铣床、数控六面钻孔中心对实木零部件进行榫眼和圆孔的加工。

将净料加工后的零部件按图纸进行试组装与修整，对实木家具白坯进行砂光、涂装等处理，最后包装入库。

实木家具数字化制造生产线由数字化生产设备、生产信息控制系统、原材料供应系统与智能仓储系统等部分组成，数字化制造能够针对小批量多品种产品的特定需求，合理生成工艺路线、排产方案以及选择相应的生产设备进行准时化生产，这一流程中信息流的畅通非常关键，生产数据信息的及时更新与下达，是生产系统柔性化的重要保障。

以图6-10所示的实木餐桌的生产工艺过程为例，其数字化制造生产线主要包括原料仓储系统、横截纵解设备、方材胶合设备、刨削设备、铣削设备、榫头榫眼加工设备、型面与曲面加工设备、砂光设备、装配设备以及涂装设备。实木餐桌的生产主要分为桌面板加工以及桌腿与横档加工等。对于拆装式结构餐桌，各部分加工完成后须进行涂饰处理，最后到客户处进行装配，其具体装备配置如图6-11所示。

图6-10　实木餐桌

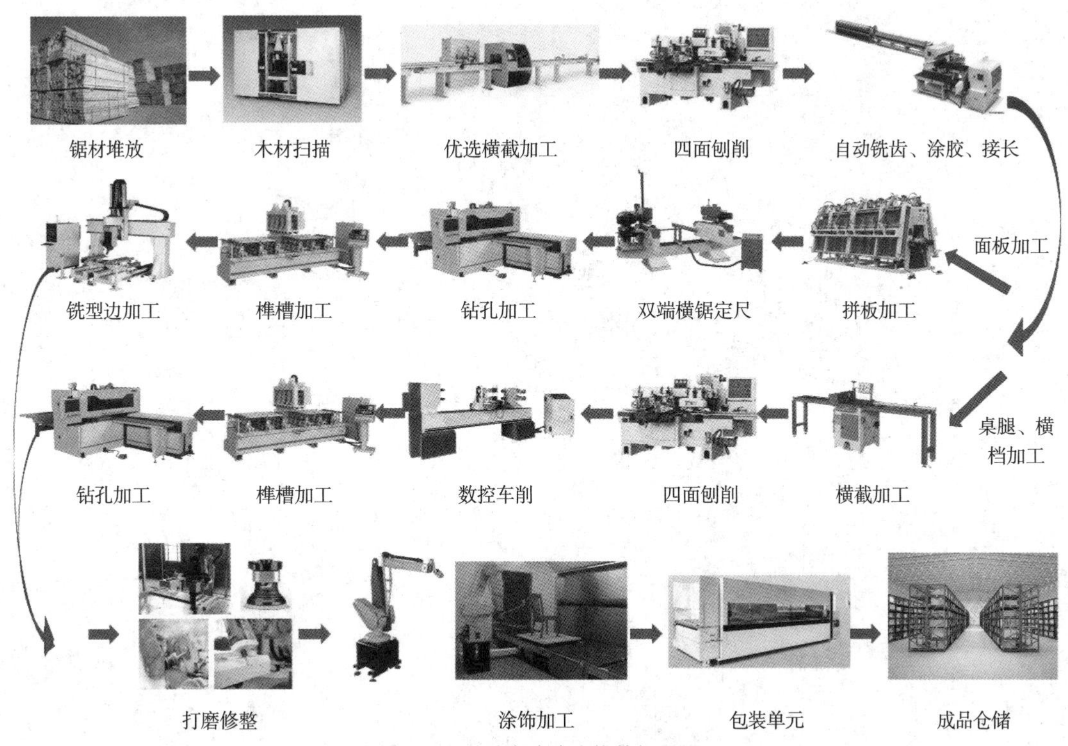

图6-11　实木餐桌生产线装备配置

第七章 板式定制家具典型生产线装备配置

学习目标

了解和掌握板式定制家具典型工艺流程以及各工段所需核心装备类型；掌握生产线规划相关原理与技术。

随着现代科技的不断发展以及人们日益增长的生活需求，板式定制家具能够满足人们对个性化的追求，逐渐成为市场主力军。板式定制家具的制造模式已由传统的大规模制造，向大规模定制生产不断转型升级。大规模定制生产模式，即面向客户的个性化需求，以大批量生产的低成本、高质量、高效率提供定制化产品和服务的一种生产方式。柔性制造技术是以计算机工艺信息管理、机械数控技术为核心，自动完成多品种、小批量的加工、装配、检测等过程的先进生产技术，能够更好地满足产品大规模定制生产模式的需求。柔性生产线是大规模定制生产中的关键环节，它直接影响了制造效率、经济效益等指标。本章基于板式定制家具典型生产工艺，对板式定制家具柔性化生产线关键装备配置及功能进行总结概述，阐述板式定制家具柔性化生产线典型案例。

板式定制家具是指以人造板为原料，经过开料、封边、钻孔、表面装饰等工序加工而成的产品。其主要原料有饰面的刨花板、中密度纤维板、多层胶合板、细木工板等。根据板式定制家具结构造型的不同，这些板大体可分为异形零件（如异形门板、弧形桌面板等）和直线形零件。其中，门板类零件开料一般通过加工中心进行大板套裁，实现下料、铣型一体化加工，再经过真空覆膜或贴面完成表面装饰加工。板式定制家具典型生产工艺流程如图7-1所示。

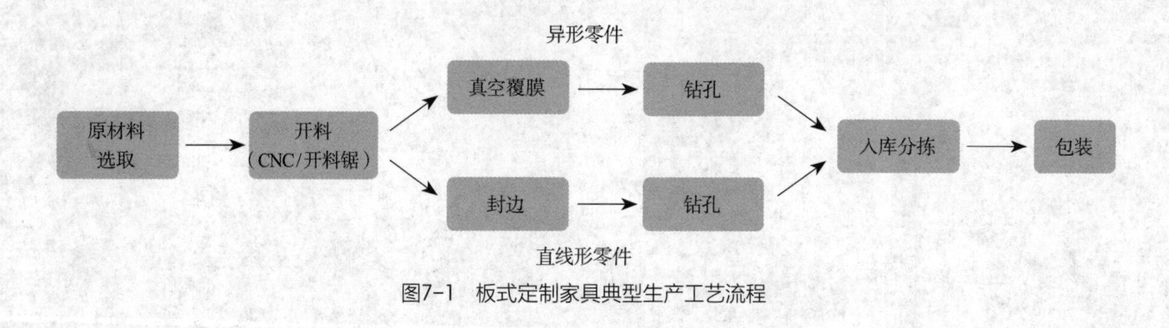

图7-1　板式定制家具典型生产工艺流程

第一节　数控开料设备

开料是指将标准尺寸的人造板按照工件尺寸要求，裁切成规定尺寸零件的过程。根据批量大小的不同，典型的开料设备有加工中心、电子开料锯、带移动工作台木工锯板机、立式裁板锯等。其中，在数字化制造过程中，加工中心和电子开料锯应用最为广泛。为实现加工自动化、无人化，加工中心和电子开料锯均可配备机器人以实现自动上下料。带移动工作台木工锯板机和立式裁板锯属于传统机械化设备，以人工操作为主，一般用于大规模定制过程的补单、非标件生产等环节，其自动化、信息化程度较低。

大板套裁是集切割、铣型和钻孔为一体的柔性化生产方式，适合小批量、多品种订单和非标准件的生产。在加工过程中，数据信息直接从CAD/CAM中传送到“大板套材”加工系统中，实现自动裁板、开槽、钻孔和铣型等加工。它不仅可以满足直线形零件开料，还可以满足橱柜、衣柜门板等异形零件的开料或表面成型等加工要求。大板套裁加工中心的特点如下：

❶ 裁板、开槽和钻孔在一个加工步骤中完成，其灵活的切割方式将实现更高的材料利用率。

❷ 刀具路径优化，使生产效率更高。

❸ CNC控制，提高裁板和钻孔精度。

此外，带机器人上下料的大板套裁加工中心包括自动上料、自动贴标、机器人下料等模块，并配备优化软件，可以提高板材出材率，优化切割路径，提高加工效率。

电子开料锯与机器人配合，实现板材纵横方向自动转向，自动锯切，满足个性化裁切要求。其生产过程全自动，重新定义订单生产中的板件流，实现批量化生产条件下的个性化裁切。电子开料锯配备板材优化系统，能够提高材料利用率。相较于大板套裁加工中心，电子开料锯加工效率更高，但它仅适用于矩形零件开料。

第二节 柔性封边设备

板式定制家具各零件单元尺寸不一、颜色各异，要实现批量化生产，封边机应具备一定的加工柔性，具体体现在满足不同封边材料的要求、适应不同尺寸规格产品的能力、自由切换封边方式等。柔性封边线的每个工作单元都是为提高生产线灵活性而设计的，如加工操作的快速变化，使用胶黏剂类型（PUR/EVA）、胶黏剂颜色（一般生产中有深浅两种颜色的胶黏剂，以适用于不同颜色板件的封边需求）、封边带类型或封边工艺类型的自由切换等。通过条码识别技术，快速准确获取工件加工信息，评估每一个参数并建立相应的封边生产流程，最大程度上减少停机调整时间，保证生产连续性及生产效率。

板式定制家具零件根据外形可分为直线形和异形零件，二者通常采用不同的生产线加工。其中，异形零件可以通过带封边功能的加工中心实现开料和封边一体加工，进一步提高异形零件的加工效率与精度。对于一些自动化程度不高的企业，异形零件通常利用普通加工中心开料，然后采用手动曲线封边机进行封边。直线形零件封边采用高性能、自动化直线封边机，具有效率高、封边工艺多样化等特点。但是，由于板式定制家具零部件尺寸不一，一般利用单面封边机通过一定的布置形式，满足不同尺寸工件的柔性化封边。柔性封边线示意图如图7-2所示。进行柔性封边时，首先应完成工件纵向1、2边的封边，然后再完成横向3、4边的封边。

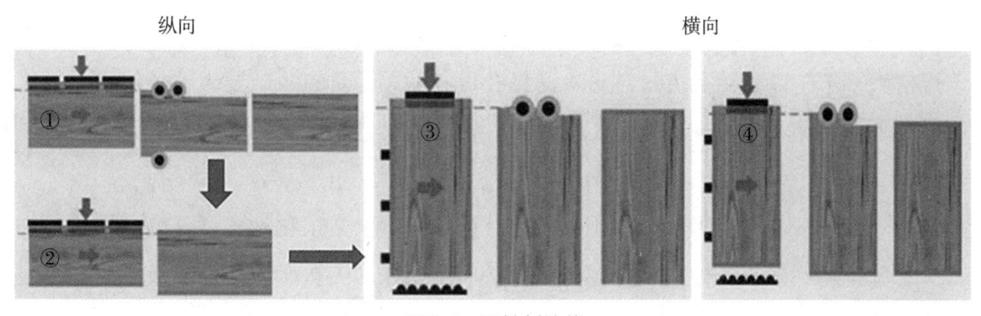

图7-2 柔性封边线

直线形零件封边的具体设备配置形式主要有单机+回传装置［图7-3（a）］和U形或H形双机联线［图7-3（b）和图7-3（c）］。单机+回传装置的方案中，通过皮带运输机或辊筒运输机实现工件进给，通过单面直线封边机封边后，利用龙门式搬运机器人移动和转向工件，借助回传装置，循环往复，可依次完成工件四个面的封边。相较于双机联线方案，单机+回传装置的配置方案运行过程中工件运输路径更长，效率较低。若采用双机联线方案，工厂在设备配置时可根据厂房面积、产能需求及资金投入，通过两组双机联线串联完成四边封边，也可通过一组双机联线+回传装置完成四边封边。

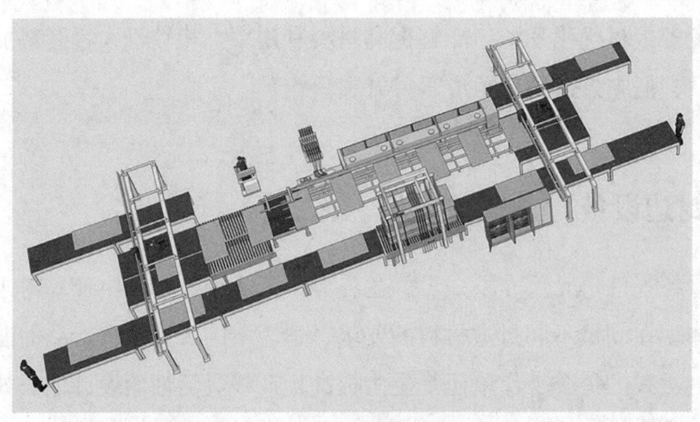

（a）单机+回传装置

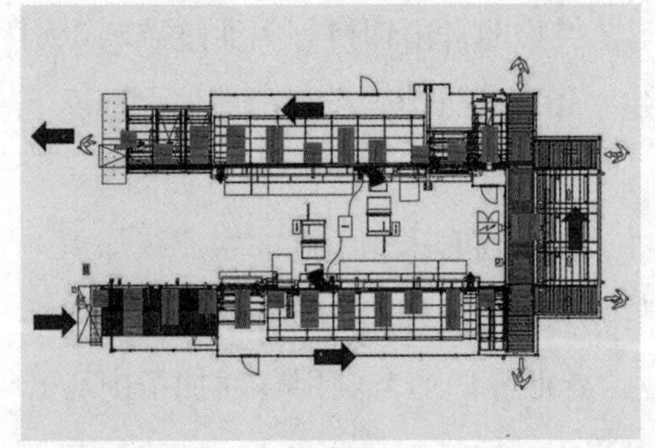

（b）U形双机联线

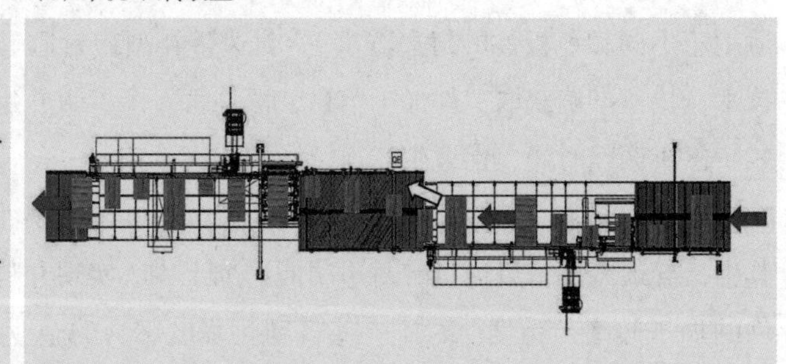

（c）H形双机联线

图7-3 直线形零件封边设备配置形式

第三节 数控钻孔设备

板式定制家具零件上的各类孔起到接口与装配定位作用，且板式定制家具不同零件上钻孔数目、规格大小不一以及钻孔位置各异，对钻孔设备的柔性具有一定要求，传统多排钻床、普通钻床已经不能满足大规模定制化生产的需求。常见的柔性钻孔设备如图7-4所示。

1. 加工中心

加工中心如图7-4（a）所示，它配有刀库，可用于零件数字化钻孔、开槽和镂铣等加工。零件一次定位，能够完成多种加工类型。但设备属定位式加工机床，工件装夹、定位一般通过人工完成，不方便自动化联线。

2．通过式钻孔中心

通过式钻孔中心如图7-4（b）所示，它一般用于自动化生产线联线。通过高速同步进料装置，实现稳定、精准进料，零件一次性通过，可完成六面钻孔、开槽和配件安装（如圆棒榫）等。同时，它可对接软件、自动识别零件、自动定位零件，实现柔性化加工，具有加工效率高、钻孔精度准等优势。

3．立式数控六面钻孔中心

立式数控六面钻孔中心如图7-4（c）所示，它一般用于加工小尺寸工件，占地面积小，在高度集成的设备上可实现铣型、钻孔和开槽加工。部分设备配备自动吸盘系统，带有钻头快速更换系统的立式高速钻轴，以及自动换刀的刀具库，能够实现工件周边铣型、钻孔以及开槽三种加工作业。这类设备适用于小型企业或者大型企业非标件加工，难以联线。

4．卧式数控六面钻孔中心

卧式数控六面钻孔中心如图7-4（d）所示，它具有横梁通过式结构，六面钻孔一次性完成。采用双夹钳定位方式，根据板材长度自动调节夹钳夹持位置。垂直钻组+水平钻组+锯片组合，能够实现多元化加工。其钻孔中心与CAM软件对接，扫码即可加工，双夹钳自动夹板，无须针对不同零件进行适应性调整、定位。通过配备自动扫码、自动送料装置以及自动出料系统，配备回转传输带或工业机器人，可以对接智能全自动生产线，实现无人化生产。

（a）加工中心

（b）通过式钻孔中心

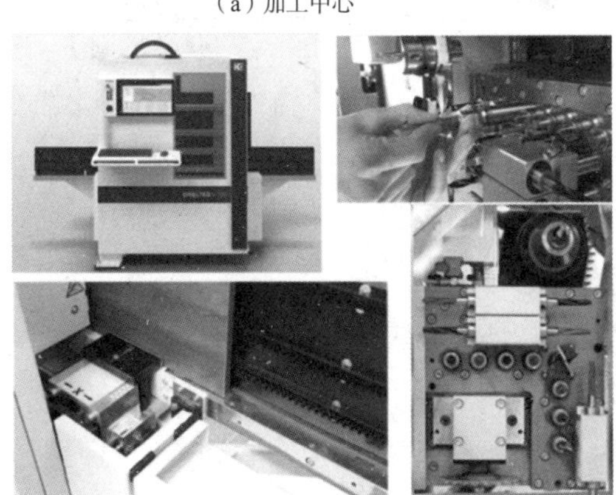

（c）立式数控六面钻孔中心

（d）卧式数控六面钻孔中心

图7-4　常见的柔性钻孔设备

第四节 智能制造背景下板式定制家具生产线装备配置

按板式定制家具典型生产工艺，典型柔性生产线设备配置方案如图7-5所示。其生产线主要包括原材料仓储单元、开料单元、线边仓、封边单元、钻孔单元、分拣单元和包装单元等。原材料从原材料仓储单元出发，每一块零件经开料、封边、钻孔、分拣、包装等工序，全程不落地，无须人工操作。该柔性生产线不仅工作效率高（日产零件数最高可达40万件左右），而且加工精度好（如对角线偏差可以控制在0.5mm以内）。完善的柔性生产线不仅需要柔性化的加工设备，更需要强大的管控平台提供数据支撑，并通过数据接口实现设备间的互联互通，以数据流驱动物料流，最终实现板式定制家具智能制造。

柔性化加工生产线由信息控制系统、物料储运系统和数字控制的制造设备组成，是板式定制家具企业制造环节中的重要组成部分，对于加工效率、加工成本以及产品质量影响显著。柔性生产线设备配置时需要依据产品批量、类型、结构等要素，综合考虑资金预算，合理选配关键设备的数量、类型进行产线布局，以提高小批量多品种工件加工效率，并能及时制造出个性化产品以满足不断变化的市场需求。面向智能制造，除设备配置等基础硬件研究外，基于信息物理系统（CPS）、物联网等新兴技术，进一步开展设备接口、智能控制、工厂全息建模等技术研究，能够实现人机交互、设备互联以及设备数字化管控，促进家居产品智能制造技术不断成熟。

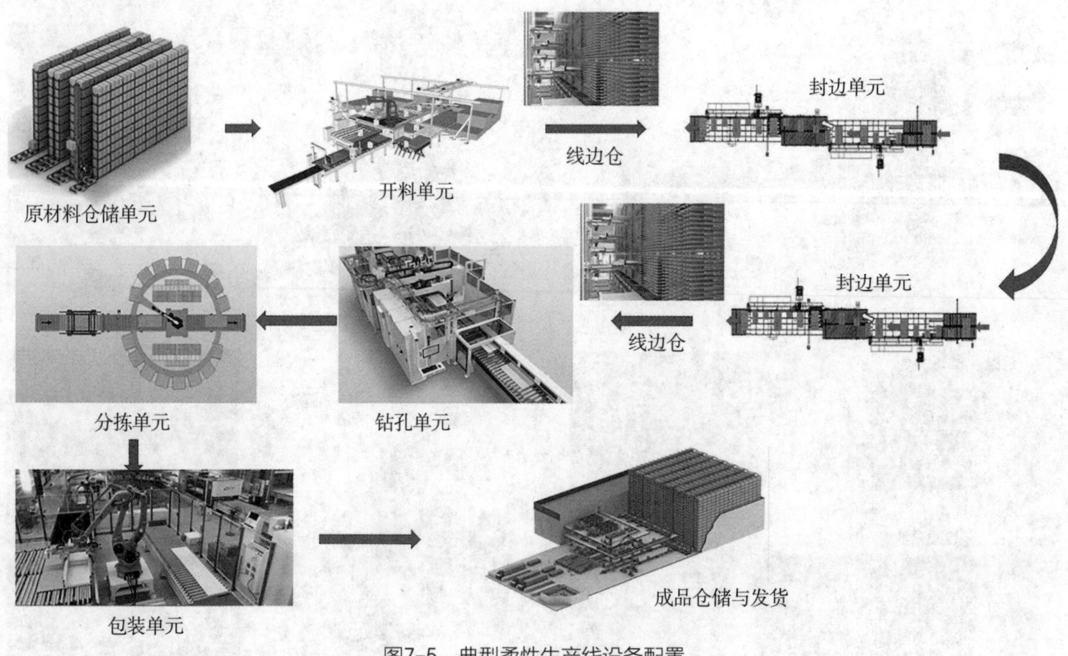

图7-5 典型柔性生产线设备配置

第八章 木门窗典型生产线装备配置

学习目标

了解和掌握木门窗常见结构、类型及其典型工艺流程以及各工段所需核心装备类型；掌握生产线规划相关原理与技术。

第一节 典型木门结构与工艺

一、典型木门结构

木门是由实木和其他木质材料为主要材料制作的门框（套）和门扇并通过五金件组合而成的门，单位为樘。木门主要构造如图8-1所示。根据木门的结构和制作工艺的不同，将木门分为镶板门和夹板门。镶板门的门扇也称为榫拼结构的木门扇，门梃与门梃之间、门梃与木镶板间主要通过榫（榫孔或榫槽）连接，其结构大多采用拼装方式，也称拼装式木门。夹板门的门扇在骨架内部填充门芯材料，两面贴合木夹板，面层为装饰薄木、单板PVC、装饰纸或其他饰面材料装饰，其结构大多采用层压式拼装方式，也称层压式木门。

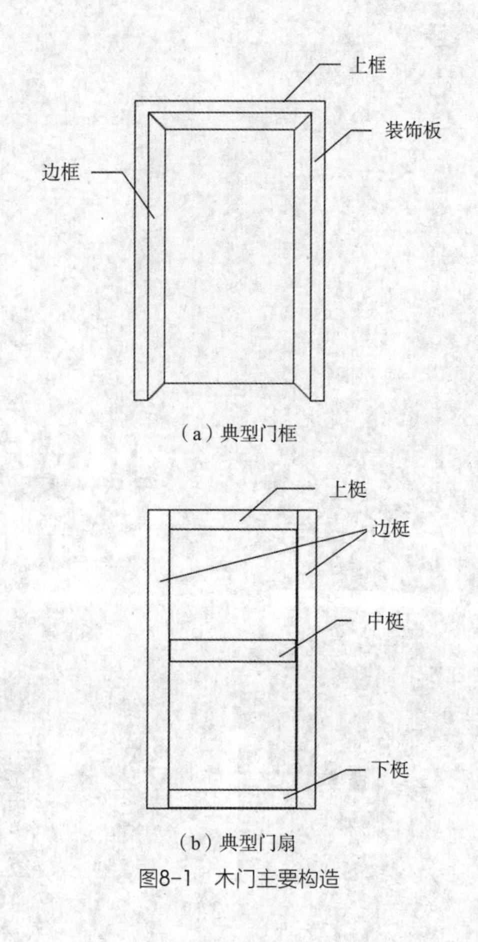

（a）典型门框

（b）典型门扇

图8-1 木门主要构造

二、镶板门生产工艺

根据构成材料的不同，镶板门可分为实木镶板门、实木复合镶板门等。

1. 实木镶板门生产工艺

一般实木镶板门门扇的生产工艺流程如图8-2所示。

一般实木镶板门门框的生产工艺流程如图8-3所示。

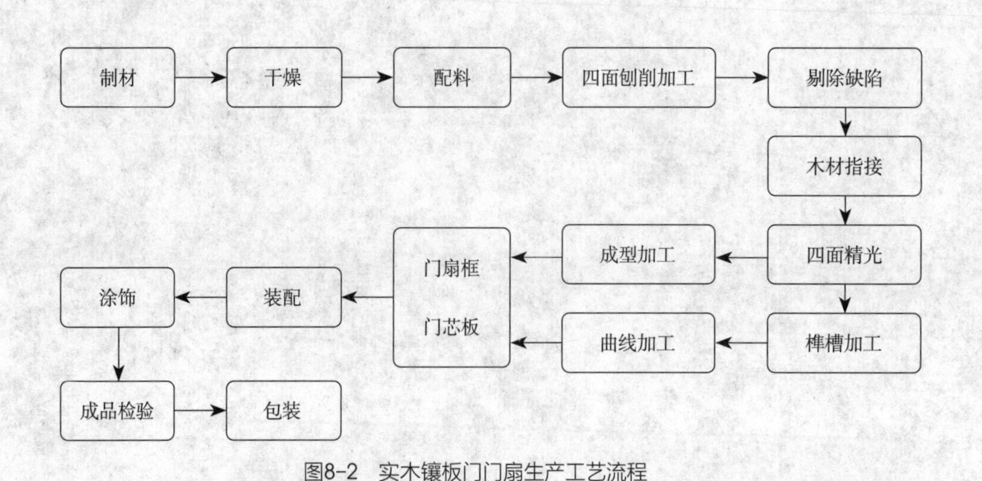

图8-2 实木镶板门门扇生产工艺流程

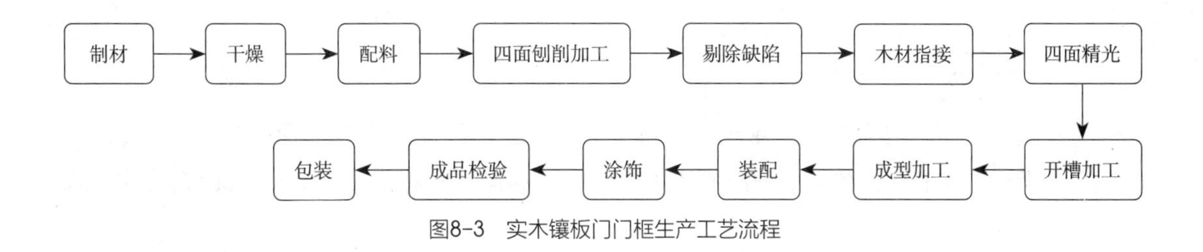

图8-3　实木镶板门门框生产工艺流程

2．实木复合镶板门生产工艺

实木复合镶板门的加工主要针对木门不同部件，如门梃、木镶板以及线条的加工和不同部件在水平方向上的组装。

一般实木复合镶板门门扇的生产工艺流程如图8-4所示。一般实木复合镶板门门框中板和门框角板的生产工艺流程分别如图8-5和图8-6所示。

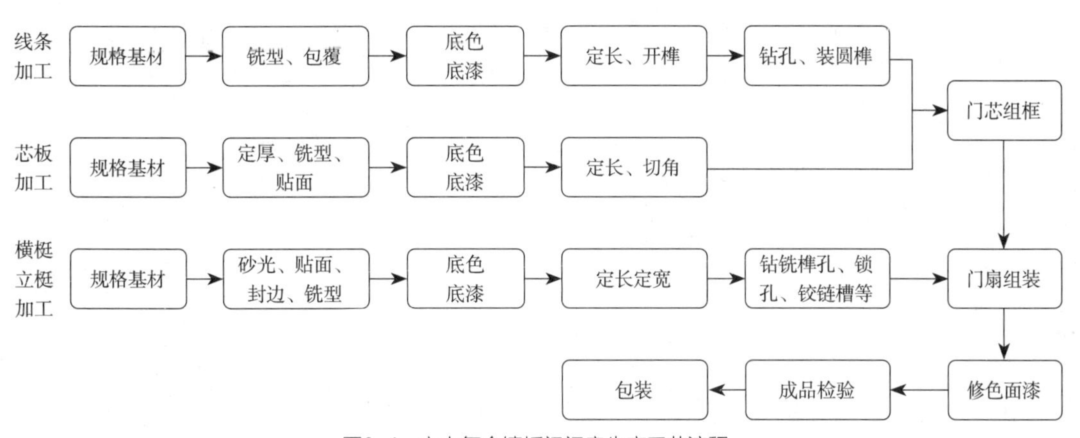

图8-4　实木复合镶板门门扇生产工艺流程

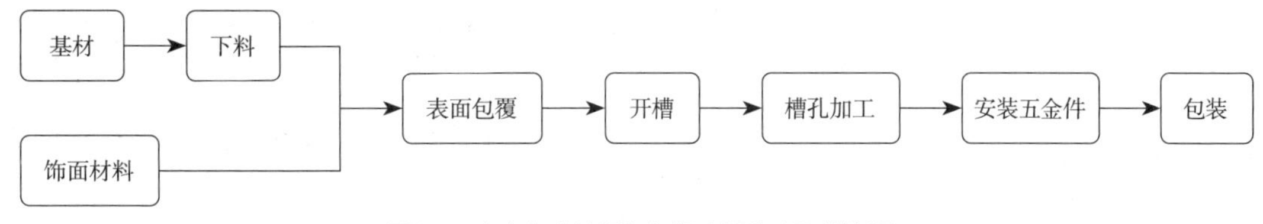

图8-5　实木复合镶板门门框中板生产工艺流程

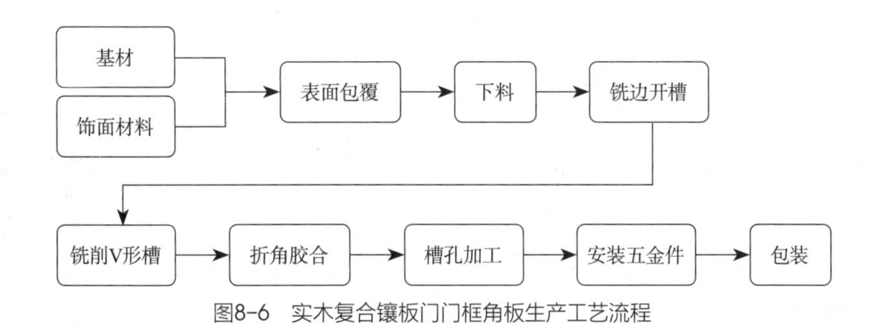

图8-6　实木复合镶板门门框角板生产工艺流程

三、夹板门生产工艺

夹板门以层压结构为主要拼装方式，在门扇骨架内部填充门芯材料，两面贴合木夹板，面层为装饰薄木、单板、PVC、装饰纸或其他饰面材料装饰。下面以实木复合夹板门以及模压门为例，详细介绍其生产工艺。

1. 实木复合夹板门生产工艺

实木复合夹板门主要是五层复合压贴，门梃之间的连接主要依靠钉子或胶黏剂。其组装是在垂直方向上的夹板与骨架的复合压贴，再经过定尺、封边、五金槽孔加工以及门扇雕刻等步骤即可成型。如果是三层复合压贴，则可省略贴面步骤，但在门扇雕刻等步骤结束后还需要进行油漆涂饰。

一般实木复合夹板门门扇的生产工艺流程如图8-7所示。

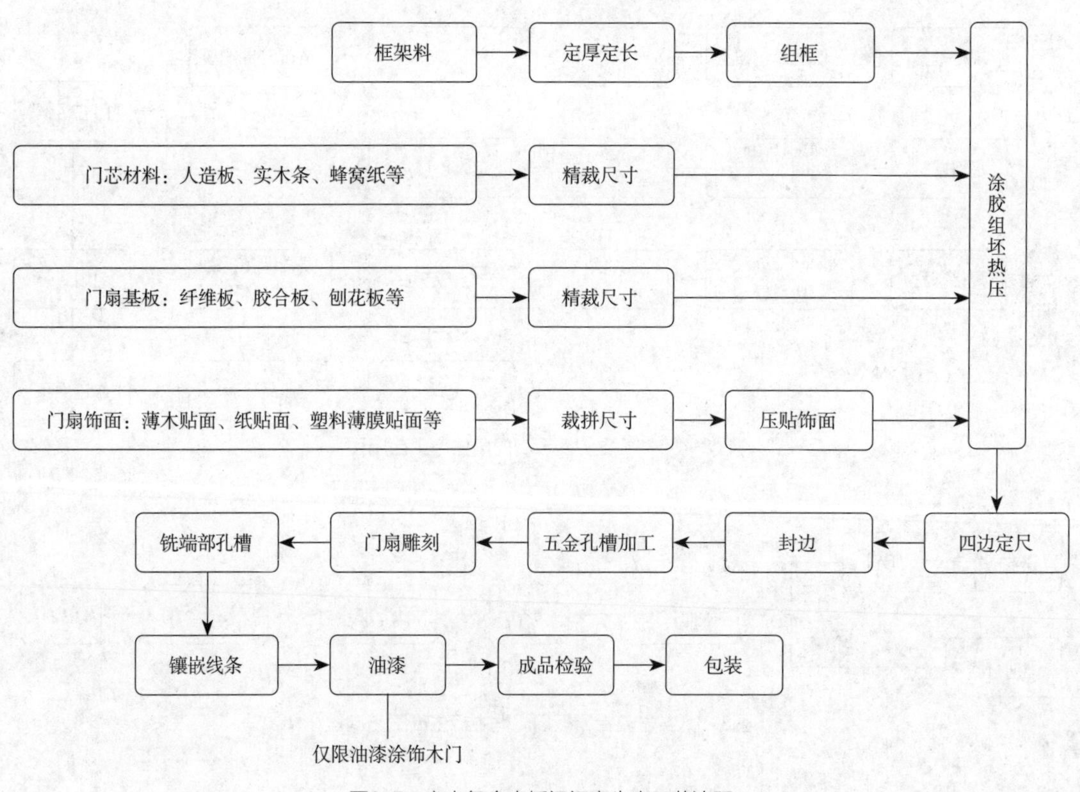

图8-7 实木复合夹板门门扇生产工艺流程

2. 模压门生产工艺

以胶合材、锯材为骨架材料，面层为人造板或高分子材料等，经压制胶合或模压成型的中空门，称为夹板模压空心门，简称模压门。

一般模压门门扇的生产工艺流程如图8-8所示。一般模压门门框中板和门框面板的生产工艺流程分别如图8-9和图8-10所示。

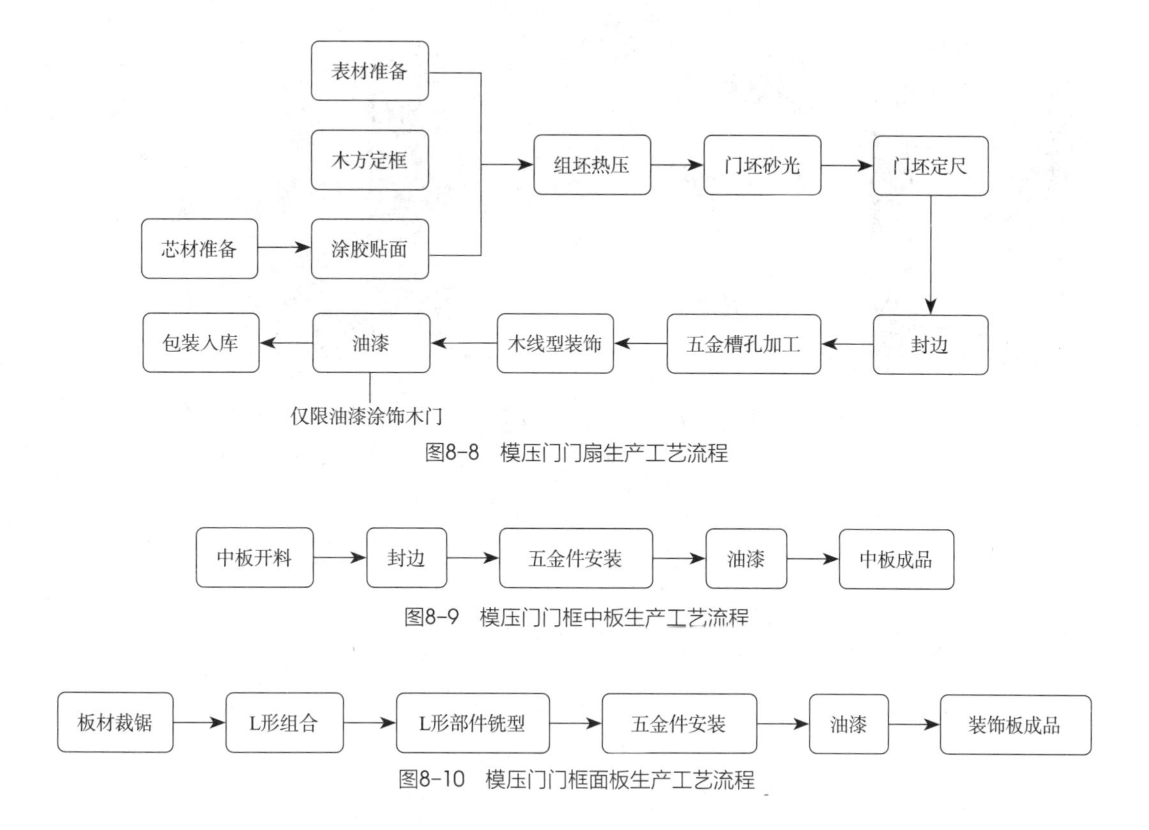

图8-8　模压门门扇生产工艺流程

图8-9　模压门门框中板生产工艺流程

图8-10　模压门门框面板生产工艺流程

第二节　典型木窗结构与工艺

一、典型木窗结构

以木材为框料制作的窗称为木窗，单位为扇。木窗也包括以木材作为受力杆件基材与铝材、塑料复合的门窗，简称木铝复合窗或木塑复合窗。根据窗外表面结构的不同，木窗可分为全实木窗、铝包（半包和全包）木窗和塑包（半包和全包）木窗。下面重点介绍前两种。

1. 全实木窗

全实木窗是指以锯材为原料，经铣削成型、端面开榫等工序，进而拼接制成的窗，如图8-11所示，其主要特征是制作的各个部件的材质都是木材且内外一致。

2. 铝包木窗

铝包木窗是在保留全实木窗特性和功能的前提下，将隔热断桥铝合金型材和实木通过机械方法复合而成的框体。两种材料通过高分子尼龙件连接，充分照顾了木材和金属收缩系数不同的属性。铝包木窗剖面结构如图8-12所示。

木窗一般由窗框、窗扇、中空玻璃及五金件组成。窗框又称窗樘，是窗与墙体的连接部分，由窗楣、横档、竖档、垫高料、中梃和横梃组成，如图8-13所示。窗扇是窗的主体部分，分为活动扇和固定扇两种，一般由横档、竖档和垫高料等组成骨架，其中间固定玻璃、窗纱或百叶等。五金件主要有铰链、风钩、拉手、导轨、转轴和滑轮等。

图8-11　全实木窗

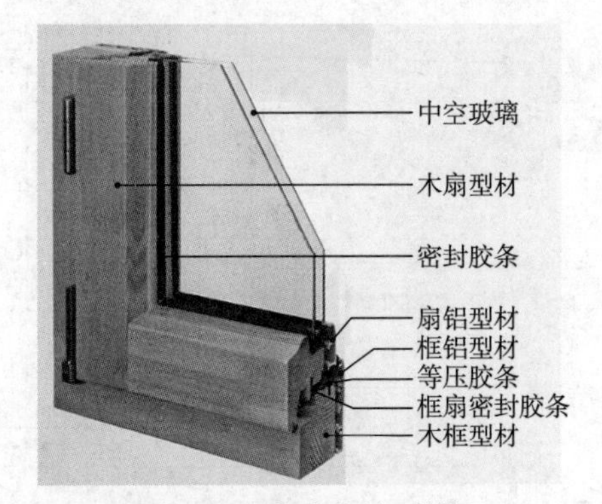

图8-12　铝包木窗剖面结构

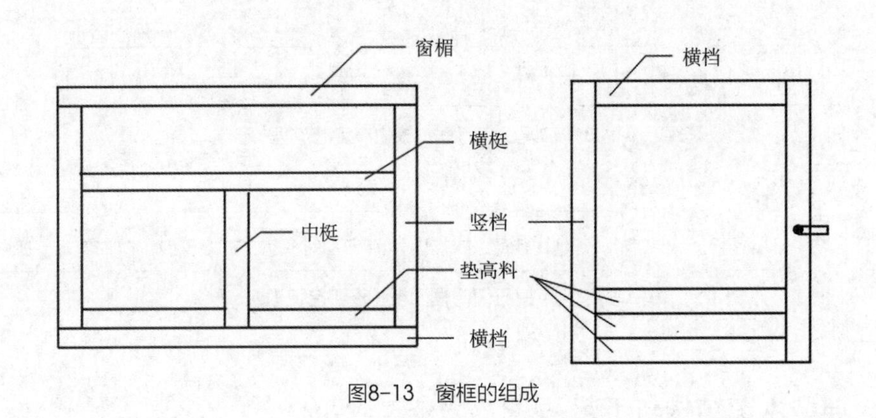

图8-13　窗框的组成

二、典型木窗生产工艺

锯材经过干燥、横截、刨光以及涂胶拼方等步骤制成窗框料，采用四面刨床对窗框料的毛料进行四面刨光，使部件的尺寸和几何形状达到规定的加工精度。对窗框料精光后，完成窗框料的端头定尺横截、窗框料两端的榫头与榫簧加工、窗扇周边防劈裂铣型、窗框与窗扇边形的铣型、木窗与窗台的连接槽及五金件的安装槽或其他特殊要求型面的加工等工作。在对其进行端部铣型以及内外侧铣型后，用榫眼机和各种打孔设备加工出相应的榫眼、铰链孔、把手孔等。然后，在每根部件的端头涂胶，通过组框机施加一定压力把窗框及窗扇部件组合成框。最后，对其进行涂饰，安装五金件、玻璃等。木窗生产工艺流程如图8-14所示。

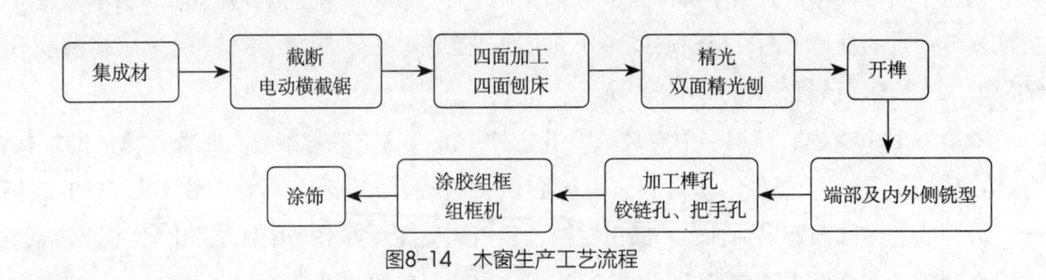

图8-14　木窗生产工艺流程

第三节 门扇生产线装备配置

一、镶板门门扇部件加工装备

（一）边梃加工装备

边梃加工装备主要是数控门梃加工机，如图8-15所示。数控门梃加工机主要由床身、靠山、压梁、铣削单元、钻孔单元、吸尘系统以及操纵箱等部件组成，该装备主要用于加工木门边梃或横梃中的榫孔和榫槽。

（a）实物图

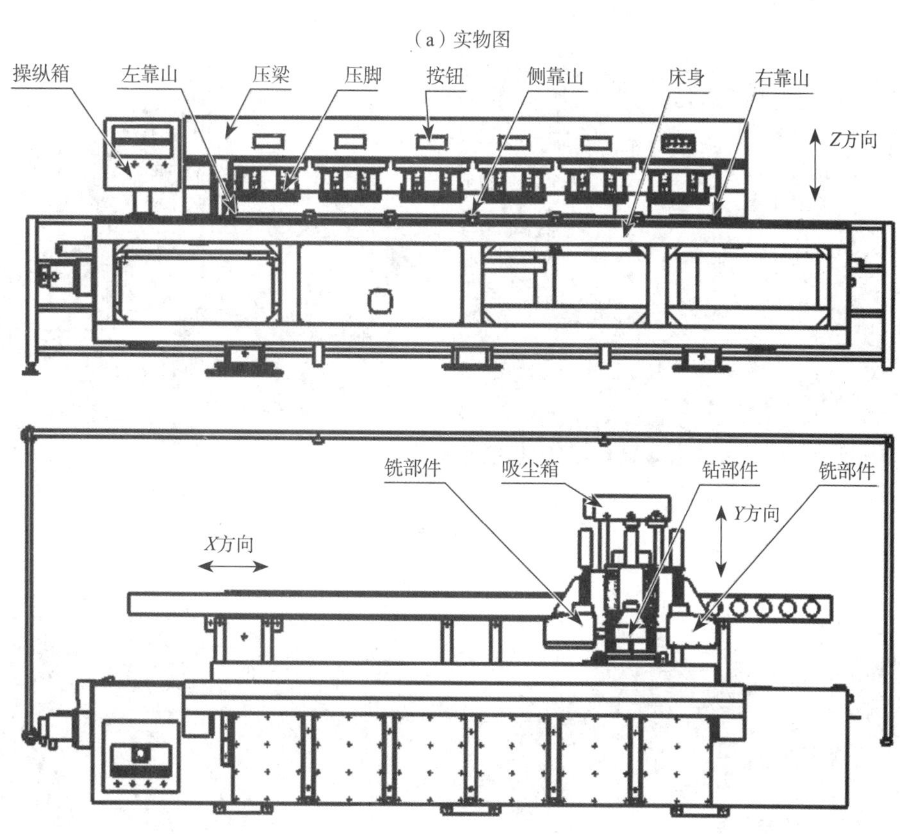

（a）线稿图

图8-15 数控门梃加工机

机床共配置三个数控加工主轴。采用数控加工边梃时，长边锯座沿工作台长度运动方向为X轴方向，沿工作台横向运动方向为Y轴方向，垂直于X向运动和Y向运动的方向为Z轴方向。

当加工边梃时，边梃侧面紧靠在侧靠山基准面，通过压紧气缸带动压梁将工件压紧。铣削单元和钻孔单元固定在同一托板上，通过伺服电机分别驱动托板可沿X轴方向、Y轴方向和Z轴方向运动。钻孔单元为五孔排钻，由一个电机驱动，孔间距为32mm，相邻钻头的钻削方向相反。此外，还可以设置钻头的工作个数。铣削单元由铣型刀和预铣刀组成，布置在钻孔单元两侧，预铣刀在前，铣型刀在后。预铣刀的转向为正旋，铣型刀的转向为反旋。预铣刀的主要作用是防止铣削时崩边。这种机床具有刀具中心线修正功能，可通过控制Z轴纵向移动消除各刀具中心线误差，保证所加工的铣型中心和孔中心在同一中线上。

（二）横档加工装备

在榫拼结构的木门门扇中，组装之前需要对横档进行定长、铣榫头、开榫眼、注胶以及安装圆棒榫等一系列加工。由此应运而生了一种主要用于加工横框端头榫拼部位的设备——双端开榫加工中心，如图8-16所示。

双端开榫加工中心由锯切、钻孔、铣型、注胶、插圆棒榫等工作单元组成，如图8-17所示。

（a）实物图

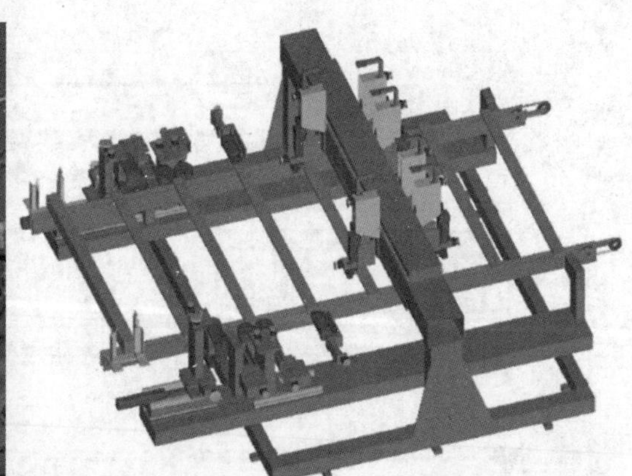

（b）结构图

图8-16 双端开榫加工中心

（a）锯切

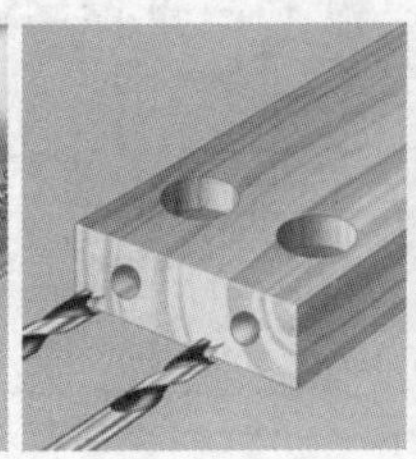

（b）钻孔

（c）铣型

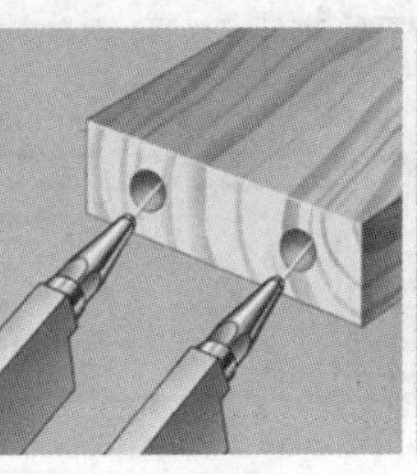

（d）注胶

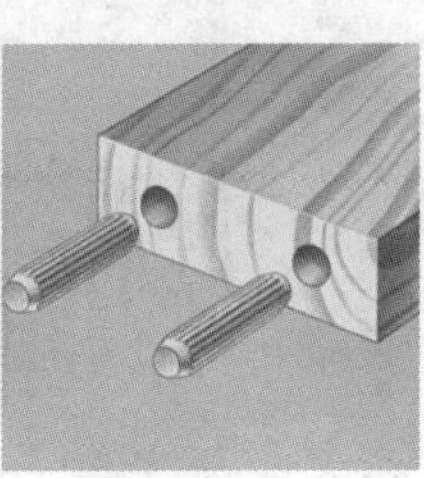

（e）插圆棒榫

图8-17 双端开榫加工中心的组成单元

（三）门芯嵌板铣型装备

木门中的门芯嵌板属于较宽的板件型面，为了美观，往往设计成曲面外形，这种异形的门芯嵌板造型，主要采用数控仿形铣床加工。数控仿形铣床通过数字或电脑程序控制铣削、进给，满足并促进了曲线、曲面和雕花零件在木门中的大量应用。

（四）木线条加工装备

木线条线形的加工成型一般是通过立式铣床、线条机或四面刨床完成的。其中立铣成型较为复杂，精度低；线条机及四面刨床易于成型，精度高。随着国内机械制造水平的不断提高，四面刨床越来越多地用于木线条和门梃成型的制作中，主要用于将工件按照所需要的界面形状和尺寸同时对四个面进行加工。

（五）组装装备

图8-18所示为一种利用高频加热胶合进行镶板门组装的高频木门组装机，它适用于镶板门的快速组装，既可以单独使用，也可以配套在生产流水线上使用。该设备组装效率高，完成一扇框架门需要30～60s。可以将此设备直接嵌入木门或框架生产线中，形成连续流水作业。此外，该设备配置丝杠导轨、伺服电机驱动，拼接精度高；采用PLC程序控制及触摸屏界面，便于使用者操控，同时可以提供通信接口以满足生产线集中控制的需求，实现整厂自动化生产。

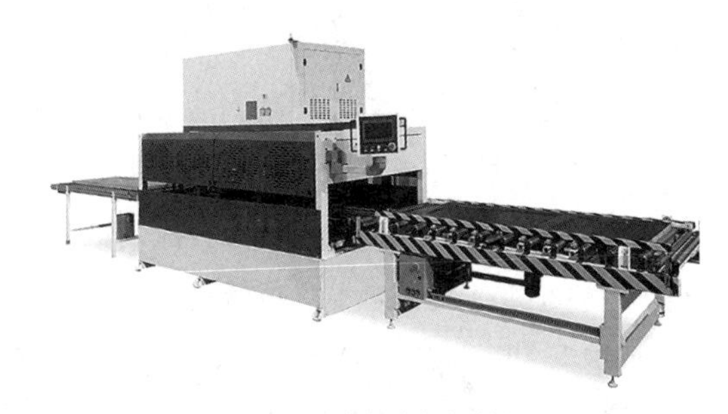

图8-18　高频木门组装机

二、夹板门门扇部件加工装备

（一）备料装备

夹板门加工前，需要进行边框材料、门芯材料、门扇基材材料等的备料。对于边框材料而言，备料装备主要有纵剖和横截圆锯机；门芯材料根据材质的不同，其裁切的设备也有差异，如果填充空心刨花板，其裁切设备主要为电子开料锯。电子开料锯是必不可少的精密快速裁板设备，它能根据大板尺寸和零件尺寸，合理下锯，精确地裁截板材，从而降低板材浪费，提高生产效率。

（二）钉框和组坯

钉框是指利用钉枪将裁切好的边框材料连接在一起，一般通过人工方式完成；钉框后，需要将裁切好的门芯材料、面层等按照一定次序组坯成坯料。目前，组坯既可以通过人工方式，也可以通过自动组坯与热压自动化联线方式。

（三）门扇压贴装备

压贴是指利用压机将组坯好的门扇板坯加压固化，形成门扇坯料。常用的压贴分为冷压和热压。其中，热压的应用更为广泛，它主要包括高频热压、微波热压和热油加压。根据层数的不同，压贴装备又分为单层和多层压机。图8-19所示为不同层数的门扇冷压压贴装备。目前，在组坯热压自动化联线中，主要由输送台、涂胶机、门扇框架和芯材组坯工作台、组坯工作台、多层热压机、卸板和冷却装置等组成，如图8-20所示。

（a）单层木门冷压机

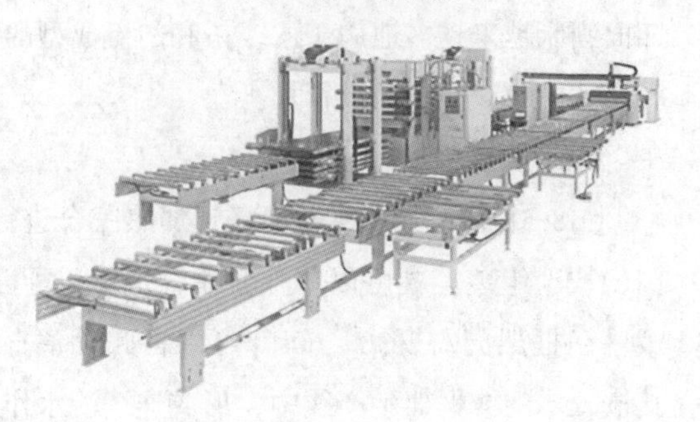

（b）五层木门快速冷压复合生产线

图8-19 门扇冷压压贴装备

三、门扇成型加工装备

无论是镶板门还是夹板门，都需要使用相应的设备进行门扇四边规整，门锁、铰链槽加工以及必要的表面造型加工，下面对常见的几种门扇成型加工装备进行介绍。

（一）四边锯

组装后的木门门扇外形尺寸存在偏差，为了保证后期在门扇边部锁孔、铰链槽加工的准确性，并确保门扇与门套的组装精度，一般需要使用四边锯对组装后的门扇四边进行锯切加工。如图8-21所示，数控门扇四边锯上采用可自动纠正图案位置的技术，能在锯切前自动调节门坯在机床工作台上的位置，使其进行规方锯切后，既保证面板的花纹在中心线上对称，也保证门芯框架与面板齐平。

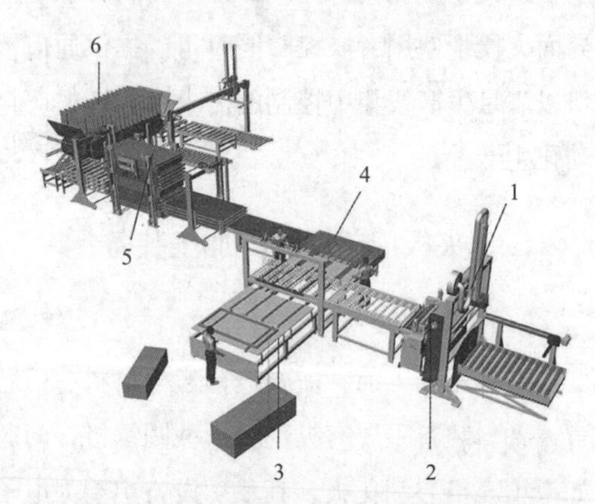

1—输送台；2—涂胶机；3—门扇框架和芯材组坯工作台；4—组坯工作台；5—多层热压机；6—卸板和冷却装置。

图8-20 夹板门组坯热压自动化联线

进行门扇成型加工时，首先根据设定的木门宽度尺寸，由宽度方向数控轴驱动活动工作台横向移动。木门通过传送机构送至工作台，由侧向压紧气缸将其推送至宽度基准气缸定位面，当木门侧边接触到宽度基准定位气缸后，侧向压紧气缸伸出，将木门推送至长度基准定位气缸紧靠定位面，此时，真空工作台开始抽真空，当真空电极表达到一定值后，所有气缸收回。短边锯座在悬臂梁上横向移动，横向锯切木门短边。当横向锯切完成后，悬臂梁滑座纵向移动，带动长边左右锯座锯切木门的两个长边，锯切长度由之前设定的木门长度决定。当纵向锯切完成后，短边锯座回到悬臂梁滑座的初始位置，之后在悬臂梁滑座上横向运动，完成另一短边的锯切。锯切深度由气缸伸出量

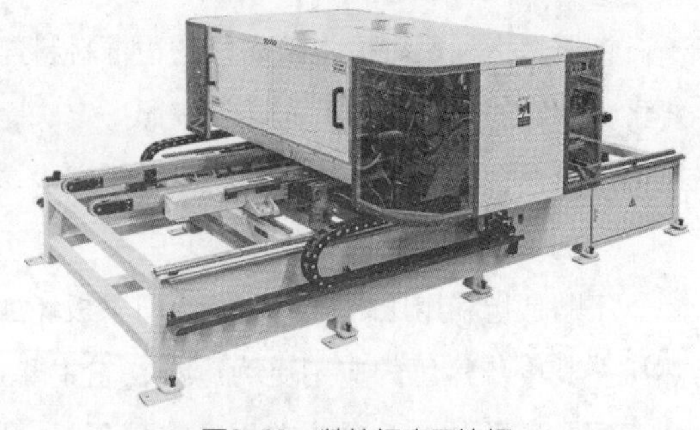

图8-21 数控门扇四边锯

决定。锯切完成后，悬臂梁滑座带动短边锯座和长边锯座回到初始位置，准备下一次加工。

（二）门扇封边机

门扇封边机可采用全自动直线封边机。它采用热熔胶将卷式封边带、实木封边条等封边材料与木门侧边缘进行粘接，然后进行修整、抛光。该机床能在木门送入后，自动完成预铣边、板材预加热、粘接封边、齐头、修边、精修圆角、倒圆角、刮边、抛光等加工工序。

（三）门扇五金件安装孔槽铰链加工装备

根据木门制造行业对木门门锁、门铰链等五金件安装槽的加工要求，利用新技术开发的机械化程度高、效率高、精度高、适用加工范围广的数控专用机床，可通过一次装夹完成门锁和门铰链等五金件所需的安装孔位加工。图8-22所示为门扇五金件孔槽加工单元。

木门立体图如图8-23所示。首先，根据设定的木门宽度尺寸，由宽度方向数控轴驱动活动工作台横向移动，木门通过传送机构送至工作台。当木门侧面A接触到长度基准定位气缸后，侧向压紧气缸伸出将侧面B紧靠在宽度基准面上，木门压紧机构将木门压紧定位，长度测量机构、宽度测量机构和厚度测量机构对木门的实际长度、宽度和厚度进行测量，找出公称尺寸与实际尺寸误差，程序自动修正，锁孔槽加工单元和铰链槽加工单元根据修正后的数据进行加工。锁孔槽加工单元分别通过伺服电机的驱动，沿直线导轨运动加工锁孔和锁槽；同样地，铰链槽加工单元分别通过伺服电机的驱动，沿直线导轨运动加工铰链槽。锁孔槽加工单元和铰链槽加工单元可在两边同时进行数控加工，完成铰链槽、锁槽、锁孔、执手孔、锁槽阶及铰链引孔和槽阶引孔的加工。

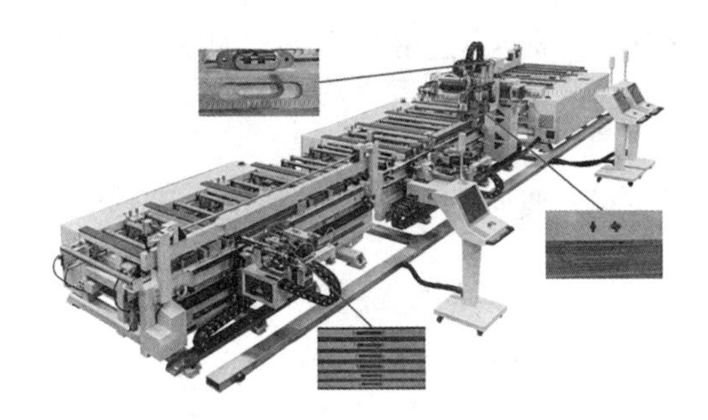

图8-22　门扇五金件孔槽加工单元

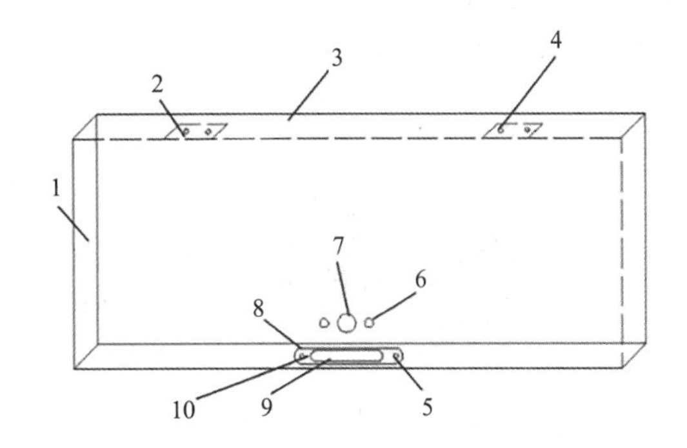

1—侧面A；2—铰链槽；3—侧面B；4—铰链引孔；5—槽阶引孔；6，7—执手孔；8—锁孔；9—锁槽阶；10—锁槽。

图8-23　木门立体图

（四）门扇CNC数控加工中心

在现代木门生产中，门扇的造型多种多样，传统的做法一般采用手工制作。但是，手工制作生产效率低，不适合大规模的工业生产，且其生产出的产品质量参差不齐。因此，目前常采用图8-24所示的CNC数控加工中心进行门扇加工。CNC数控加工中心集钻、铣、锯等多种功能于一身，适合加工各种部件，其加工灵活性高，较好地解决了手工制作存在的问题。

图8-24　CNC数控加工中心

（五）门扇双面雕刻机

现有木门的门扇加工中，经常需要在门扇正反两面上做出同样的线条和花纹，即两面图形镜像对称。门扇双面雕刻机能够同时加工木门门扇正反两个面上的图案，避免出现门扇两面图案错位的现象，同时能够显著提高门扇图案加工的生产效率。图8-25所示为数控门面板双工位雕刻机，该设备在双面雕刻部件上设有对称且同步动作的两个刀具模块，能够实现门扇的双面同时加工。它可以实现自动换刀，以满足复杂图形的加工；此外，它还能够自动进出料，顺逆向进出料可以任意切换，以满足联线的需要。

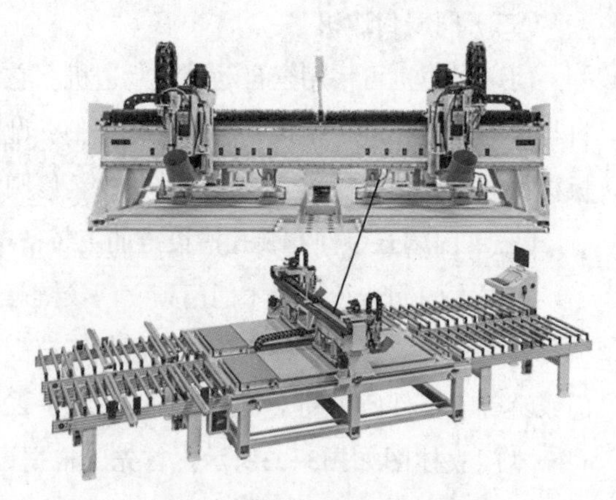

图8-25 数控门面板双工位雕刻机

四、典型木门门扇自动化生产线装备配置——以夹板门为例

如图8-26所示，夹板门门扇柔性生产线是在连续压机、数控门扇四边锯、直线封边机、在线检测设备、数控锁铰孔槽加工机、双面加工中心、数控门扇端部加工机等自动化单机的基础上，配以龙门式搬运机器人、在线缓存库以及输送、定位、转向等辅助设备。其主要加工参数、节拍、自动化结构、控制方式基本一致并相互关联，物流和信息同步传输，对不同规格的门扇自动识别、调节和加工及检测，满足“批量为一”的定制要求。

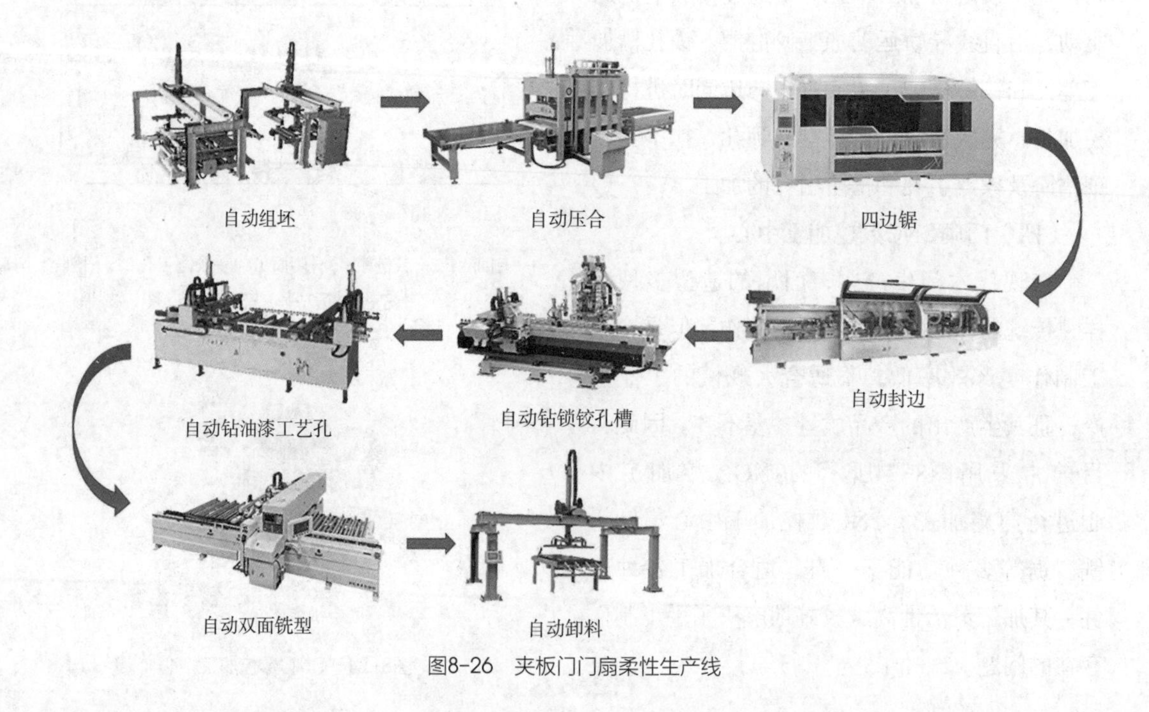

图8-26 夹板门门扇柔性生产线

第四节 门框加工生产线装备配置

木门门套的主板和角板的实木、刨花板及中密度纤维板经过开料后，角板要进行L形组合，而主板两侧均要开槽，用来安装角板或者密封条。现在工厂中用于门套主板开槽的主要设备为四面刨床。此外，对于门套部件的加工还有门套上框和边框结合部位的角部加工、边框部位的锁孔加工以及铰链槽加工。

一、门套L形装饰板加工装备

木门门套结构中两个边框角板和上框角板（可调边和固定边）的横截面都呈L形，它们由两块角板坯料呈90°拼接而成。在木门加工中，一般使用胶黏剂胶合后，然后用气钉固定。对于异形拼接胶合设备，大部分木门工厂都采用集成材用拼板机。

图8-27所示为一种门套L形装饰板加工装备，它利用热熔胶实现垂直边材与实木板、刨花板、细木工板、中密度纤维板等板材直线边缘的粘接，还能进行封边后的修整、抛光。该设备能够完成送料、粘接封边、修边、抛光、下料等加工工序，避免了手动加工过程中出现的加工误差，保证了加工尺寸的一致性。

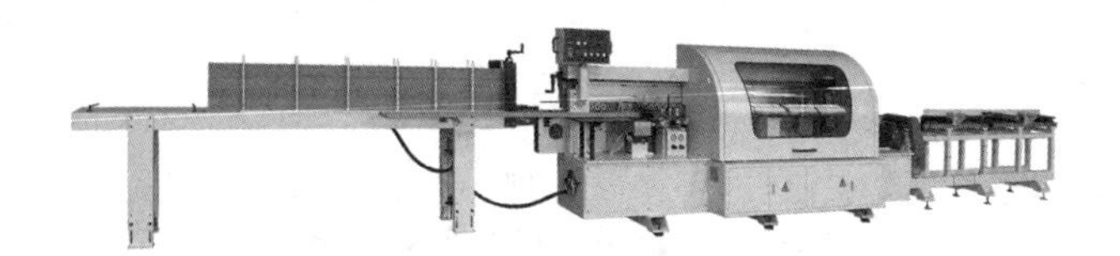

图8-27 门套L形装饰板加工装备

二、门套主板加工装备

对于带档条的门套主板，其加工工序主要包括自动涂胶、压合、打钉、定尺、铣锁铰槽等。门套主板的加工生产线及装备如图8-28所示。

三、典型木门门套加工自动化生产线装备配置

前面主要对木门门套加工的单机设备进行了介绍，由于门套的安装一般都为现场安装，在其生产过程中多以单机加工为主。但随着机械制造水平、计算机控制技术的不断发展，以及人工成本的持续增长，近年来国内外也出现了自动化木门门套生产线，其设备配置如图8-29所示。其加工流程如下：首先，门套主板和两个角板通过输送装置进入组装台，通过人工将两个角板和一个主板组装成U形门套；然后，通过U形门套角部加工设备完成门套角部双端45°/90°的锯切加工和开连接孔；接着，通过门套五金件孔槽加工机进行铰链槽加工和锁孔加工；完成后，进行清洁，去除加工过程中产生的木屑；最后，进行U形门套出料。

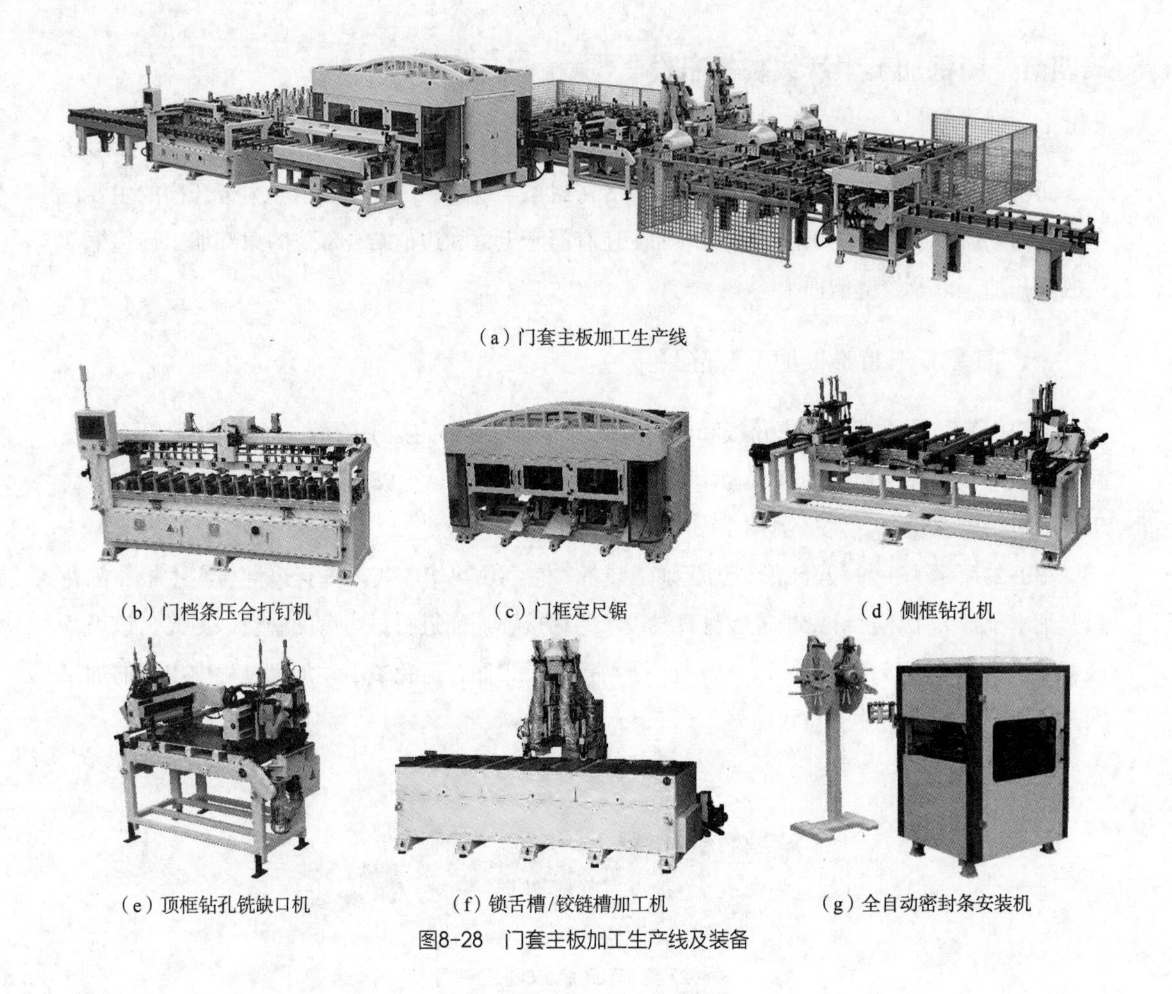
（a）门套主板加工生产线

（b）门档条压合打钉机　（c）门框定尺锯　（d）侧框钻孔机

（e）顶框钻孔铣缺口机　（f）锁舌槽/铰链槽加工机　（g）全自动密封条安装机

图8-28　门套主板加工生产线及装备

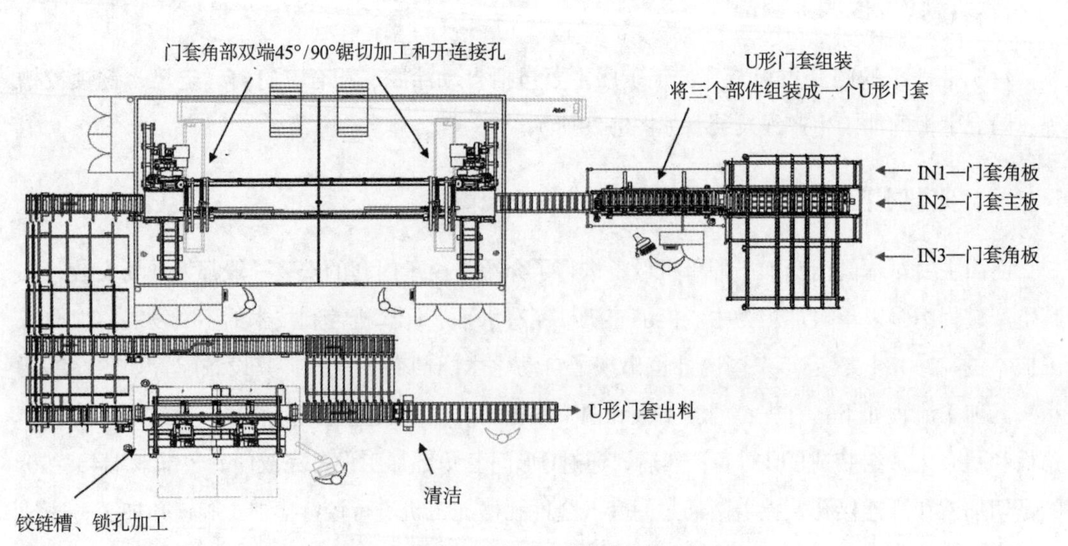

图8-29　木门门套加工自动化生产线设备配置

第五节 欧式实木窗生产线装备配置

目前，欧式实木窗是市面上常见的木窗产品之一，主要由窗框、窗扇、中空玻璃、五金件、铝合金扣板和密封胶条等构件组成。欧式实木窗具有良好的密封性、保温性、防水性和灵活的开启方式。根据结构的不同，可分为全实木窗、铝包木窗和塑包木窗；根据木窗厚度的不同，可分为Ⅳ58、Ⅳ68、Ⅳ78等系列；根据其连接方式的不同，又分为框榫连接和圆棒榫连接。

欧式实木窗的生产依据产能与结构可以有不同的设备配置方案，但无论采用哪种方案，都必须满足各种榫形形状的加工要求。目前，主要的设备配置方案有以下几种：

❶ 四面刨床→L形多轴加工中心→组框→多轴外形加工中心→五金件槽孔加工中心。

❷ 四面刨床→多轴开榫中心→多轴外形加工中心（右）→多轴外形加工中心（左）→五金件槽孔加工中心→组框。

❸ 四面刨床→多工位集成加工站→组框。

其中，L形多轴加工中心、多轴开榫中心、多轴外形加工中心和多工位集成加工站是欧式实木窗生产的关键设备。

一、L 形多轴加工中心

L形多轴加工中心是集截断、开榫和铣型为一体的计算机控制的多轴铣床。它一般拥有6个工位，如图8-30和图8-31所示，所有工位的切削装置都由计算机统一控制。

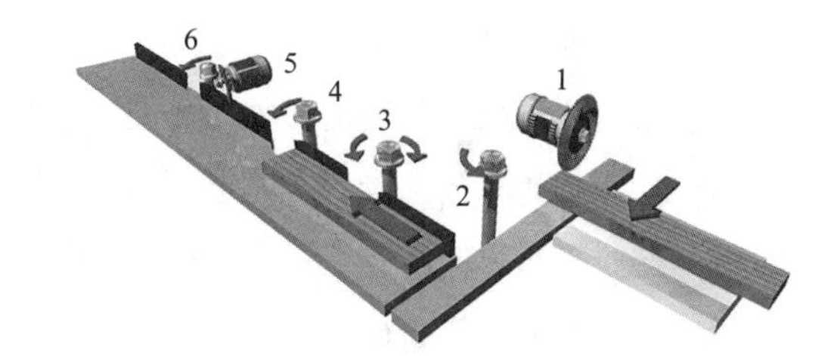

1—齐端锯；2—端头开榫刀轴；3—纵向铣型和正转刀轴；4—纵向主铣型刀轴；5—上水平铣刀（选配）；6—右立铣刀。

图8-30 L形多轴加工中心的工位

1. 锯切装置（工位1）

工位1根据零件编号自动启动长度定位装置，按设计长度要求截断窗料。

主要技术参数：电机功率3kW；锯片直径400mm；锯片转速3000r/min；锯轴直径30mm；圆锯片垂直方向行程140mm；最大锯切高度90mm。

2. 开榫装置（工位2）

在工位2上进行窗料开榫。窗框有五种榫形，窗扇有三种榫形，共需要8把开榫刀具。不同的L形多轴加工中心，在工位2上可安装4把或8把刀具，对应的刀轴长度为320mm或620mm。若能安装8把刀具，则在生产过程中无须换刀，可以提高生产效率，

（a）L形多轴加工中心设备

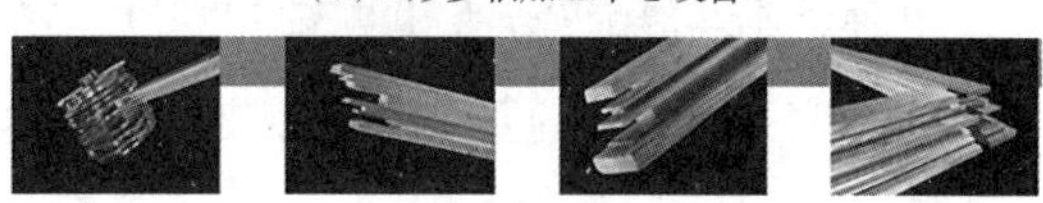

（b）加工的零部件

图8-31 L形多轴加工中心设备及其加工的零部件

但其刀轴需要增加端部支承，以增加刀轴的稳定性。

安装8把刀具的开榫装置的技术参数：刀轴直径50mm；刀轴长度620mm；垂直方向有效行程565mm；刀轴转速3500r/min；电机功率9.25kW；刀具基准直径320mm。

此外，每把刀具的装夹高度为75mm，8把刀具装夹顺序采用计算机控制编码设定，通过伺服电机调节开榫装置的垂直位置。加工时，生产软件界面显示待加工的零部件信息，自动调用正确的开榫刀具。

3．铣型装置（工位3）

工位3为纵向铣型装置，能安装5把刀具，分别是窗扇内形预成型刀、窗框下横档内形刀、窗框下横档外形刀（外侧成型）、窗框内形刀（左、上、右）及防撕裂刀。当启用防撕裂刀时，旋转方向为顺时针（顺铣），并有气动控制跳动功能；当启用其他刀具时，旋转方向为逆时针（逆铣），关闭气动控制跳动功能。

该铣型装置的技术参数：刀轴直径50mm；刀轴长度320mm；垂直有效行程295mm；刀轴转速6000r/min；电机功率9.25kW；刀具基准直径140mm。

4．铣型装置（工位4）

工位4为窗料纵向铣型的主要刀轴，能安装5把刀具，分别是窗扇外形预成型刀、从动扇外形刀、窗扇垫高料外形刀、窗框外形刀（左、上、右）和窗框下横档外形刀（内侧成型）。其旋转方向为逆时针（逆铣），没有配置气动控制跳动。该铣型装置的技术参数与工位3一致。

5．铣型装置（工位5）

工位5为纵向铣型的辅助刀轴，可安装2把刀具，分别加工五金件安装槽和窗扇外形（下）。

该铣型装置的技术参数：电机功率3kW；刀轴直径30mm；刀轴长度100mm；刀轴转速6000r/min；垂直方向有效行程40mm；水平方向有效行程60mm；刀具基准直径190mm。

6．开槽装置（工位6）

工位6的刀轴水平放置，安装下玻璃压条的圆锯片或窗台面安装槽的加工刀具。窗扇内形预成型之后，经此刀具的切削，可获得玻璃实木压条，同时窗扇内形也最终成型。

开槽装置的技术参数：电机功率2.2kW；锯片直径200mm；锯轴直径30mm；锯片转速6000r/min；水平方向有效行程40mm。

二、全自动化生产线

（一）多轴开榫中心

不同结构与厚度的实木窗需要用不同的开榫刀具。为了实现多规格、多品种和大批量生产的目的，需要一台专门用于窗料开榫的加工中心。

开榫中心一般配置一把截断锯和2～3套开榫装置，在不更换刀具的情况下，可满足2～3种类型实木窗开榫加工的要求。开榫装置的刀轴长度为620mm，可安装8把刀具，其技术参数同L形多轴加工中心的工位2。

工件夹持器可一次夹持两件工件，快速送料至选定的开榫刀位慢速进给。完成一端的开榫后，快速退位并旋转180°，再完成另一端开榫。然后，工件进入下一道铣型工序；或者通过左右布置的两台端部开榫机（图8-32）实现左右端部依次开榫，以满足个性化定制生产需求。对于批量化生产，端部开榫可采用如图8-33所示的双端布置的双端开榫机，一次通过完成两端开榫。

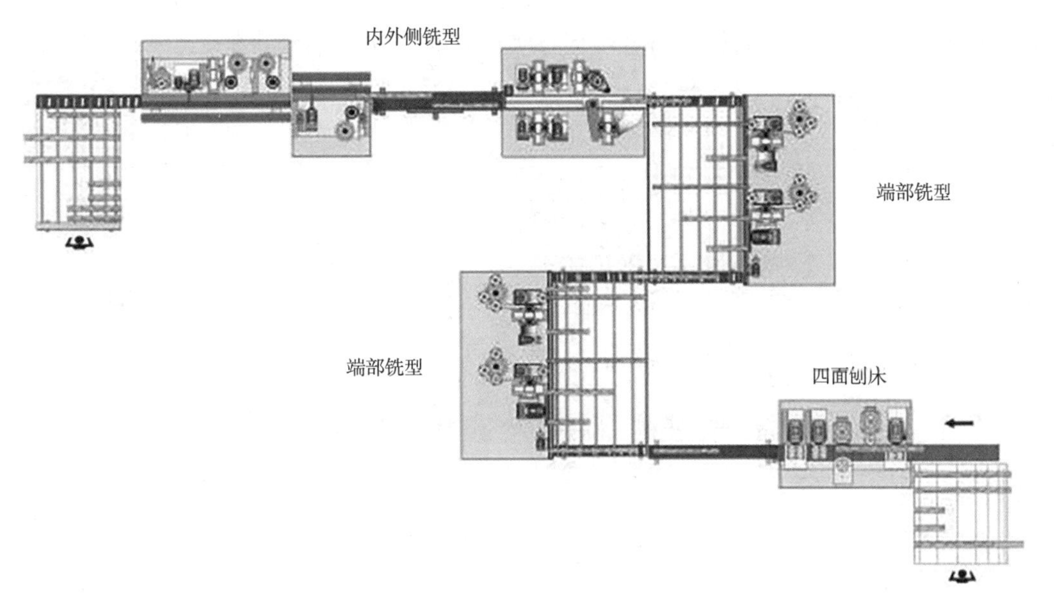

图8-32　左右布置的端部开榫机

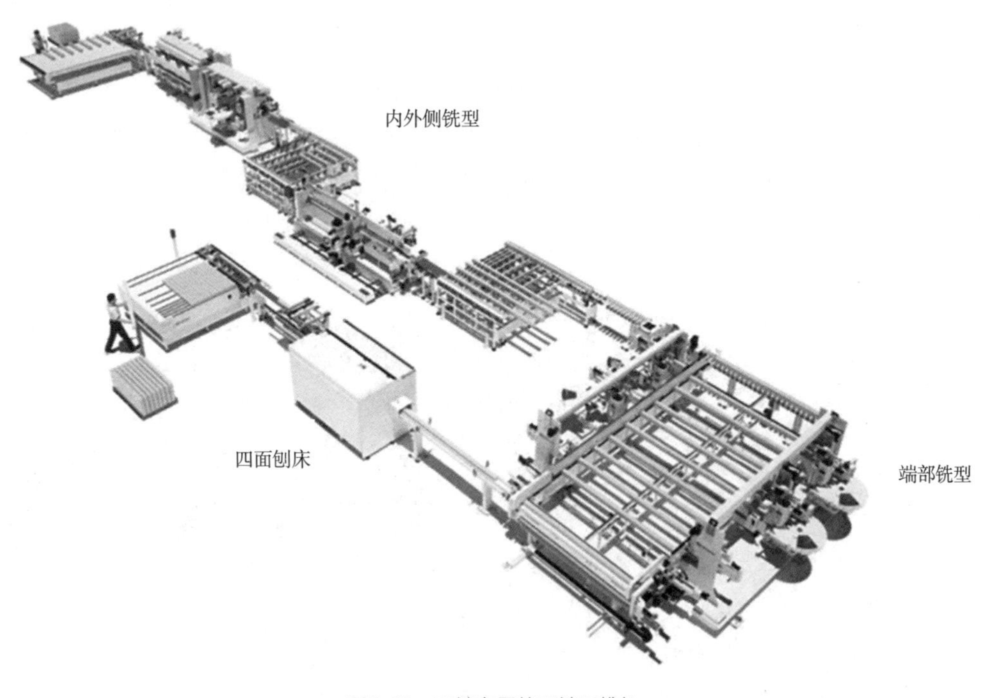

图8-33　双端布置的双端开榫机

（二）多轴外形加工中心

与多轴开榫中心配套使用的是多轴外形加工中心，专门用于窗料左、右纵向铣型。其刀轴配置与L形多轴加工中心工位3、4、5、6类似。

图8-34所示为欧式实木窗全自动生产线设备布置图，窗料经过四面刨床1刨光定尺寸之后，进入多轴开榫中心2开榫，然后依次进入窗料左纵向铣型中心3和右纵向铣型中心4，完成窗料开榫和纵向铣型。在右纵向铣型中心的后面，还可以增加一台钻孔与镂铣中心，以实现在线加工五金件安装的槽孔。

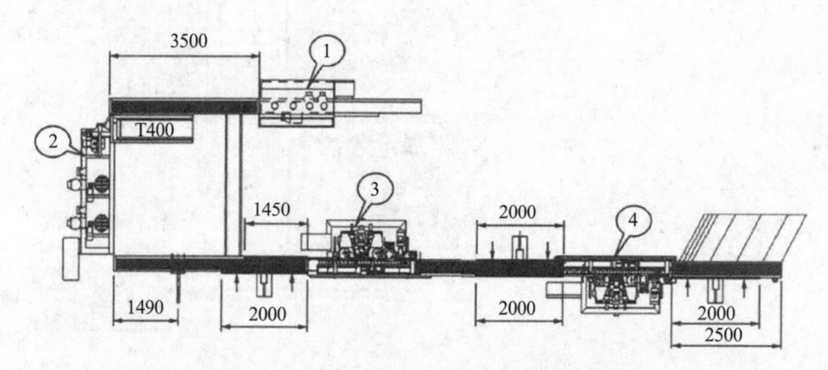

图8-34 欧式实木窗全自动生产线设备布置图

三、多工位集成加工站

欧式实木窗多工位集成加工站如图8-35所示，它既不同于L形多轴加工中心（通过式进料），也不同于CNC实木窗加工中心（工件静止）。它集二者的优点为一体，具有灵活性强、功能全、精度高和产量大等特点。工件自动输送至夹持器，然后通过左侧夹持器快速送至加工位置，此时工件静止不动，刀具完成设定的切削加工；左侧夹持器松动，右侧夹持器夹紧工件，送到下一个加工位置，左侧夹持器回到原位夹紧另一工件。它可以多工位同时工作，完成工件截断、开榫、铣型、钻孔（水平、垂直及双端）、镂铣等切削加工。

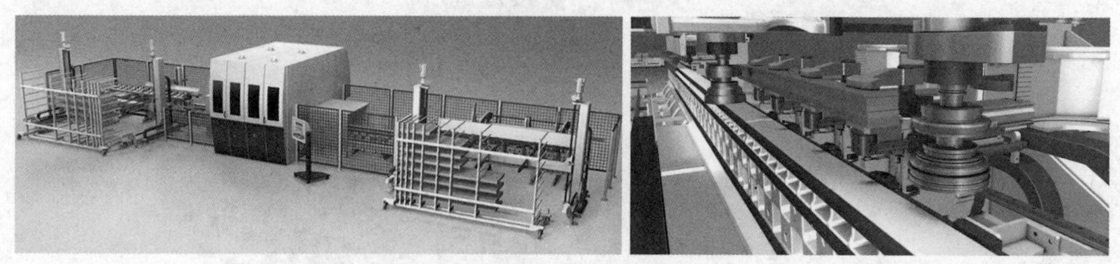
图8-35 欧式实木窗多工位集成加工站

多工位集成加工站的基本配置如下：

❶ 自动上、下料输送系统，当工件长度为3000mm时，产能为16件/min。

❷ 计算机控制及生产软件管理系统。

❸ 6对工件夹持器。

❹ 截断锯。功率为3.1kW；锯片直径为450mm；转速为3000r/min。

❺ 开榫。两套电子主轴；刀具为HSKF63装夹，为自动换刀；刀库为12把刀；刀具直径为300mm；最高转速为18000r/min。

❻ 纵向右侧铣型。电子主轴；刀具直径为210mm；最高转速为18000r/min；刀具为HSKF63装夹，为自动换刀；刀库为9把刀。

❼ 纵向左侧铣型。电子主轴；刀具直径为210mm；最高转速为18000r/min；刀具为HSKF63装夹，为自动换刀；刀库为9把刀。

❽ 垂直钻盒及镂铣。功率为1.5kW；刀具直径为4～16mm；最高转速为15000r/min。

❾ 水平钻盒及镂铣。功率为1.5kW；刀具直径为4～16mm；最高转速为15000r/min。

❿ 双端水平钻盒及镂铣。功率为1.5kW；刀具直径为4～16mm；最高转速为15000r/min。

⓫ 槽锯。圆锯片与成型铣刀组装在一起，用于玻璃压条的铣型及裁切。功率为1.8kW；最高转速为15000r/min。

第九章 木质地板典型生产线装备配置

学习目标

了解和掌握木质地板类型、典型工艺流程以及各工段所需核心装备类型；掌握生产线规划相关原理与技术。

第一节　木质地板分类及其加工工艺

木质地板是以木材或木质纤维类材料，经机械加工而成的地面装饰材料。地板对地面和电线管路、水管等地面设施具有保护作用。由于地板覆盖在这些基础设施上面，因此它们就不会受到挤压、踩踏、移动。地板在保护这些设施的同时，还能对室内起到装饰作用，其表面具有美丽的纹理和色泽。此外，地板对空气具有调节作用，它是由木质纤维类材料组成的，纤维类材料导热率极低，减少了户外温度对室内的影响，同时纤维类材料具有吸收空气中水分子的能力，能够调节湿度。

木质地板的分类方法有很多，主要根据材料进行分类。根据材料类型的不同，可分为实木地板、实木复合地板、浸渍纸层压木质地板（也称强化地板）等。

一、实木地板加工工艺

实木地板的种类较多，以长条企口实木地板为主。长条企口实木地板按加工工艺过程通常可分为两部分：第一部分是原木经制材到地板坯料的加工过程；第二部分是地板坯料经企口成型加工、油漆、检验到包装的过程。实木地板加工工艺流程如图9-1所示。

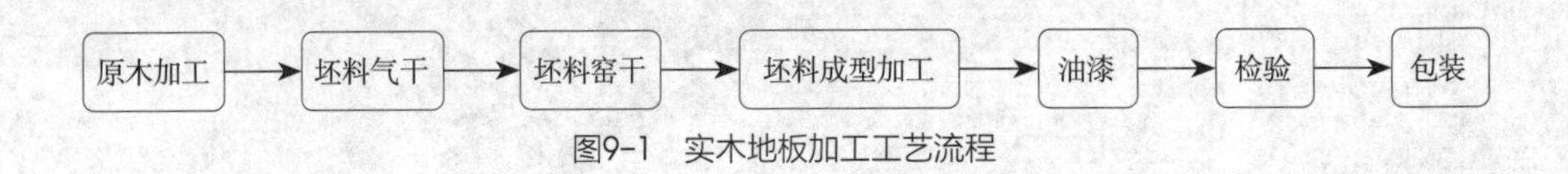

图9-1　实木地板加工工艺流程

二、实木复合地板加工工艺

实木复合地板是以高档树种实木拼板或单板为面层、以低档树种实木条为芯层、以低档树种单板为底层制成的企口地板，或以高档树种单板为面层、以低档树种胶合板为基材制成的企口地板。

根据面层材料的不同，实木复合地板可分为以实木拼板作为面层的实木复合地板和以整张单板作为面层的实木复合地板。根据结构的不同，可分为两层结构实木复合地板、三层结构实木复合地板和以胶合板为基材的多层结构实木复合地板。三层结构实木复合地板及多层结构实木复合地板分别如图9-2（a）和图9-2（b）所示。

（a）三层结构　　（b）多层结构

图9-2　实木复合地板

三层结构实木复合地板和多层结构实木复合地板生产工艺流程分别如图9-3和图9-4所示。

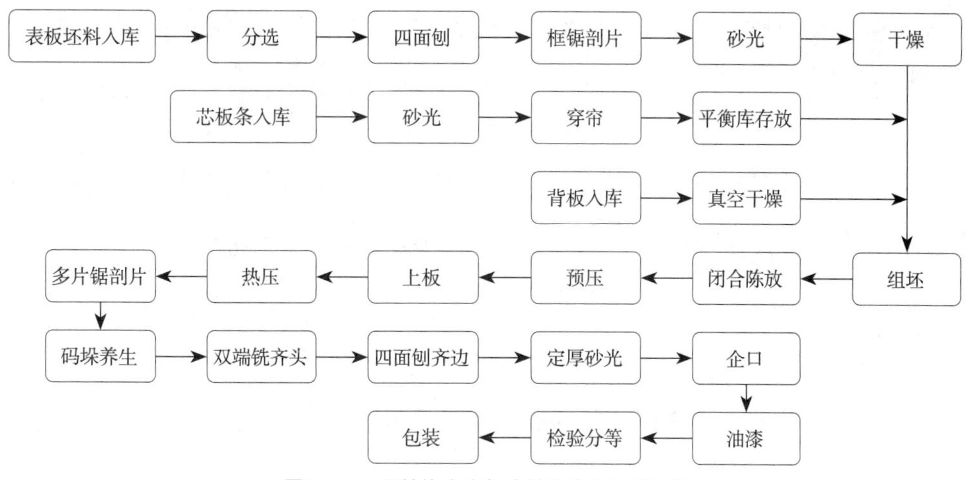

图9-3　三层结构实木复合地板生产工艺流程

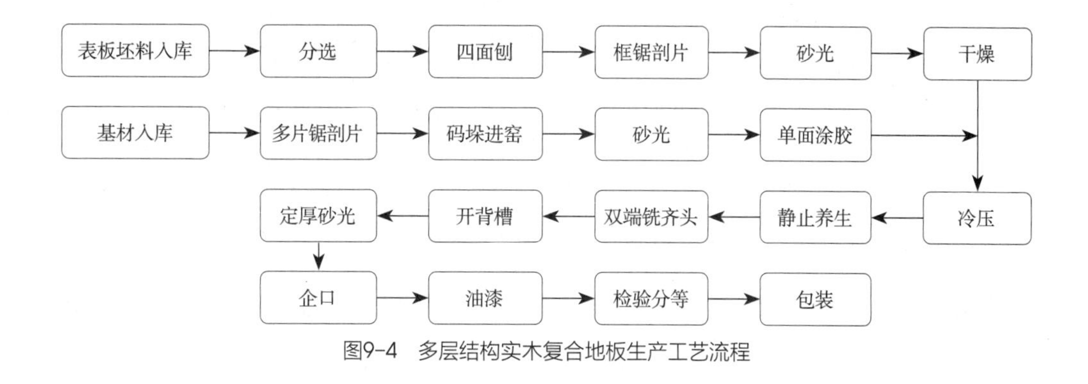

图9-4　多层结构实木复合地板生产工艺流程

三、浸渍纸层压木质地板加工工艺

浸渍纸层压木质地板一般是四层结构，从地板表面至背面结构依次为表层（又称耐磨层）、装饰层、基材层和底层（又称平衡层），如图9-5所示。

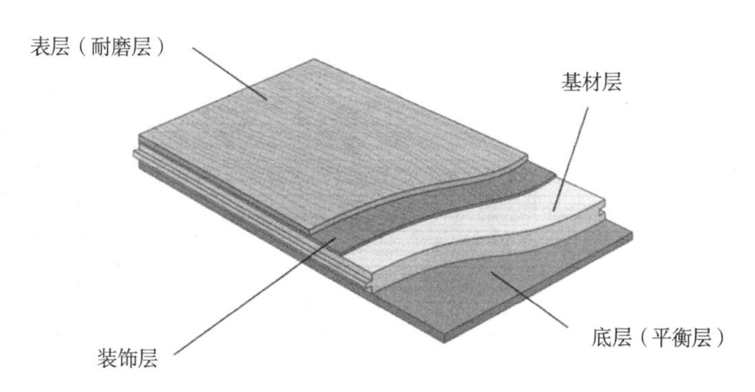

图9-5　浸渍纸层压木质地板结构

浸渍纸层压木质地板的生产工艺分为两个步骤：第一步为坯料的生产；第二步为成型加工。从其结构看，生产材料是浸渍纸和基材。

浸渍纸层压木质地板大板生产工艺流程及机械加工工艺流程分别如图9-6和图9-7所示。

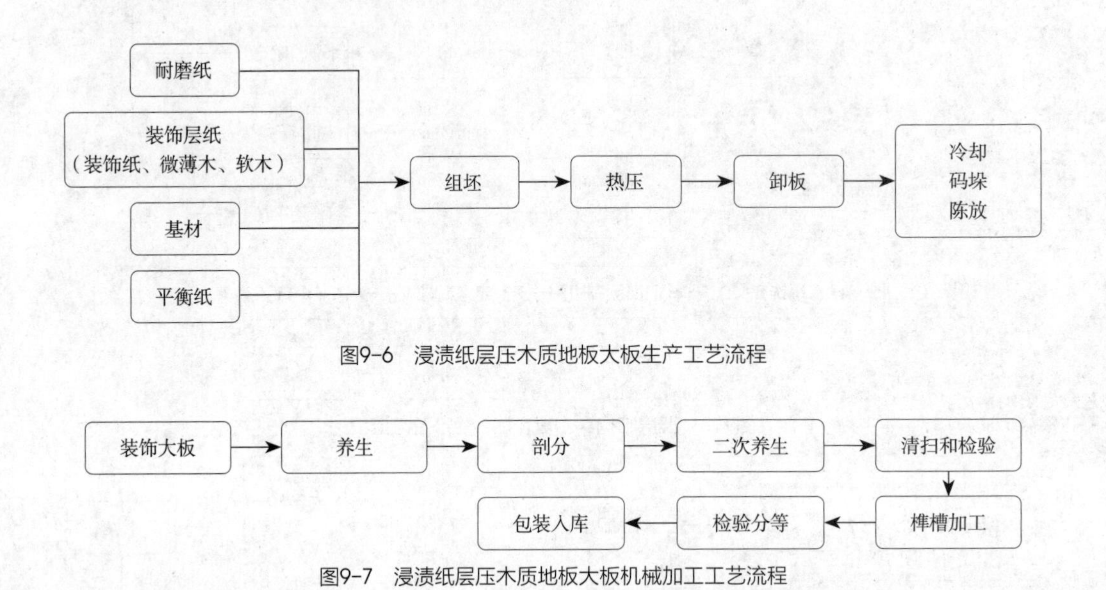

图9-6　浸渍纸层压木质地板大板生产工艺流程

图9-7　浸渍纸层压木质地板大板机械加工工艺流程

第二节　实木地板生产线装备配置

实木地板生产线装备配置主要包括原木加工设备和成型加工设备，具体设备种类如图9-8所示。

实木地板的坯料源自原木，首先需要利用原木加工设备将原木锯解成地板坯料。原木加工设备如图9-9所示，主要包括原木带锯机、再剖带锯机和框锯机以及木材干燥设备。原木带锯机首先将大径级原木锯切成板方材，然后利用再剖带锯机或框锯机将板方材加工成地板坯料，坯料经过干燥窑干燥后方可进入成型加工工序。

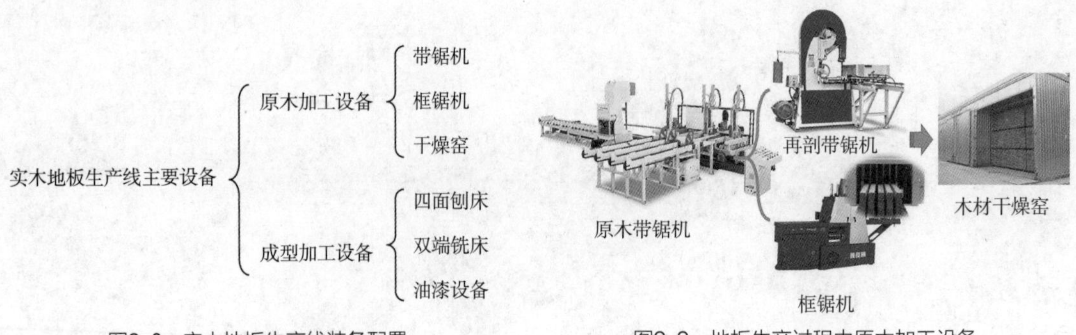

图9-8　实木地板生产线装备配置　　图9-9　地板生产过程中原木加工设备

实木地板成型加工工序主要是将干燥好的地板坯料进行基准面、相对面加工以及纵向开榫加工。成型加工设备如图9-10所示，通过四面刨床、双端铣床进行机加工；机加工后，地板素板须通过油漆设备进行表面装饰。地板的油漆涂饰大多采用辊筒方式进行。

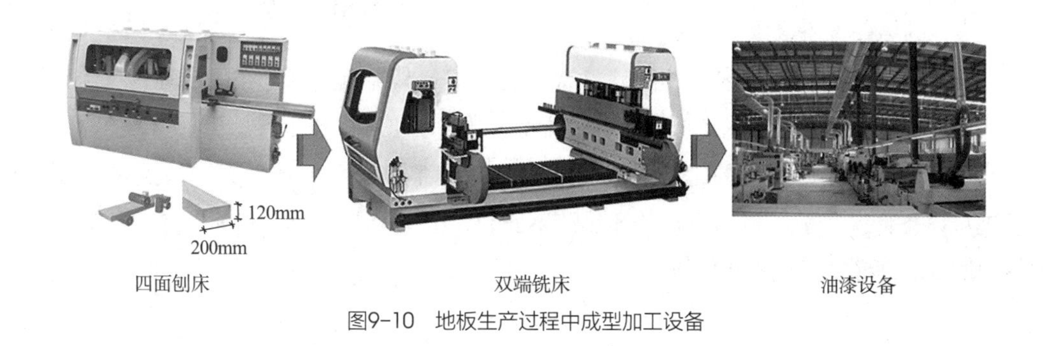

图9-10　地板生产过程中成型加工设备

第三节　实木复合地板生产线装备配置——以三层结构实木复合地板为例

一、表板剖分设备

表板材料用刨切单板过去一直是实木复合地板表板的首选，是因为其刨切不存在锯路木材损失，提高了珍贵木材的利用效率。然而，单板刨切时，会产生背面裂隙，进而导致油漆表面的龟裂，这一问题长期困扰着企业。尽管有些企业采用填充材料堵塞表板的背面裂隙，但仍不能彻底解决油漆表面龟裂问题。当表板厚度为0.3～2mm时，可采用刨切单板；表板厚度大于2mm时，建议采用锯切单板。锯切方式最大的缺点是锯路木材损失，但它的优点也显而易见：木材不需要蒸煮软化；单板无须干燥，不会因干燥而破损；木材纹理清晰；单板不需要剪切。

单板锯切方式包括圆锯和排锯。一般情况下，用圆锯锯切法生产表板受锯片直径的限制，适用于表板为“三拼”的地板生产；而排锯锯切法适用于表板为“独幅”的地板生产。无论何种锯切方式，均以薄锯路作为设计前提。

二、芯板加工设备

三层结构实木复合地板的芯板一般用价格较低廉的杨木和松木作为原材料。将用于芯板的材料锯成木方，经干燥窑干燥至含水率为6%～8%，然后经横截锯定长横截（长度等于芯板宽度），再由多片锯锯切成一定厚度的木条（所有木条之间的厚度误差小于0.20mm，由多片锯的精度保证）。接着，将木条送到芯板穿线机开槽、穿绳（纸绳），进行整张化处理，以便于各工序之间的周转、运输。

三、背板加工设备

三层结构实木复合地板背板通常为2mm左右，其原材料通常为速生材，如松木、杨木等，一般选用整张化的优质单板。背板加工通常采用旋切工艺，所用的设备为单板旋切机。

四、涂胶、组坯与压贴设备

涂胶一般采用辊涂方式进行。在国内现有的三层结构实木复合地板生产厂家中，所使用的具有代表性的压贴设备有以下两种类型：

❶ 以单层或多层自动进料输送压机为代表的设备。其优点是工艺布局合理、自动化程度高；缺点是设备投资大，产量较低。图9-11所示为带自动进料的单层热压机。

❷ 预压机+多层热压机的生产设备。其优点是设备投资低、产量大；缺点是自动化程度较进口设备低。目前，根据压机的加热源不同，又分为高频加热、热油加热压板导热等。图9-12所示为高频加热地板热压机。

图9-11　带自动进料的单层热压机

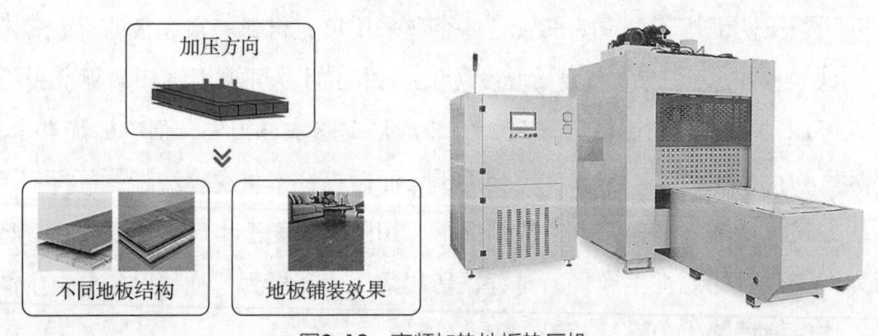

图9-12　高频加热地板热压机

五、分片及表面砂光设备

三层结构实木复合地板的板坯经压贴、平衡处理后进行分片加工，将整张的多块地板连在一起的地板坯料切割成单块的地板坯料。

如图9-13所示，通常用多片圆锯进行分片。其中，锯片的间距为成品地板的宽度与榫头、榫槽的加工余量之和。规模较小的企业也可以用带移动工作台木工锯板机进行分片加

图9-13　地板分片多片锯（多片圆锯）

工。分片后的坯料须进行表面砂光或双面砂光。砂光机的精度和砂光效果对于成品地板的表面质量有着非常重要的影响。

六、榫头、榫槽加工设备

三层结构实木复合地板坯料在加工榫头、榫槽之前，都经过了定厚砂光甚至表面涂饰，因此，上下表面均不需要切削加工，仅需要加工榫头、榫槽。目前，市场上存在平榫和锁扣榫两种榫形。无论何种榫形，都要根据木材纹理及芯板的特点正确配备刀具及刀轴倾斜角度。为了保证地板的榫头、榫槽的形状和位置公差，设备需要多个工位分多次加工，纵向开榫需要4～5个工位，需要配备背板预切、表板预切、成型、表板精切和锁扣成形5个工位的刀具。横向开榫需要5～6个工位，需要配备防撕裂刀、粉碎刀、精切锯、划线锯、成型铣刀、锁扣铣刀等工具。图9-14所示为地板成型双端铣。

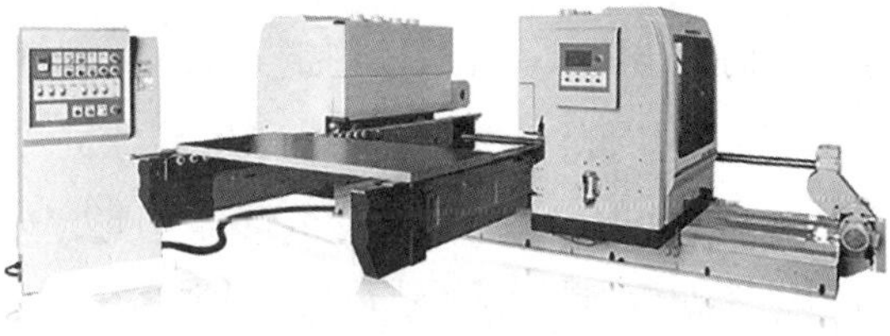

图9-14　地板成型双端铣

七、表面涂饰设备

地板表面涂装一般采用辊筒方式进行。图9-15所示为一种组合形式的地板辊涂线，其涂装线主要包括粉尘清除机、辊涂涂布机、UV干燥固化机等设备。

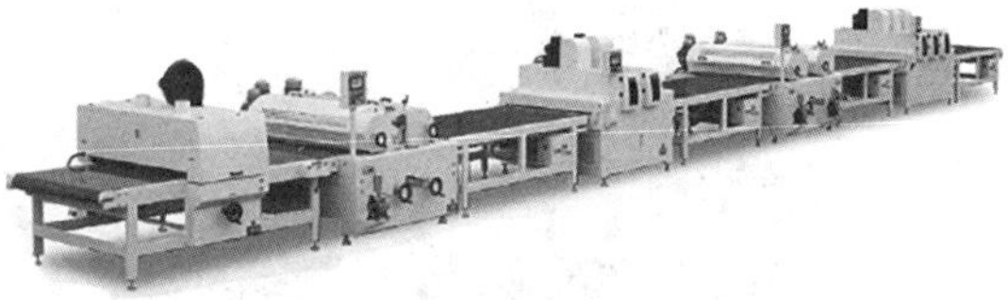

图9-15　组合形式的地板辊涂线

图9-15所采用的是先加工榫头、榫槽，后表面涂饰的工艺，要严格控制涂饰工序中的涂漆量，避免地板边部挂漆、断头堆漆等缺陷。通过精细控制，可以生产出优质的复合地板。另外，也有一些企业采用先涂饰后开榫槽的生产工艺，这种工艺对榫头、榫槽的要求非常高。

第四节　浸渍纸层压木质地板生产线装备配置

浸渍纸层压木质地板生产中的关键设备主要应用于热压压贴、剖分裁板、企口加工及倒角处理等工序。下面重点介绍前三种。

一、热压压贴设备

经过热固性氨基树脂浸渍的木纹纸、耐磨纸和平衡纸，均须通过短周期贴面压机（图9-16）压贴到人造板基材的上、下

图9-16　短周期贴面压机

表面上。高压短周期贴面压机一般用于压贴同步真木纹及倒角。

二、剖分裁板设备

剖分裁板设备将热压压贴的大规格板裁切成地板板坯。以幅面为1220mm × 2440mm板材的剖分为例，大板通过真空平移放置到剖分锯前带有对中装置的辊筒运输机上，纵向送入剖分锯，裁切成一定宽度的板坯条，再通过转角运输机，横向输送到多片锯，裁切成一定长度规格的板坯。

三、企口加工设备

浸渍纸层压木质地板的企口加工，可采用四面刨床+横向双端铣床，如图9-17所示，也可采用纵向双端铣床+横向双端铣床，目前多数企业采用后者。纵向双端铣床和横向双端铣床是浸渍纸层压木质地板生产中的关键设备，直接影响地板加工的尺寸精度、形位公差（直线度、拼缝与端缝）及铺装效果。双端铣床（图9-18）为通过式进料，即地板在输送链及上压紧皮带的双重动力驱动下做直线运动。通过各工位的刀具铣削，完成榫头、榫槽的切削加工。

图9-17 四面刨床+横向双端铣床

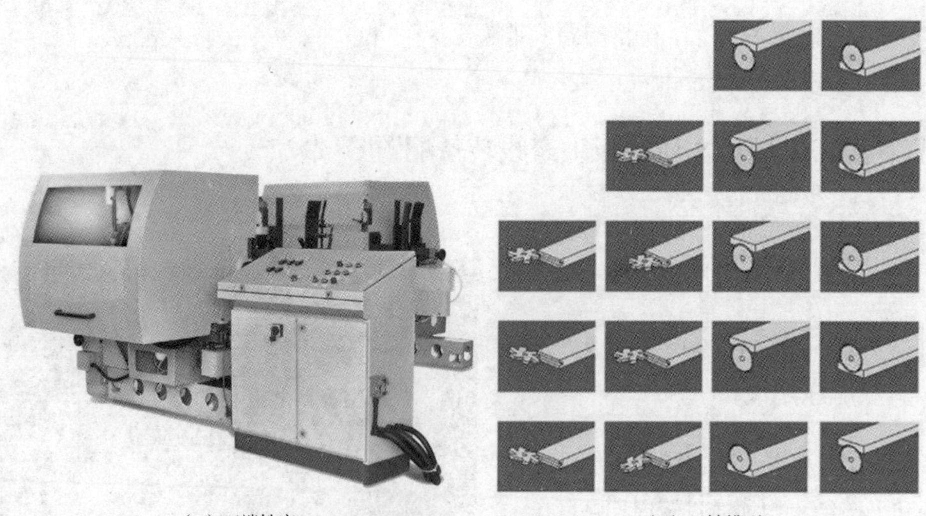

（a）双端铣床 （b）刀轴排列

图9-18 双端铣床及其刀轴排列

第十章 家居智能工厂及智能装备发展新趋势

学习目标

了解和掌握家居智能工厂基本概述、功能架构和技术架构等基础知识；掌握家居智能工厂发展趋势及其所需的智能装备类型等。

第一节 概述

一、背景概述

“智能制造”可以从制造和智能两方面进行解读。制造是指对原材料进行加工或再加工，以及对零部件进行装配的过程。智能是由“智慧”和“能力”两个词语构成的。从感觉到记忆到思维这一过程，称为“智慧”，智慧的结果产生了行为和语言，将行为和语言表达的过程称为“能力”，两者合称为“智能”。目前，关于智能制造尚无统一定义，不同国家或地区之间存在一定差异。中华人民共和国工业和信息化部、财政部于2016年12月发布的《智能制造发展规划（2016—2020年）》给出了一个比较全面的描述性定义：“智能制造是基于新一代信息通信技术与先进制造技术深度融合，贯穿于设计、生产、管理、服务等制造活动的各个环节，具有自感知、自学习、自决策、自执行、自适应等功能的新型生产方式。”推动智能制造，能够有效缩短产品研制周期、提高生产效率和产品质量、降低运营成本和能源消耗，并促进基于互联网的众创、众包、众筹等新业态、新模式的孕育发展。

从基本范式维度看，制造业的工厂经历了数字化工厂、数字互联工厂到智能工厂的演变，而数字化、网络化、智能化技术则是实现制造业创新发展、转型升级的关键技术。其中，智能工厂作为智能制造的重要组成部分，是实现智能制造的载体。它是一个庞大的生产系统，包罗了诸多先进技术和理念，如通信技术、大数据技术、虚拟仿真技术、网络技术、人工智能等。

二、数字化工厂概述

（一）数字化概念

数字化是将各种形式的信息转变为可以度量的数据，再以这些数据为基础建立适当的数字化模型，把它们转变为一系列二进制代码，引入计算机内部，进行统一处理和应用。所谓数据，是人们利用规定的符号对现实世界的事物及其活动所做的抽象描述和记录，将数据以有意义的形式加以排列和处理，就形成了信息。记录数据最常用的是数字，如在数学语言中通用的是阿拉伯数字，二进制的“0”和“1”是计算机处理语言的基础。

（二）数字化工厂发展

随着数字化技术在制造业中的应用，逐步形成了数字化工厂的概念。数字化工厂是将真实有形的工厂映射到虚拟的网络中，形成一个与现实工厂相对应的、其功能可以局部或全部模拟工厂行为的系统，它可以反映或预测工厂真实的结果。数字化工厂最初侧重于企业内部微观过程数字化，主要是对产品生产过程机理知识的获取，以及进行生产工艺设计和优化控制，即通过虚拟制造技术对生产过程仿真，提前解决实际生产中可能出现的问题。随着技术的进步与功能的扩展，形成了广义的数字化工厂，即利用集成的信息技术优化整个生产系统的设计与性能，实现生产运营和管理的数字化。数字化工厂最初起源于数字化产品设计，其代表技术是

CAD（计算机辅助设计）、CAM（计算机辅助制造）、CAE（计算机辅助工程）、CAPP（计算机辅助工艺规划）和PDM（产品数据管理），目的是解决产品设计和产品制造之间的“鸿沟”。通过对生产过程的模拟，使生产制造过程在数字空间中得以检验，缩短从设计到生产的转化时间，优化生产线配置和布局，减少生产线准备和停机时间，提高产品质量。在广义的数字化工厂中，实现设计数字化、制造装备数字化、生产过程数字化、管理数字化，从宏观战略决策到具体业务操作均采用数字化管理方法和手段。

（三）数字化工厂定义

数字化工厂是工业化与信息化融合的应用体现，以产品全生命周期的相关数据为基础，借助于信息化和数字化技术，通过集成、仿真、分析、控制等手段，在计算机虚拟环境中，对整个生产过程进行仿真、评估和优化，并进一步扩展到整个产品生命周期的新型生产组织方式。数字化工厂不仅仅限于虚拟工厂，它更重要的是实际工厂的集成，其内涵包括产品工程、工厂设计与优化、车间装备建设及生产运作控制等。

（四）数字化工厂特征

1．基于三维模型的数字化协同制造

在数字化工厂中，基于产品设计数据、工艺数据、生产数据等，将三维模型和尺寸公差及制造要求统一在一个模型中表达，利用新一代数控机床等生产设备实现从设计端到生产端的一体化制造。基于三维模型的数字化协同能够使得数字化产品的数据从研制工作的上游畅通地向下游传递，有助于大幅减少产品装配所需的标准工装和生产工装。通过降低新产品研制成本、缩短研制周期来实现降本增效，提升产品的制造质量水平。

2．基于虚拟仿真的模拟工厂

在数字化工厂中，大量采用CAD/CAE/CAPP/CAM等数字化设计，以产品全生命周期的相关数据为基础，采用虚拟仿真技术对制造环节中从工厂规划、建设到运行等不同环节进行模拟、分析、评估、验证和优化，指导工厂的规划和现场改善。通过基于仿真模型的“预演”，如加工工艺仿真、装配仿真、物流仿真以及工厂布局等，可以尽早发现设计中的问题，减少研发过程中设计方案的更改。

3．制造过程管控与优化

数字化车间制造过程涵盖了生产领域中车间、生产线、制造单元等不同层次上设备、过程的自动化和数字化，形成了底层的制造装备智能化、中间层的制造过程优化和顶层的制造绩效可视化三个层次。通过制造资源计划/企业资源计划/产品数据管理（MRP Ⅱ/ERP/PDM）等软件，利用以RFID、无线传感网络等技术为核心的物联网技术，不间断地获取并准确、可靠地发送实时信息流，建立起信息化管理系统，对制造过程中的各种信息与生产现场实时信息进行管理，以提升各生产环节的效率和质量。实现生产全过程各环节的集成管控和优化运行，产生了以计算机集成制造系统（CIMS）为标志的解决方案。

三、数字互联工厂概述

（一）数字互联工厂发展

互联网技术快速发展并得到广泛普及和应用，“互联网+”不断推进制造业和互联网融合发展，制造技术与数字技术、网络技术的密切结合重塑制造业的价值链，推动制造业从数字化制造向网络化制造的范式转变。与之相应地，生产决定消费正逐渐转向消费决定生产，用户个性化需求被充分释放。传统制造业由生产商决定生产何种产品，但在互联网时代，生产模式已转变为由用户决定制造何种产品。

“互联网+”制造是在数字化制造的基础上，深入应用先进的通信技术和网络技术，用网络将人、流程、数据和事物连接起来，联通企业内部和企业间的“信息孤岛”，通过企业内、企业间的协同和各种社会资源的共享与集成，实现产业链的优化，快速、高质量、低成本地为市场提供所需的产品和服务。先进制造技术和数字化、网络化技术的融合，使得企业对市场变化具有更快的适应性，能够更好地收集用户对使用产品和产品质量的评价信息。同时，它以用户互联为核心，整合用户个性化需求，在制造柔性化、管理信息化方面达到了更高的水平。

（二）数字互联工厂定义

数字互联工厂是指将物联网（IoT）技术全面应用于工厂运作的各个环节，实现工厂内部人、机、料、法、环、测的泛在感知和万物互联，互联的范围甚至可以延伸到供应链和客户环节。通过工厂互联化，一方面可以缩短时空距离，为制造过程中“人—人”“人—机”“机—机”之间的信息共享和协同工作奠定基础；另一方面还可以获得制造过程更为全面的状态数据，使得数据驱动的决策支持与优化成为可能。

（三）数字互联工厂内涵

在工业互联网、工业大数据、区块链等新技术的帮助下，工厂互联化、网络化成为趋势，产业智能化、设计数字化、产品数据标准化也为数字互联工厂之间更密切、更深入的协同带来了可能。在利用新兴技术实施数字互联工厂网络化协同时，也需要注意数据安全问题。

1. 研发资源共享的企业集群协作开发

基于研发资源共享的企业集群协作开发包含研发资源和产品资源的多地共享，以便于各工厂无障碍地进行协作开发；也包含客户订单协同下达和供应商资源多地协同共享，以打通整个产业链与客户和市场的沟通对接，实现跨区域的异地资源共享和异地协作，提高企业资源配置效率，减少资源浪费。

2. 产品数据共享的多地协同设计

利用网络化协同过程中，需要基于产品数据共享的多地协同设计，包括产品协同开发业务流程、研发数据协同、设计/工艺文档协同和专利/智库数据共享，才能够解决工厂之间设计业务流程不统一、设计方案交流效率低、研发数据及数据库信息孤立等问题。

3. 多工厂协作的协同制造

多工厂的网络化协同制造，不同于传统制造工厂的拉动和推动模式，能够有效解决上下游链式沟通弊病，让产业各方能够及时获取需求信息，并在第一时间同步制订协同生产计划，从而避免了因评估信息不充分而导致的供应量不稳定、资源浪费和经济效率瓶颈等问题。

（四）数字互联工厂特征

数字互联工厂主要特征表现为：第一，在产品方面，在数字技术应用的基础上，网络技术得到普遍应用，成为网络连接的产品，设计、研发等环节实现协同与共享；第二，在制造方面，在实现厂内集成的基础上，进一步实现制造的供应链、价值链集成和端到端集成，制造系统的数据流、信息流实现联通；第三，在服务方面，设计、制造、物流、销售与维护等产品全生命周期以及用户、企业等主体通过网络平台实现连接和交互，制造模式从以产品为中心向以用户为中心转变。

四、智能工厂概述

智能工厂是制造工厂层面的“两化”深度融合，是数字工厂、互联工厂和自动化工厂的延伸和发展。通过将人工智能技术应用于产品设计、工艺、生产等过程，使得制造工厂在其关键环节或过程中能够体现出一定的智能化特征，即自主性的感知、学习、分析、预测、决策、通信与协调控制能力，能动态地适应制造环境的变化，从而实现提质增效、节能降本的目标。利用工业物联网技术和设备监控技术加强信息管理和服务，提高生产过程的可控性，减少生产线上的人工干预，即时正确地采集生产线数据，以及合理地安排生产计划与生产进度，构建高效节能、绿色环保、环境舒适的人性化工厂。

（一）智能工厂定义

在数字互联工厂的基础上，通过应用人工智能技术、信息物理技术、大数据技术、数字孪生技术、网络通信技术等先进技术，建立一个具备自学习、自适应、自组织特点，能够实现智能排产、智能生产协同、设备智能互联、资源智能管理以及智能决策等功能的贯穿产品全生命周期的高效节能、绿色环保、高度灵活的智能化工厂。

在新的企业竞争环境和技术背景下，现代工厂的智能化逐渐聚焦于将物联网、大数据、云计算等新一代信息技术与产品全生命周期管理相融合，使工厂具备自组织、自学习和自适应能力。因此，相较于现代工厂的生产、服务和运行模式，智能工厂具有以下智能化功能性定义。

1. 企业决策智能化，仿真优化协同制造

对于企业生产运行而言，建模与仿真技术具有模拟、验证与分析三个作用，即模拟生产流程、验证决策方案、分析数据可视化，可以充当优化方案与控制生产协同的媒介。

2. 三网信息全面感知，规范集成综合分析

物联网、服务网络和信息网络的融合成为智能实现的根本，而信息获取、异构信息存储和分析成为智能工厂的关键技术内容。

3. 数据驱动知识自动化，信息资源集成管理

从数据中挖掘知识，以知识驱动生产管控的智能化是将人工智能与数据挖掘技术引入智能工厂研究的核心思想，如数据挖掘技术可应用于故障诊断、质量提升和调度规则挖掘等。其

中，将挖掘得到的模型、经验等知识封装并集成管理也是智能工厂的关键研究内容。

4. 服务资源智能匹配，人机交互友好便携

从广义上讲，除人力、物料、设备等实体资源外，模型资源、算法资源均属服务资源。针对生产过程的动态变化以及定制化生产的需求，工厂须对分散资源进行智能匹配，同时面向不同用户开发便携友好的交互平台，从而提供优质、高效的企业服务。

5. 生产操作机器换人，精益生产节能降耗

机器换人是指由机器将人们简单的体力劳动提升至决策控制活动，而非简单地由机器替换人力。智能工厂对此提出了更高的要求，即通过引入新能源、新材料技术、新型制造单元技术和工业机器人等，实现高精度、高效率、高安全保障、低消耗、低管理费用的精益生产和环境友好型生产。

6. 工业网络安全防护，生产安全评估、预警、应急系统集成

基于传统企业的安全生产理念，近年工业网络安全防护成为重要的研究课题。不同行业须根据各自生产流程进行一体化安全防护，以避免生产故障、操作失误及网络瘫痪带来的经济损失。

（二）智能工厂内涵

智能工厂是一种高度智能化、自动化和数字化的生产工厂，能够通过整合物联网、大数据、人工智能、虚拟现实等先进技术实现生产过程的智能化和自动化，具有高效、灵活和智能的生产能力和自主学习能力。智能工厂是智能制造的最高阶段，具有高度自主化和智能化的生产能力，以智能系统为载体和平台，代替人的部分活动。

智能工厂是面向工厂层级的智能制造系统。通过物联网对工厂内部参与产品制造的设备、材料、环境等全要素的有机互联与泛在感知，结合大数据、云计算、虚拟制造等数字化和智能化技术，实现对生产过程的深度感知、智慧决策、精准控制等功能，达到对制造过程的高效、高质量管控一体化运营目的。

智能工厂是信息物理深度融合的生产系统。通过信息与物理一体化的设计与实现，制造系统构成可定义、可组合，制造流程可配置、可验证，在个性化生产任务和场景驱动下，自主重构生产过程，大幅降低生产系统的组织难度，提高制造效率及产品质量。

智能工厂是智能制造的载体。智能制造是人工智能技术与制造技术的结合，它面向产品全生命周期，以新一代信息技术为基础，以制造系统为载体，在其关键环节或过程，具有一定自主性的感知、学习、分析、预测、决策、通信与协调控制能力，能动态地适应制造环境的变化，从而实现质量、成本及交货期等目标优化。

（三）智能工厂特征

智能工厂特征如图10-1所示。从建设目标和愿景角度来看，智能工厂具备五大特征：敏捷、高生产率、高质量产出、可持续、舒适人性化。从技术角度来看，智能工厂也具备五大特征：全面数字化、制造柔性化、工厂互联化、人机协同化和过程智能化（实现智能管控）。从集成角度来看，智能工厂具备三大特征：产品生命周期端到端集成、工厂结构纵向集成和供应链横向集成。

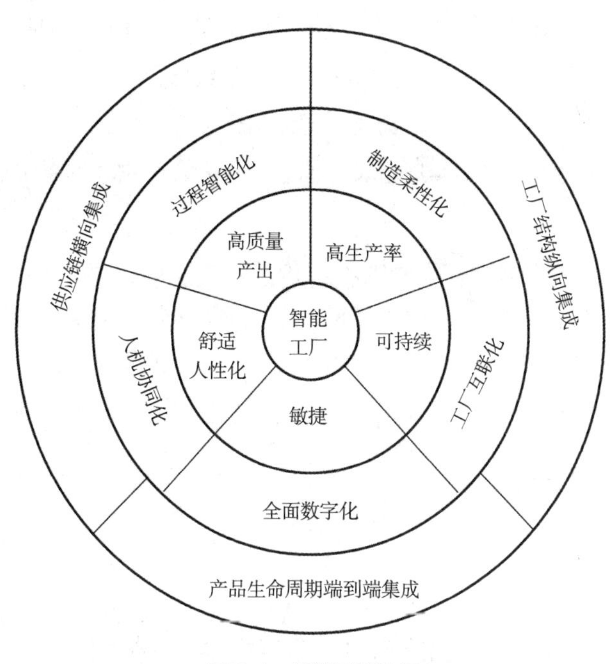

图10-1 智能工厂特征

五、智能工厂发展趋势

智能工厂发展趋势如下：

❶ 数据驱动，数据成为智能应用关键使能。传统生产要素逐步数字化，通过构建“采集、建模、分析、决策”的数据优化闭环，应用“数据+模型”对物理世界进行状态描述、规律洞察和预测优化，已成为智能化实现的关键路径。通过数据分析，企业可以实时了解数据，从而简化生产决策的流程。比如嵌入到网关设备的边缘计算功能，从源头入手对数据进行整理筛选，能够减小数据传输的压力，可以适用更广泛的工业场景。将数据整理筛选后，再上传到云平台形成数据报表，确保主动监控和预测，有利于决策优化。

❷ 虚实融合，在数字空间中超越实际生产。工业领域能够在数字空间中对现实生产过程进行高精度刻画和实时映射，进而以获得的较优结果或决策来控制和驱动现实生产过程。如数字孪生能够以实时性、高保真性、高集成性在虚拟空间模拟物理实体的状态，已成为实现工业领域虚实融合的关键纽带。在过程工业中，数字孪生可帮助制造商识别工厂运营中可能存在的违规行为。虚实融合有助于实现预防性和预测性维护，从而降低维护成本，提高正常运行时间和生产率。

❸ 柔性敏捷，柔性化制造将成为主导模式。目前，消费方式正逐步由标准化、单调统一向定制化、个性差异转变。智能工厂亟须通过构建柔性化生产能力，以大批量规模化生产的低成本，实现多品种、变批量和短交期的个性化订单的生产和交付。

❹ 全局协同，单点优化迈向全局协同变革。5G、物联网等网络技术的全面应用，促进企业打通全要素、全价值链和全产业链的“信息孤岛”，进而推动从数字化设计、智能化生产等

局部业务优化，向网络化协同、共享制造等全局资源协同优化迈进。配备智能传感器的物联网设备，通过高速、安全和可靠的网络，实时传输和共享数据，将工厂的任务力等要素整合成一个信息系统。这些要素所产生的数据，构成关键的运营和商业信息，用户可以通过网关设备了解这些信息，从而推动决策制定和实现增长目标。两化融合的物联网系统能够提高流程效率，有效降低成本。

❺ 绿色安全，资源效率与社会效益相统一。在“双碳”战略目标指引下，开展智能工厂建设和数字化转型的同时，行业积极以数字技术赋能节能环保及安全技术创新，提升工厂能耗、排放、污染、安全等管控能力，逐步迈向绿色制造、绿色工厂和绿色供应链，加快制造业绿色化转型。

第二节　智能工厂功能架构

一、功能架构

如图10-2所示，智能工厂功能架构包括五个层次：物理资源层、虚拟资源层、智能互联层、制造协同层以及工厂管控层。

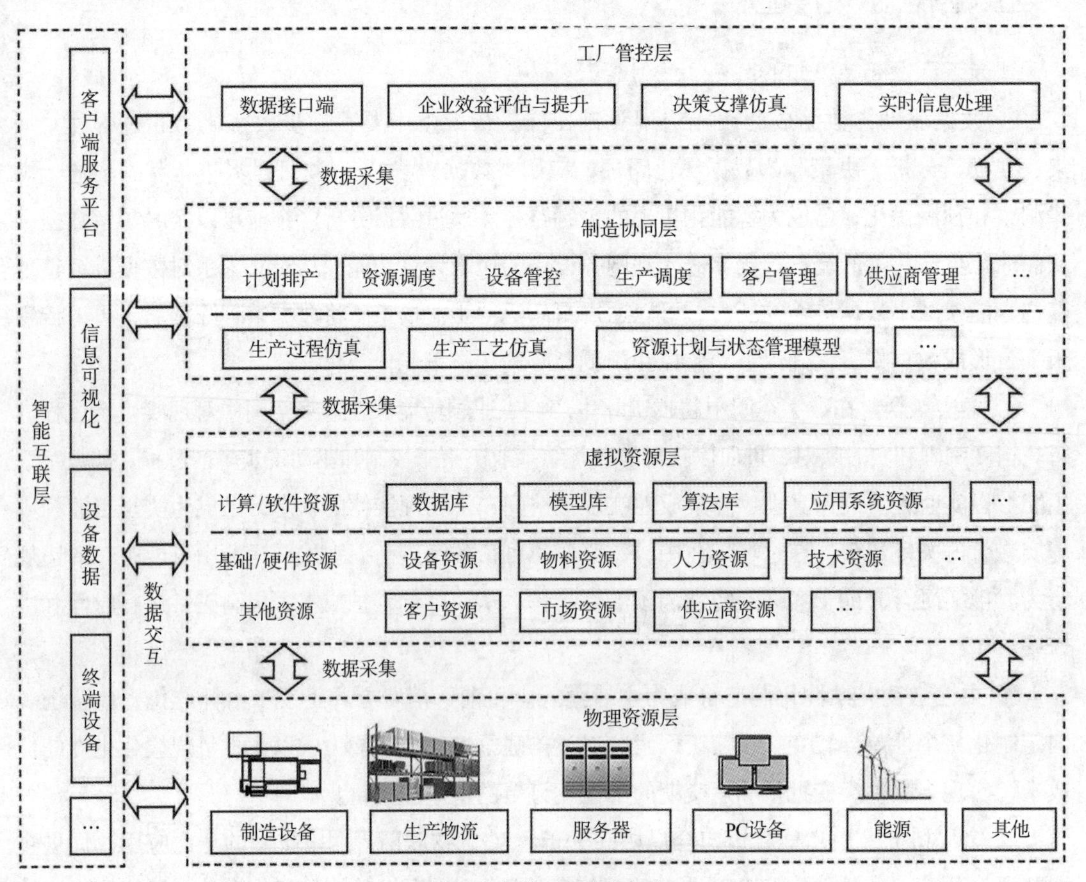

图10-2　智能工厂功能架构

二、功能内涵

（一）物理资源层

物理资源层包括制造全生命周期所涉及的所有制造资源，包括制造设备资源、物料计划资源、计算资源、人力资源等，是实现智能制造的基础。智能工厂通过网络服务器、网络通信链路等基础设施实现车间网络布局，进而支持现场设备的通信功能。

物理资源层主要分为两类：

❶ 现场工控设备与系统，包括DCS（集散控制系统）、PLC（可编程控制器）、SCADA（数据采集与监视控制系统）、AGV（自动导引车）、传感器、数控机床、智能仪表、工业机器人等。

❷ 现场数据采集与显示设备，包括移动终端（手机、平板电脑等）、条码扫描枪、RFID采集机、电子看板（机台看板、产线看板、车间看板）、大屏监控中心等。

制造装备作为最小的制造单元，能对自身和制造过程进行自感知，对与装备、加工状态、加工板件和环境有关的信息进行自分析，根据产品的设计要求与实时动态信息进行自决策，依据决策指令进行自执行，通过“感知→分析→决策→执行与反馈”大闭环过程，不断提升性能及其适应能力，实现高效、高品质及安全可靠的加工。

（二）虚拟资源层

物理资源层通过嵌入式云终端技术、物联网技术等，将各类物理资源接入到网络中，实现制造物理资源的全面互联，并通过云制造服务定义工具、虚拟化工具等，将虚拟制造资源封装成云服务，发布到云层中的云制造服务中心，为制造虚拟资源封装和制造资源调用提供接口支持。

虚拟资源层能够利用建模与仿真技术对产品的全生命周期进行数字化描述，从而获得研究对象的各类相关数据（计划排产、调度规划、物料计划等），并在终端设备界面进行可视化呈现，方便人员直观分析生产工厂状态。随着工业大数据技术的完善，虚拟资源层能够为更加复杂的制造对象和过程进行建模，随数据量的累计，建立的模型与仿真也更加贴合实际。

（三）智能互联层

智能互联层主要面向包括生产设备、计算机与操作人员在内的物理制造资源，针对要采集的多源制造数据，通过配置各类传感器、RFID标签和二维码等手段来采集制造数据，并利用工业互联网、无线网络、蓝牙等，按照约定协议进行数据交换和通信。最终实现物理制造资源的互联和互感，确保制造过程多源数据的实时、精确和可靠获取。

智能互联层主要指利用云计算、大数据等信息化技术，构建工业互联平台、大数据分析平台、电子商务平台等网络平台，加强企业信息化管理的集中性、灵活性和同一性，提高企业整体运作效率，帮助企业快速掌握市场需求、加快产品更新速率，加强企业与用户之间的商业联系，提升企业创新能力和服务水平。

（四）制造协同层

制造协同层利用MES（制造执行系统）、PLM（产品全生命周期管理）、WMS（仓储管理系统）等信息系统，加强对车间信息的智能管控，连接智能互联层和工厂管控层两个层级，实现整体架构的互联互通。该层级主要包含工厂建模、生产物流管理和仓储管理等内容。其中，工厂建模包含流水线、流转卡、工序工步、设备机台、工艺参数、工装模具等信息；生产物流管理包含监控物流运行状况、规划运输路线、集货拣货等；仓储管理包含货位编码、精确定位、流转标签、储区规划、货品上架、货品出库等。

制造协同层打通供应商、客户、经销商、外协加工商、第三方物流公司间的信息化渠道，优化配置产业链中不同环节的资源要素，加强供应链协同、研发协同、生产协同和服务协同，在产业链中的上下游间形成提质、增效、降本的多赢局面。

（五）工厂管控层

工厂管控层主要实现对生产过程的监控，通过生产指挥系统实时洞察工厂的运营，实现多个车间之间的协作和资源的调度。一些离散制造企业也开始建立中央控制室，实时显示工厂的运营数据和图表，展示设备的运行状态，并通过图像识别技术对视频监控中发现的问题自动报警。

第三节　智能工厂技术架构

一、技术架构

智能工厂的技术架构如图10-3所示，它建立在企业资源计划层（ERP）—生产执行层（MES）—过程控制层（PCS）基础架构上，高度集成了先进信息技术和制造技术，如大数据技术、云计算、数字孪生技术、人工智能技术等，集成了物理资源，能够实现智能工厂决策智能化、信息全面感知、数据驱动知识自动化、服务资源智能匹配。通过工业互联网平台，实现企业内生产要素信息的实时感知，并拓展企业层级的生产规模效应，促进跨层级、跨地域的要素关联互通。

借助数字孪生技术，通过建模、仿真、优化，智能工厂可以分为实体工厂和虚拟工厂。实体工厂和虚拟工厂组成一个闭环系统，实体工厂为虚拟工厂提供基础数据，虚拟工厂通过数据分析、模拟仿真将信息反馈到实体工厂，对实体工厂做出命令、提出建议。大数据技术则贯穿于整个智能工厂和智能制造体系，它为各模块的数据采集、分析、使用等提供了解决方案。

二、关键技术

（一）人工智能技术

人工智能是研究使用计算机模拟人的某些思维过程和智能行为（如学习、推理、思考、规划等）的学科，它研究开发用于模拟、延伸和扩展人类智能的理论、方法、技术及应用系统，

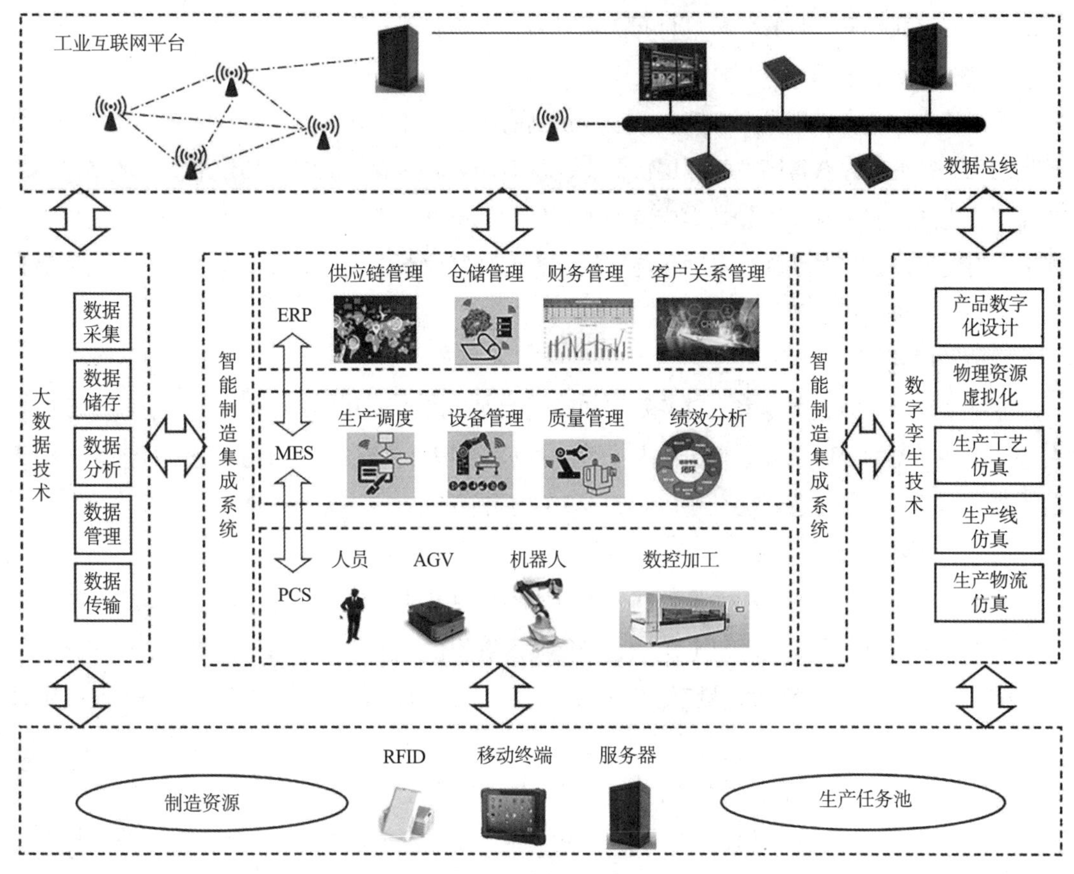

图10-3　智能工厂技术架构

主要包括计算机实现智能的原理、制造类似于人脑的智能机器，使之能实现更高层次的应用。人工智能研究的具体内容包括机器人、机器学习、语言识别、图像识别、自然语言处理和专家系统等。

人工智能主要体现在计算智能、认知智能、感知智能三个方面。其中，大数据技术、核心算法是助推人工智能的关键因素，驱动人工智能从计算智能向更高层的感知、认知智能发展。人工智能将在智能制造中发挥巨大的作用，为产品设计/工艺知识库的建立和充实、制造环境和状态信息理解、制造工艺知识自学习、制造过程自组织执行、加工过程自适应控制等提供强大的理论和技术支持。

综合人工智能技术发展及研究，在智能制造中关键使能技术主要包括机器学习、图像识别和专家系统。

1．机器学习

当前，机器学习的研究主要围绕面向任务、认识识别、理论分析研究三个方向进行。机器学习代表算法有深度学习、人工神经网络、决策树等。主流应用的多层网络神经的深度算法包含了感知神经网络、反向传递网络、自组织映射、学习矢量化等，提高了从海量数据中自行归纳数据特征的能力以及多层特征提取、描述和还原的能力。机器学习在智能工厂中的使用，使得设备具有自我感知、自我分析、自我决策能力，真正实现了工厂中设备的智能化。

2. 图像识别

图像识别和语音识别是人工智能中模式识别的主要任务。计算机在智能算法的支持下，对相关图像进行处理，获得图像的深层次信息，从而产生对图像的认知。其技术应用典型代表为计算机视觉或机器视觉，通过光学成像、视觉信息处理以及机电一体化等相关技术，使得机器视觉具有精度高、实时性强、自动化与智能化程度高等优点，成为提升机器人智能化的重要驱动力之一，并被应用于智能工厂生产中。

3. 专家系统

专家系统是依靠人类专家已有的知识和经验建立起来的知识系统，是一种具有特定领域内大量知识与经验的程序系统。它应用人工智能技术模拟人类专家求解问题的思维过程求解领域内的各种问题，它可以达到甚至超过人类专家的水平。

（二）网络化传感器技术

利用传感器网络采集到的大量数据，可以实现信息交流、自动控制、模型预测、系统优化和安全管理等功能。但要实现以上功能，必须有足够规模的传感器。因此，智能工厂广泛使用RFID和智能传感器，以获得大量有意义的数据，为进一步的数据传输交换分析和智能应用做好铺垫。

无线射频识别（RFID）系统由RFID标签、RFID读写器和RFID计算机组成，通过无线电波对产品进行识别。通过使用这种系统，消除了条形码生产过程中读取距离小、条形码易损坏等限制。相较于条形码，RFID标签即使在阅读器无法直接访问的情况下也可以读取数据。数据可以从10m远的距离进行读取。其读取数据量大，1s内可以读取数百个标签。此外，RFID标签具有很强的抗物理损坏能力。

随着计算机技术领域的发展，智能传感器技术也得到了发展和完善。传感器不能独立工作，它通常是一个更大系统的一部分，该系统包含调节信号以及用于信号处理的不同模拟电路和数字电路。这个系统可以是测量系统、数据采集系统或过程控制系统。智能传感器的关键特点是对输入信号进行逻辑处理，以提高信息处理水平。智能传感器能够对信息，特别是一些原始信息，做出逻辑决策，能够根据该信息执行操作，或者将信息传输至更高级别。

（三）大数据技术

智能工厂在其运行过程中会产生大量的结构化、半结构化、非结构化的确定性和非确定性数据。大数据技术贯穿了整个智能工厂和智能制造体系，为各模块的数据采集、分析、使用等提供了解决方案。利用大数据融合、处理、存储、分析等技术，使智能工厂为制造资源实时感知、制造过程优化控制、制造服务敏捷配置等环节提供决策支持，成为传统制造过程实现数据化制造、信息化制造、知识化制造、智慧化制造逐步升级发展的关键基础。大数据技术包括数据采集技术、传输技术、分析技术、云储存技术、云计算技术以及网络安全技术等。

数据采集的关键是对生产过程中实时动态数据的采集。数据传输方式主要分为有线传输和无线传输。有线传输方式不适合工厂内移动终端设备的连接需求，因而常用无线传输方式。无线传输方式主要包括ZigBee、Wi-Fi、蓝牙、超宽带（UWB）等。

智能工厂中对设备控制与维护、生产过程监控等的判断都是基于数据分析。目前，大数据分析主要技术有深度学习和知识计算。通过深度学习，将数据进行层层抽象、分析，从而提高智能工厂中繁杂数据的精度。知识计算可以将片面、离散的数据进行整合分析，挖掘数据背后的隐藏价值。

具体来说，在智能工厂运作过程中，首先，应当在传统的车间局部小范围智能制造的基础上，通过物联网集成底层设备资源，实现制造系统的泛在感知、互通互联和数据集成；其次，利用生产数据分析与性能优化决策，实现工厂生产过程的实时监控、生产调度、设备维护和质量控制等工厂智能化服务；最后，通过引入服务互联网，将工厂智能化服务资源虚拟化到云端，通过人际网络互联互通，根据客户个性化需求，按需动态构建全球化工厂的协同智能制造过程。

（四）数字孪生技术

数字孪生是以数字化方式创建物理实体的虚拟模型，借助数据模拟物理实体在现实环境中的行为，通过虚实交互反馈、数据融合分析、决策迭代优化等手段，为物理实体增加或扩展新的能力。作为生产运行管理的重要支撑技术，数字孪生技术所具有的优化、仿真与控制等功能，分别对应企业决策的制定、验证和执行环节，三者技术研究成果的集成应用可为企业决策提供充足的知识资源，从而协同支撑生产决策的智能化。

在智能制造中，数字孪生技术以生产动态数据驱动虚拟模型对制造系统、制造过程中的物理实体（如产品对象、设计过程、制造工艺装备、工厂工艺规划和布局、制造工艺过程或流程、生产线、物流、检验检测过程等）的过去和当前的行为或流程进行动态呈现，基于数字孪生技术进行仿真、分析、评估、预测和优化。

数字孪生技术能够对产品的全生命周期进行建模仿真并在虚拟环境中进行可视化。基于物联网、工业互联网等新一代信息与通信技术，实时采集和处理生产现场产生的过程数据（设备运行、生产进度、生产物流、生产人员数据等），并将这些过程数据与生产线数字孪生进行关联映射和匹配，从而在线实时实现对产品制造过程的精细化管控（生产线、制造单元、生产物流、质量的实时动态优化与调整）。

（五）工业互联网技术

工业互联网是连接工业全系统、全产业链、全价值链，支撑工业智能化发展的关键信息基础设施，是新一代信息技术与制造深度融合形成的新兴业态和应用模式，是物联网从消费领域向生产领域、从虚拟经济向实体经济延伸拓展的核心载体，是智能工厂的重要支撑技术和基础设施。

工业互联网通过工业互联网平台，不仅能把原料、设备、生产线、工人、供应商和客户等工业要素紧密地连接和融合起来，而且能跨设备、跨系统、跨企业、跨区域、跨行业地互联信息，以更高的层次给出最优的资源配置方案和加工过程，提升制造过程的智能化程度。

工业互联网平台的基础是数据采集。一方面，随着加工过程和生产线精益化、智能化水平提高，必须从多角度、多维度、多层级来感知生产要素信息。因此，需要广泛部署智能传感器，对生产要素进行实时感知。另一方面，工业互联网平台需要进行高效的海量、高维、多源异构数据融合，形成单一生产要素的准确描述，并进一步实现跨部门、跨层级、跨地域生产要素之间的关联和互联。

工业互联网平台的核心是平台。利用大数据、人工智能等方法，从海量、高维、互联互通的工业数据中，挖掘出隐藏的决策规则，从而指导生产。工业互联网平台在通用平台层上，为工业用户提供海量工业数据的管理和分析服务，并能够积累沉淀不同行业。工业互联网实时感知离散的生产要素信息，通过云平台进行整合，分析寻找全局最优策略。

工业互联网技术体系包括全面互联的工业系统信息感知技术、信息传输技术、数据分析平台和工业App开发技术。

第四节　智能新装备

智能制造装备是智能制造技术的重要载体，也是建立智能工厂的重要基础。智能制造装备融合了先进制造技术、数字控制技术、现代传感技术以及人工智能技术，具有感知、学习、决策、执行等功能，是实现高效、高品质、节能环保和安全可靠生产的新一代制造装备。智能制造装备是传统制造产业升级改造，实现生产过程自动化、智能化、精密化、绿色化的有力工具。

与传统制造装备相比，智能制造装备具有对装备运行状态和环境的实时感知、处理和分析能力；根据装备运行状态变化自主规划、控制和决策能力；对故障的自诊断自修复能力；对自身性能劣化的主动分析和维护能力；参与网络集成和网络协同的能力。

一、智能机床

机床的智能化发展大致经历了三个阶段：第一阶段是自动化阶段，从手动机床向机、电、液自动化机床发展，实现了无人干预下的自动加工；第二阶段是数字化阶段，传统机床向数控机床、数控加工中心发展，解决了复杂曲面的加工问题；第三阶段是智能化阶段，机床拥有更多的传感器，能够感知工况并自主决策，实现高品质、高效率加工。

智能机床是能够自主决策制造过程的机床。智能机床具有感知、学习、决策、执行等功能。智能机床是先进制造技术、数字控制技术、现代传感技术以及智能技术深度融合的结果，是实现高效、高品质、节能环保和安全可靠生产的新一代制造装备。

目前，智能机床装备正从“面向过程的人工优化”向“面向任务的自动寻优”转变。智能机床不再是简单机械地执行预先编制的加工程序，而能根据加工状态实时优化工艺参数，甚至具备任务的自主规划和过程的自动寻优功能。其关键技术如下：

❶ 装备运行状态和环境的感知与识别技术。

❷ 性能预测和智能维护技术。

❸ 智能工艺规划和智能编程技术。

❹ 智能数控系统与智能伺服驱动技术。

二、智能机器人

智能机器人具有可编程、通用性、自主性等特点。可编程是指工业机器人依据事先编制的程序完成特定的动作，当工作环境或工作任务改变后，可以重新编制程序，从而使机器人在新的环境中执行新的动作，完成新的作业任务。通用性是指由于工业机器人的多关节（或自由度）特性和可编程特性，它可以执行不同的作业任务，具有较好的通用性。自主性是指工业机器人上布置有多种传感器，机器人能根据这些传感器检测到的环境与工作状态信息自主控制执行机构，完成相应作业任务。

工业机器人经历了示教型机器人、离线编程机器人、智能机器人的发展阶段。智能机器人除具有示教型机器人和离线编程机器人的特点外，还带有各种传感器。这类机器人不但具有对外界环境的感知能力，而且具有独立判断、记忆、推理和决策的能力，能适应外部对象、环境协调工作，能完成更加复杂的动作。在工作时，智能机器人通过传感器获得外部的信息并进行信息反馈，然后灵活调整工作状态，保证在适应环境的情况下完成工作。

智能机器人的重点发展方向是结合我国相关产业特点和转型升级需求，针对不同应用领域和具体任务，依托工业机器人开放控制系统平台，开发系列专用智能模块，实现机器人喷涂、焊接、切割、磨削、装配、搬运等智能化。智能机器人对人机交互提出了更高的要求，通过研究更拟人化、更符合人类自然交流习惯的人机交互技术及产品，实现人机交流协同的高效性。智能机器人使机器和人通过互联网更加紧密地联系在一起，实现机器与机器、机器与人的互联互通，从而改变人类的生产组织方式和生产过程，实现机器与机器、人与机器的协调工作。

三、AGV 和 AMR

AGV和AMR机器人都归类于工业移动机器人。AGV的起步时间比AMR早，但AMR凭借其独特的优势正逐步抢占更大的市场份额。AMR在广义上是指自主性很强的移动机器人，与AGV导航技术受部署标记物限制相比，AMR能够自主感知环境，主动避让障碍，不仅动态规划最优路径更加灵活，还能实现多机协调获得更高运输效率。AMR搭载精密传感器，应用人工智能、机器学习等先进技术，摆脱了有线电源和数据传输的束缚，使用摄像头、传感器、人工智能和机器视觉进行导航，具有更强的灵活性和适应性。

在大量的柔性化搬运场景中，AGV无法灵活改变运行线路，在多机作业时容易在导引线上阻塞，从而影响工作效率。因此，AGV的柔性度不高，不能满足应用端的需求。AMR能够在地图范围内任意可行区域进行柔性部署规划，只要通道宽度足够，物流企业可根据订单量实时调整机器人运行的数量，根据客户实际需求进行功能模块化的定制，最大程度提升多机运行效率。

从软件层面来看，AGV/AMR的关键技术主要有软件控制、集群调度、导航控制、运动控制、混合调度、安全控制、数字孪生和交管系统等，如图10-4所示。

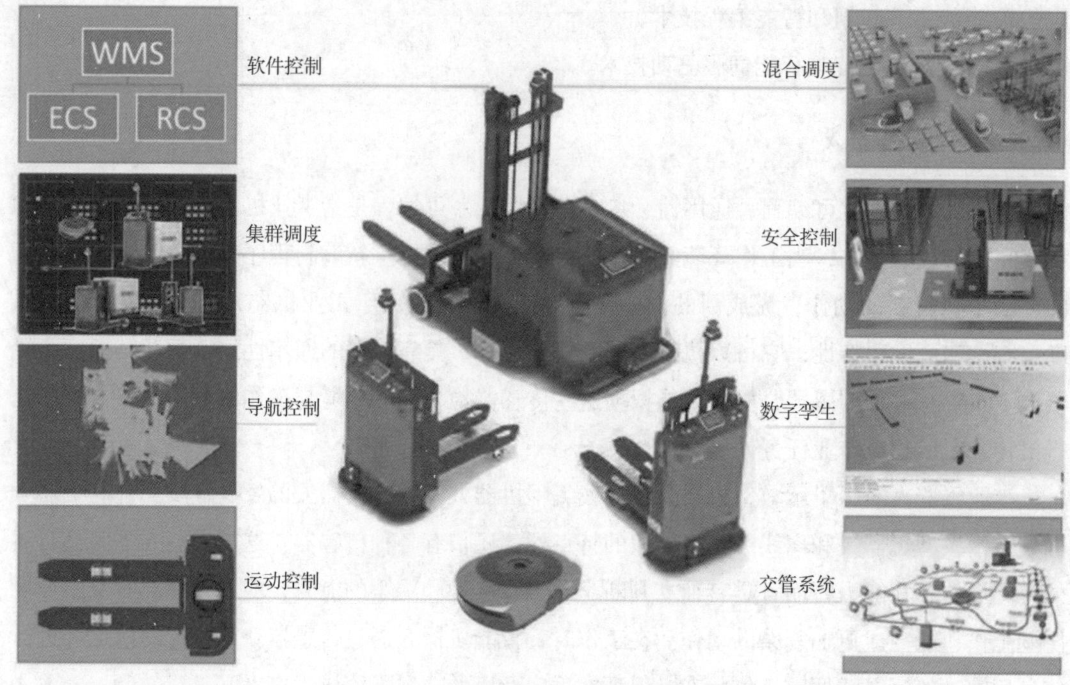

图10-4 AGV/AMR的关键技术组成

（一）软件控制

包括AGV/AMR在内的所有物流设备均为执行部件。AGV/AMR属于可移动的机器人，受物理空间的限制较少，后期扩展性和柔性较高，由机器人控制系统（RCS）进行控制；运输机、提升机、堆垛机、穿梭车、关节机器人、分拣机、立体仓库等属于固定式的物流设备，受物流空间和安装空间的限制，后期扩展性较差，由设备控制系统（ECS）进行控制。

RCS是AGV/AMR的调度管理系统，向上对接MES、WMS和ERP上位系统的工作指令，向下连接所有移动机器人，配合激光导航和混合调度，实现多种车型、跨区域及跨场景的调度。依托全新的智能算法，在AGV/AMR大规模集群调度过程中，采用全局路径动态计算、单车路径实时规划。AGV/AMR在路径变更时更灵活，转向或等待决策更智能，有效预防锁死、交通堵塞以及车辆不合理等待等问题，具备车辆异常处理机制、任务转移、异常车辆规避等功能，支持车辆管理、库位管理、订单管理、任务管理、库位统计、故障信息查询。RCS还能支持地图显示优化，因为运行线路错综复杂，系统默认只显示车辆当前锁定的路径，当有需要时，可以针对单台车辆的全部路径进行显示或隐藏，以实现更加直观的展示效果。此外，RCS还配置车辆看板，以更加直观的方式呈现车辆状态，包括车辆实时位置、车辆正常/异常状态、车辆充电状态、车辆在线/下线状态等。RCS以更强的性能、更智能的算法、更简便易用和开放性，助力客户降本增效，实现内部大规模定制化生产中全场景物流无人化升级。

ECS类似于仓库控制系统WCS，它是厂内物流中所有非移动物流设备进行输入输出指令对接的中枢神经，控制运输机、堆垛机、快速门等设备设施，调度非移动物流设备在输送线上对托盘进行流向控制，执行WMS所产生的出入库任务，与电气PLC通过通信协议控制非移动物流设备的作业，并且监控其作业状态，更新任务所对应的出入库单据信息、库存信息和接驳信息。ECS还提供所有设备关键状态的实时动画，在终端画面上即可实时看到各设备的位置、忙闲、作业状态等信息；同时，ECS还可以与RCS进行交互对接，完成物料载具从固定式物流设备到移动式物流机器人的接驳与转运。

WMS通过入库业务、出库业务、仓库调拨、库存调拨和虚仓管理等功能，综合批次管理、物料对应、库存盘点、质检管理和即时库存管理等功能综合运用的管理系统，通过条码、RFID、电子标签有效控制并跟踪物料相关业务的物流和成本管理全过程，实现完善的企业仓储信息管理，提高仓储物流配送效率。WMS采用现场控制总线直接通信的方式，使计算机只能监控而不能控制，所有的决策、作业调度和现场信息都由现场设备通过相互通评进行协调，每个位置的编号记录在计算机的数据库中，管理员可以使用比较功能将电脑的记录进行比较和修改，可以自动完成或手动完成WMS接收来自MES、ERP等上层管理系统的工作任务和指令，分别下发给ECS和RCS来控制调度，并实时接收来自ECS和RCS的执行状态反馈，完成整厂物料的物流调度的闭环管理。

（二）导航控制

AGV/AMR常用的导航方式为二维码导航、激光有反导航、激光即时定位与地图构建（Simultaneous Localization and Mapping，SLAM）导航和视觉SLAM导航等。其中，二维码导航多用于潜伏式AGV，激光有反导航多用于叉式AGV，这两种导航方式因具有成熟的技术和较高的性价比而被广泛应用。但是作为引导类导航，AGV的行走路径受到二维码和反光板的限制，无法到达地图内的任意位置，也无法进行灵活避让，二维码和反光板的安装和后期维护工作也会带来一定麻烦，因此二维码导航和激光有反导航将会被自然导航技术所取代，AGV也将进化成为AMR。

SLAM为即时定位与地图构建，指在未知的环境中，机器人通过所携带的内部传感器（编码器、IMU等）和外部传感器（激光传感器或视觉传感器）进行定位，并在定位的基础上利用外部传感器获取的环境信息增量式地构建环境地图。SLAM技术可以很精确地实现环境的地图构建、定位以及多点导航。目前，SLAM技术可以分为激光SLAM和视觉SLAM。激光SLAM采用的传感器为消光雷达，而视觉SLAM则采用深度摄像头。激光SLAM技术较为成熟、误差少，目前足以满足当前环境的使用。长远来看，激光雷达用于远距离探测，读取环境建模、定位和障碍物检测，视觉传感器用于精确定位、视频监控和障碍物识别，惯性导航用于高精度组合导航、精确感知车辆位置和位姿，可以基于应用场景将两种不同的导航方式进行组合。

（三）运动控制

叉式AGV常用的驱动方式为单舵轮和双舵轮。单舵轮多为三轮车型，由前轮控制转向。其优点是结构简单、成本低，三轮结构的抓地性好，对地表面要求一般，适用于广泛的环境和场合。其缺点是灵活性较差，转向存在较大的转弯半径，能实现的动作相对简单。双舵轮是万向型驱动方式。其优点是可以实现360°回转和万向横移，也可以实现万向纵移，灵活性高且具有精确的运行精度。其缺点是成本较高，需要两个舵轮驱动，对电机和控制精度要求较高，对地面平整度要求严格。

潜伏式AGV常用的驱动方式为差速轮。差速轮型AGV的结构是车体左右两侧安装差速轮作为驱动轮，其他为随动轮。与双舵轮型不同的是，差速轮不配置转向电机，也就是说驱动轮本身并不能旋转，而是完全靠内外驱动轮之间的速度差来实现转向。这种驱动方式的优点是灵活性高，可以实现360°回转，但由于差速轮本身不具备转向性，所以这种驱动类型的AGV无法做到万向横移。此外，差速轮对电机和控制精度要求不高，因而成本相对低廉。其缺点是差速轮对地面平整度要求苛刻，负重较轻，一般负载在1t以下，无法适应精度要求过高的场合。麦克纳姆轮可以实现360°回转和万向横移，更适合复杂地形上的运动，但是因为其价格昂贵，易被损坏，未得到广泛应用。

（四）安全控制

AGV/AMR调度系统具备预监测和规划功能，可提前监测道路的占用和障碍物，根据任务提前规划通道。同时，结合弧度算法，设置多种取卸货策略，从而在调度层面实现任务实施过程的安全保障。

车载系统具备货物超重监测、倾斜监测、车体姿态监测、速度自适应监测功能，通过自适应算法可实时避免因货物超重、货物倾斜、车体姿态不当、速度过快等造成的安全隐患。此外，车载系统还具备错误自诊断及监测功能，从而有效避免因错误导致的安全问题。

在硬件配置上，AGV/AMR配置的安全激光采用了独立安全控制回路，确保车体故障时依然具备安全保障功能。同时，标配全面安全感知系统，具备360°的安全保障功能。AGV/AMR设有减速、缓停、急停三级安全区域，满足安全等级三级或以上。AGV/AMR控制策略必须确保行驶安全，遇到阻挡、人员或车辆闯入时，须迅速响应。安全避障传感器须根据车体运行路线及运输工件容器特点，在前后左右合适的方向与位置进行设置。AGV/AMR车体四周须有包围安全防撞装置，如气动防撞或机械防撞等安全触边。

（五）交管系统

AGV/AMR交通管理系统通过使用先进的车辆智能调度控制算法，结合工厂具体的应用场景开发而成，可实现工厂级和车间级的AGV/AMR系统车辆管理、交通管理、调度管理、运行管理、叫料管理、通信管理、自动充电功能、统计管理等。交管系统可以与MES、WMS、生产线系统等实现对接，打造柔性、现代的车间智能物流系统。

交管系统的主要功能如下：

❶ 根据现场信号，对AGV/AMR进行任务调度，调度最近的空闲AGV/AMR执行任务。

❷ 在交管范用内使用AGV/AMR能够实时控制和管理，使AGV/AMR能够按照规定的路径达到目标，并能相互避让。同时，能够保持较高的运行效率，查询车辆位置、车辆运行状态、路线占用、车辆报警等相关信息，查询流程数据采集系统信号，检查无线网络的通信状态，在线显示所有活动AGV/AMR坐标点，显示系统中的所有内容和状态信息，如故障、任务、电源等，实现数据统计、报表打印、信息存储等功能，可连接车间MES，通过API数据表自动接收任务。

（六）混合调度

每个移动机器人厂家都有自己的接口规范，针对不同厂家分别开发AGV/AMR的工作量非常大，而建立合作共赢的移动机器人生态圈，需要一种统一的接口规范。移动机器人智能交通管理软件能够打通数据接口与协议，实现不同品牌、不同车型、不同导航方式的移动机器人在同一个工作环境下协同作业，能够节省客户时间及空间管理成本。

（七）集群调度

大规模集群调度系统通过人工智能算法，针对多点取料和多点送料过程进行智能调度与优化。采用多任务排程，保证最优效率，通过后台集中调控，能够实现多机器人的任务指派、调度协调与交通管制。通过后台集中调控，调度系统能够实现单一场景下更高的机器人密度、更复杂的路径调度，同时指挥上百台机器人同时协作，实现最优的任务分配、科学的路径规划和完善的交通动态管理。

集群调度系统架构将从单体式向分布式转变。分布式调度系统以去中心化的方式实现多个服务器资源的统一管理，原来由一台服务器完成的工作可交由多台服务器共同完成。利用互联网、人工智能、大数据等新一代信息技术为移动机器人提供更加智能化的调度支持，各个行业的客户需求和应用场景存在较大的差异性，这就要求调度系统能够根据多样化的需求自由扩展和自由定制。未来调度系统必将加速与5G云计算、人工智能、大数据等技术的融合。

（八）数字孪生

数字孪生借助历史数据、实时数据和算法模型，实现对物理实体的分析预测和改善优化，具有实时性和闭环性。在此系统中，各种网络管理和应用可利用数字孪生技术构建的虚拟孪生体，基于数据和模型对物理实体进行高效分析、诊断、仿真和控制。数据是构建数字孪生可视化的基石，通过构建统一的数据共享仓库作为数字孪生网络的单一事实源，高效存储物理网络的配置、拓扑、状态、日志、用户业务等历史和实时数据，为数字孪生提供数据支撑。

第五节 家居制造装备发展趋势

以我国木工机械行业为例，它是全球产业链体系中的重要组成部分。目前，行业遭受到技术快速发展、全球智能制造的冲击，正处在新一轮技术变革的最前沿，它正在经历一场前所未有的变革和进步。

一、柔性化

在家居产品个性化、定制化的背景下，快速变化的市场趋势和竞争压力要求企业能够更加灵活地应对市场变化，迅速调整产品线，推出新产品，并及时满足客户需求。定制家居企业既要实现大规模生产、降低成本，又要满足消费者的个性化需求。柔性制造是解决上述矛盾的方法之一，其特点是小批量、多品种、零部件标准化、组织生产快速化、生产系统模块化、管理信息化。在柔性制造过程中，加工装备只需改变相关软件设置和少量夹具调整，便可实现对一定范围内不同品种工件的加工。通过灵活调整生产线，企业可以避免产能过剩或短缺的情况发生，从而降低库存成本。此外，通过准确预测市场需求并快速调整生产线，企业可以避免过度生产和销售滞后，降低生产成本并提高资金利用效率。因此，家居制造装备的柔性化是其发展的趋势之一，也是实现家居产品大规模定制的迫切需求。

根据系统的功能特点及规模大小，加工过程自动化柔性设备一般分为柔性制造单元、柔性自动线和柔性制造系统三种类型。

1. 柔性制造单元（Flexible Manufacturing Cell，FMC）

柔性制造单元一般由单台数控机床和物料传输装置组成，单元内设有刀具库、工件储存站和单元控制系统。机床可自动装卸工件、更换刀具、检测工件的加工精度和刀具的磨损情况；可进行有限工序的连续加工，适用于中小批量生产。

2. 柔性自动线（Flexible Transfer Line，FTL）

柔性自动线为适应多品种生产，原来由专用机床组成的自动线改用数控机床或由数控操作的组合机床组成，一般由多台可调整的加工模块用自动输送装置连接起来构成生产线，用于加工批量较大、品种数较少的不同工件。柔性程度低的FTL在性能上接近大批量生产的自动线，柔性程度高的FTL在性能上接近中批量生产用的FMS。

3. 柔性制造系统（Flexible Manufacturing System，FMS）

柔性制造系统由数控机床、物料储运装置和计算机控制系统组成，可以包括多个柔性制造单元，能根据制造任务或生产环境的变化迅速进行调整，适用于多品种、中小批量生产。此外，它还兼有加工制造和部分生产管理的功能，可实现无人化加工。

二、智能化

经过数十年的发展，家居制造装备快速发展，不断升级迭代，经历了手工、半手工→数控、自动化→信息化→智能化的迭代。以板式定制家具为例，其装备发展阶段如表10-1所示。

表10-1 板式定制家具装备发展阶段

生产环节	人工	自动化	智能化
开料	带移动工作台木工锯板机	电子开料锯	电子开料锯+机器人 CNC加工中心+机器人
封边	手动封边机	自动封边机	智能封边线
钻孔	排钻	数控钻	智能钻孔中心
分拣	人工分拣	二维码辅助人工分拣	分拣机器人
包装	人工打包	人工辅助封箱机	自动包装线

智能制造背景下，制造业数字化、虚拟化正在彻底改变产品的制造模式和加工方式，智能化装备已成为全球制造业转型升级的基础。智能化装备应具有感知、分析、推理、决策、控制等功能，是先进制造技术、信息技术和智能技术的集成和深度融合。其目标是通过高性能设备、传感器、互联网、大数据收集及分析技术等组合，大幅提高现有产业效率并创造新产业。家居产品制造过程中，装备智能化是促进产业转型、提升生产效率的关键。

智能物联技术是装备智能化的基础。通过物联技术，装备可以智能地与网络交互，实现大数据采集和分析以及远程监控和控制。此外，物联技术还可以实现装备互联互通，使生产过程更加协调和高效。

智能加工技术是实现数字化制造和智能化制造的核心。在数字化制造中，通过数字化建模、数字化仿真和数字化优化等技术，可以实现优化设计和高效制造。在智能化制造中，同时结合人工智能、机器学习和计算机视觉等技术，更好地实现了自动化和智能化。

三、绿色化

家居制造设备在生产加工中涉及大量的能源消耗，在加工总能耗中占比较大。未来可通过设备性能改进、科学管理、生产规划进一步优化等技术，进一步降低产品加工能耗，引领家居产品制造朝着绿色环保的方向发展，实现节能减排。

装备绿色化体现在装备设计、制造、后期使用、维护以及节约能源资源等方面。采用先进的制造工艺和材料，可以提高设备的能源利用效率，减少能源浪费。利用智能控制技术，可以实现精确的能源调控，避免能源的过度消耗。同时，运营管理的优化也是实现节能减排的重要途径。建立科学合理的生产计划和调度系统，避免设备空转或过度负荷运行，降低能源消耗。

四、集成化

随着信息化以及科学技术的不断发展，企业自身综合竞争力显著提升。同时，家居企业对装备产品的需求不再与传统需求保持一致，在此背景下家居产品多样化和个性化需求又尤为突出。通过制造工艺与设计的一体化，一台设备不仅仅局限于单个功能，设备功能集成化是趋势之一。企业在生产过程中实现生产周期的合理化控制，使各类烦冗的操作工序得以简化和集中，如CNC开料加工中心可以实现裁板、钻孔和开槽等功能。

五、硬件装备与软件、生产管理紧密结合

产业升级，生态变革，新材料、新工艺和新技术涌现对家居装备升级也提出了新要求，装备升级、协同发展是必然的。引入新的科技手段，如机器视觉、虚拟现实等，实现跨行业、跨领域紧密合作，从而提升装备性能、促进功能的升级。

整个家居产业链联动也是我国家居产业的发展重点。只有将材料、工艺技术、装备、软件联动发展，才能促使行业上下游更直接地沟通，各方互惠互利，促进上下游企业协同发展。

开放合作，增强“软”实力。目前，国内出现了一些云平台企业，通过“装备企业+软件云平台企业”深度合作模式，打通设计、制造全流程，提供全品类CAM软件解决方案，双方发挥各自优势，协作推进前后端一体化落地，共同为家居智能制造赋能。

六、装备制造企业由设备输出向整体解决方案输出

面向柔性化生产和智能制造的要求，家居制造装备不再是单个设备的设计，而是整条生产线的设计，甚至是整体解决方案的提供。生产线的布局和规划，应充分考虑到家居产品的开发周期、生产柔性、设备利用率以及生产的标准化程度，进而提升整线产能。

随着企业生产车间管理信息系统的升级，装备制造可以实现由单机数控机床向智能柔性生产线方向转变和调整，由智能柔性生产线向数字化车间乃至数字化工厂转变。最终实现装备制造企业由单一设备制造商向高技术服务和系统集成供应商转变，并且具备数字化车间整体解决方案和系统集成应用的能力。

参考文献

[1] 李黎，杨永福．家具及木工机械[M]．北京：中国林业出版社，2002.

[2] 李黎．木材加工装备　木工机械[M]．北京：中国林业出版社，2005.

[3] 侯铁民．家具木工机械[M]．北京：中国轻工业出版社，2000.

[4] 何秋梅．机械设计与制造基础[M]．北京：清华大学出版社，2013.

[5] 郭洪红．工业机器人技术[M]．4版．西安：西安电子科技大学出版社，2021.

[6] 孙树栋．工业机器人技术基础[M]．西安：西北工业大学出版社，2006.

[7] 郑笑红，唐道武．工业机器人技术及应用[M]．北京：煤炭工业出版社，2004.

[8] 刘晓红，江功南．板式家具制造技术及应用[M]．北京：高等教育出版社，2010.

[9] 吴智慧．木家具制造工艺学[M]．4版．北京：中国林业出版社，2024.

[10] 戴凤智，乔栋．工业机器人技术基础及其应用[M]．北京：机械工业出版社，2020.

[11] 韩建海．工业机器人[M]．5版．武汉：华中科技大学出版社，2022.

[12] 许文稼，蒋庆斌．工业机器人技术基础[M]．2版．北京：高等教育出版社，2023.